高等职业教育土木建筑类专业规划教材

工程量清单计价

主　编　魏　婷　王　健

副主编　白宗财　李　娜

参　编　刘亚琼　焦晓燕　马亚军

主　审　李　峰　张　舒

北京理工大学出版社

BEIJING INSTITUTE OF TECHNOLOGY PRESS

内 容 提 要

　　本书依据《建设工程工程量清单计价规范》（GB 50500—2013）介绍工程量清单计价内容，工程量清单招标是工程建设领域推行的主要方式，是建立工程造价市场形成和有效监督的管理机制。本书主要内容包括：工程量清单计价基础知识、建筑面积计算、房屋建筑与装饰工程量清单编制、工程量清单计价、合同价款约定与工程结算、最高投标限价编制实例。本书在阐述基本知识和基本技能的同时，注重突出招标工程量清单编制、招标最高投标限价编制、投标报价的编制的应用，注重工程造价能力的培养，同时也融入校级《工程量清单计价》课程思政建设的内容，用大量的案例教学和课后练习相结合的方法达到提高学习效果的目的。

　　本书可作为高等院校工程造价、建设工程管理、建设工程监理、建筑工程技术等专业教材，也可作为学生考取二级注册造价工程师的参考用书。

图书在版编目（CIP）数据

　　工程量清单计价 / 魏婷，王健主编. -- 北京：北京理工大学出版社，2023.8
　　ISBN 978-7-5763-2760-1

　　Ⅰ.①工… 　Ⅱ.①魏… ②王… 　Ⅲ.①建筑工程—工程造价—高等学校—教材 　Ⅳ.①TU723.3

　　中国国家版本馆CIP数据核字（2023）第155331号

出版发行 / 北京理工大学出版社有限责任公司
社　　址 / 北京市丰台区四合庄路6号院
邮　　编 / 100070
电　　话 / （010）68914775（总编室）
　　　　　（010）82562903（教材售后服务热线）
　　　　　（010）68944723（其他图书服务热线）
网　　址 / http://www.bitpress.com.cn
经　　销 / 全国各地新华书店
印　　刷 / 北京紫瑞利印刷有限公司
开　　本 / 787毫米 × 1092毫米　1/16
印　　张 / 19　　　　　　　　　　　　　　　　　　　责任编辑 / 江　立
字　　数 / 450千字　　　　　　　　　　　　　　　　文案编辑 / 江　立
版　　次 / 2023年8月第1版　2023年8月第1次印刷　　责任校对 / 周瑞红
定　　价 / 78.00元　　　　　　　　　　　　　　　　责任印制 / 王美丽

FOREWORD 前言

　　党的二十大报告中指出，加快构建新发展格局，着力推动高质量发展，要"深化要素市场化改革，建设高标准市场体系"；促进区域协调发展，要"支持革命老区、民族地区加快发展，加强边疆地区建设，推进兴边富民、稳边固边"。深入实施人才强国战略，要"加快建设国家战略人才力量，努力培养造就更多大师、战略科学家、一流科技领军人才和创新团队、青年科技人才、卓越工程师、大国工匠、高技能人才"。本书以党的二十大报告精神为指引，结合住房和城乡建设部印发《"十四五"建筑业发展规划》（建市〔2022〕11号）中"改进工程计量和计价规则，优化计价依据编制、发布和动态管理机制，更加适应市场化需要"目标要求，以培养高素质综合职业技能人才为根本目的，旨在打造符合职业教育改革理念、内容简明实用、形式新颖独特、理论实践一体化的引领式职业教材，使教材更好地为职业教育做好服务。

　　本书编写参照了全国职业技能大赛项目"建设工程数字化计量与计价"赛项竞赛内容、新版的《工程造价》专业教学标准、2023年注册造价师考试大纲、2021年2.0版的工程造价数字化应用职业技能等级标准，具有时代性、前瞻性。本书适用于工程造价、建设工程管理、建设工程监理、建筑工程技术等专业。

　　本书由新疆生产建设兵团兴新职业技术学院魏婷、新疆建设职业技术学院王健担任主编，新疆生产建设兵团兴新职业技术学院白宗财、塔里木职业技术学院李娜担任副主编，新疆生产建设兵团兴新职业技术学院刘亚琼、焦晓燕、马亚军参加编写。李娜编写了项目一、项目二，焦晓燕编写项目三任务一、任务二、任务十四、任务十五、任务十七，白宗财编写项目三任务四、任务六、任务七、任务八、任务十三、任务十六，刘亚琼编写项目三任务九、任务十、任务十一、任务十二，马亚军编写项目三任务三、项目五，魏婷编写了项目四，王健编写了项目三任务五、项目六。全书由新疆生产建设兵团兴新职业技术学院李峰和张舒主审。

　　由于编者水平有限，书中难免存在不足之处，敬请广大读者批评指正。

编　者

CONTENTS 目录

CONTENTS

项目一 工程量清单计价基础知识

任务一 工程量清单计价规范简介

一、《建设工程工程量清单计价规范》（GB 50500—2013）简介

　　《建设工程工程量清单计价规范》（GB 50500—2013）（以下简称"计价规范"）是 2013 年 7 月 1 日中华人民共和国住房和城乡建设部发布的文件。2013 版规范总结了《建设工程工程量清单计价规范》（GB 50500—2008）实施以来的经验，针对执行中存在的问题，特别是清理拖欠工程款工作中普遍反映的，在工程实施阶段中有关工程价款调整、支付、结算等方面缺乏依据的问题，主要修订了原规范正文中不尽合理、可操作性不强的条款及表格

格式，特别增加了采用工程量清单计价如何编制工程量清单和招标控制价、投标报价、合同价款约定，以及工程计量与价款支付、工程价款调整、索赔、竣工结算、工程计价争议处理等内容，并增加了条文说明。原规范的附录 A～附录 E 除个别调整外，基本没有修改。原由局部修订增加的附录 F 一并纳入新规范中。

二、工程量计算依据

工程量的计算需要根据施工图及其相关说明，技术规范、标准、定额，有关图集，有关计算手册等，按照一定的工程量计算规则逐项进行。其主要依据如下：

（1）工程量计算规范中的工程量计算规则。

（2）经审定的施工设计图纸及其说明。施工图纸全面反映建筑物（或构筑物）的结构构造、各部位的尺寸及工程做法，是工程量计算的基础资料和基本依据。除施工设计图纸及其说明外，还应配合有关的标准图集进行工程量计算。

（3）经审定的施工组织设计（项目管理实施规划）或施工方案。施工图纸主要表现拟建工程的实体项目，分项工程的具体施工方法及措施应按施工组织设计（项目管理实施规划）或施工方案确定。如计算挖基础土方，施工方法是采用人工开挖，还是采用机械开挖，基坑周围是否需要放坡、预留工作面或做支撑防护等，应以施工方案为计算依据。

（4）经审定通过的其他有关技术经济文件。如工程施工合同、招标文件的商务条款等。

三、工程量清单计价的范围和作用

工程量清单计价方法是随着我国建设领域市场化改革的不断深入，自 2003 年起在全国开始推广的一种计价方法。其实质是突出自由市场形成工程交易价格的本质，在招标人提供统一工程量清单的基础上，各投标人进行自主竞价，由招标人择优选择形成最终的合同价格。在这种计价方法下，合同价格更加能够体现市场交易的真实水平，并且能够更加合理地对合同履行过程中可能出现的各种风险进行合理分配，提升承发包双方的履约效率。

（一）工程量清单计价的适用范围

清单计价适用于建设工程发承包及其实施阶段的计价活动。使用国有资金投资的建设工程发承包，必须采用工程量清单计价；非国有资金投资的建设工程，宜采用工程量清单计价；不采用工程量清单计价的建设工程，应执行"计价规范"中除工程量清单等专门性规定外的其他规定。

国有资金投资的项目包括全部使用国有资金（含国家融资资金）投资或国有资金投资为主的工程建设项目。

1. 国有资金投资的工程建设项目

（1）使用各级财政预算资金的项目；

（2）使用纳入财政管理的各种政府性专项建设资金的项目；

（3）使用国有企事业单位自有资金，并且国有资产投资者实际拥有控制权的项目。

2. 国家融资资金投资的工程建设项目

（1）使用国家发行债券所筹资金的项目；

（2）使用国家对外借款或担保所筹资金的项目；

（3）使用国家政策性贷款的项目；

（4）国家授权投资主体融资的项目；

（5）国家特许的融资项目。

以国有资金（含国家融资资金）为主的工程建设项目是指国有资金占投资总额的 50%以上，或虽不足 50% 但国有投资者实质上拥有控股权的工程建设项目。

（二）工程量清单计价的作用

1. 提供平等的竞争条件

采用施工图预算来投标报价，由于设计图纸的缺陷，不同施工企业的人员理解不同，计算出的工程量不同，报价更相差甚远，也容易产生纠纷。工程量清单报价提供了一个平等竞争的条件——工程量清单，由企业根据自身的实力来填报不同的单价。投标人的这种自主报价，使企业的优势体现到投标报价中，可在一定程度上规范建筑市场秩序，确保工程质量。

2. 满足市场经济条件下竞争的需要

招标投标过程就是竞争的过程，招标人提供工程量清单，投标人根据自身情况确定综合单价，利用单价与工程量逐项计算每个项目的合价，再分别填入工程量清单表内，计算出投标总价。单价成了决定性的因素，定高了不能中标，定低了又要承担过大的风险。单价的高低直接取决于企业管理水平和技术水平高低，这种局面促成了企业整体实力的竞争，有利于我国建设业的快速发展。

3. 有利于提高工程计价效率，真正实现快速报价

采用工程量清单计价方式，避免招标人与投标人在工程量计算上的重复工作，各投标人以招标人提供的工程量清单为统一平台，结合自身管理水平和施工方案进行报价，促进了各投标人企业定额的完善和工程造价信息的整理与积累，体现了现代工程建设中快速报价的要求。

4. 有利于工程款的拨付和工程价款的最终结算

业主与中标单位签订施工合同时，中标价就是确定合同价的基础，投标清单上的单价就成了拨付工程款的依据，业主根据施工企业完成的工程量，可以很容易地确定进度款的拨付额。工程竣工后，根据设计变更、工程量增减等，业主也很容易确定工程的最终造价，可在某种程度上减少业主与施工单位之间的纠纷。

5. 有利于业主对投资的控制

采用施工图预算形式，业主对因设计变更、工程量的增减所引起的工程造价变化不敏感，往往等到竣工结算时才知道这些对项目投资的影响有多大，但此时常常是为时已晚。而采用工程量清单报价的方式则可对投资变化一目了然，在欲发生设计变更时，业主能马上知道变更对工程造价的影响，以便根据投资情况来决定是否变更或进行方案比选，以决定最恰当的处理方法，实现对投资的有效控制。

任务二　工程量清单组成及编制原则

一、工程量清单组成

工程量清单应由分部分项工程量清单、措施项目清单、其他项目清单、规范项目清单、税金项目清单组成。它是招标文件的组成部分，为施工过程中支付工程进度款提供依据，为办理竣工结算及工程索赔提供重要的依据。

（一）分部分项工程量清单

分部分项工程量清单表明了拟建工程的全部分项实体工程的名称和相应的数量。

（二）措施项目清单

措施项目清单主要表明了为完成拟建工程全部分项实体工程而必须采取的措施性项目。其可分为单价措施项目和总价措施项目。

（三）其他项目清单

其他项目清单主要表明了招标人提出的与拟建工程有关的特殊要求所发生的费用。

（四）规费项目清单

规费项目清单是指根据省级政府部门或省级有关权力部门规定必须缴纳的，应计入建筑安装工程造价的费用项目。

（五）税金项目清单

税金项目清单是根据目前国家税法规定应计入建筑安装工程造价内的税种。

二、工程量清单编制原则

（1）遵守有关的法律法规，工程量清单的编制应遵循国家有关的法律、法规和相关政策。

（2）遵照"三统一"的规定，在编制工程量清单时，必须按照国家统一的项目划分、计量单位和工程量计算规则设置清单项目，计算工程量。

（3）遵守招标文件的相关要求，工程量清单作为招标文件的组成部分，必须与招标文件的原则保持一致，与招标须知、合同条款、技术规范等相互照应，较好地反映本工程的特点，体现项目意图。

（4）清单的编制依据应齐全，受委托的编制人首先要检查招标人提供的图纸、资料等编制依据是否齐全，必要的情况下还应到现场进行调查取证，力求工程量清单编制依据的齐全。

（5）编制力求准确合理，工程量的计算应力求准确，清单项目的设置力求合理、不漏不重。还应建立健全工程量清单编制审查制度，确保工程量清单编制的全面性、准确性和合理性，提高清单编制质量和服务质量。

任务三 工程量清单编制

一、分部分项工程项目清单

分部分项工程项目清单必须载明项目编码、项目名称、项目特征、计量单位和工程量。分部分项工程项目清单必须根据各专业工程工程量计算规范规定的项目编码、项目名称、项目特征、计量单位和工程量计算规则进行编制。其格式见表1-3-1。在分部分项工程项目清单的编制过程中，由招标人负责前六项内容填列，金额部分在编制最高投标限价或投标报价时填列。

表1-3-1 分部分项工程和单价措施项目清单与计价表

工程名称：　　　　　　　　　　标段：　　　　　　　　　　第　页 共　页

序号	项目编码	项目名称	项目特征描述	计量单位	工程量	金额/元		
						综合单价	合价	其中
								暂估价
本页小计								
合计								
注：为计取规费等的使用，可在表中增设"其中：定额人工费"。								

（一）项目编码

分部分项工程量清单的项目编码以五级编码设置，用十二位阿拉伯数字表示。一、二、三、四级编码为全国统一，即一至九位应按工程量计算规范附录的规定设置；第五级即十至十二位为清单项目编码，应根据拟建工程的工程量清单项目名称设置，不得有重号，这三位清单项目编码由招标人针对招标工程项目具体编制，并应自001起顺序编制。

各级编码代表的含义如下：

（1）第一级（一、二位）表示专业工程代码（分二位）。各专业工程及其代码见表1-3-2。

表 1-3-2　各专业工程及代码表

代码	专业工程	代码	专业工程
01	房屋建筑与装饰工程	06	矿山工程
02	仿古建筑工程	07	构筑物工程
03	通用安装工程	08	城市轨道交通工程
04	市政工程	09	爆破工程
05	园林绿化工程		

以后进入国标的专业工程代码依此类推。

（2）第二级（三、四位）表示附录分类顺序码（分二位）。

（3）第三级（五、六位）表示分部工程顺序码（分二位）。

（4）第四级（七、八、九位）表示分项工程项目名称顺序码（分三位）。

（5）第五级（十至十二位）表示工程量清单项目名称顺序码（分三位）。

以房屋建筑与装饰工程为例，项目编码结构如图 1-3-1 所示。

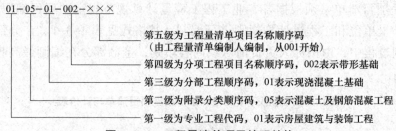

图 1-3-1　工程量清单项目编码结构

当同一标段（或合同段）的一份工程量清单中含有多个单位工程且工程量清单是以单位工程为编制对象时，在编制工程量清单时应特别注意对项目编码十至十二位的设置不得有重码的规定。例如，一个标段（或合同段）的工程量清单中含有三个单位工程，每个单位工程中都有项目特征相同的实心砖墙砌体，在工程量清单中又需要反映三个不同单位工程的实心砖墙砌体工程量时，则第一个单位工程的实心砖墙的项目编码应为 010401003001，第二个单位工程的实心砖墙的项目编码应为 010401003002，第三个单位工程的实心砖墙的项目编码应为 010401003003，并分别列出各单位工程实心砖墙的工程量。

（二）项目名称

分部分项工程项目清单的项目名称应按各专业工程工程量计算规范附录的项目名称结合拟建工程的实际确定。附录表中的"项目名称"为分项工程项目名称，是形成分部分项工程项目清单项目名称的基础。

（三）项目特征

分部分项工程量清单的项目特征描述应按各专业工程工程量计算规范附录中规定的项目特征，结合拟建工程项目的实际予以描述。

工程量清单的项目特征是确定一个清单项目综合单价不可缺少的重要依据。在编制工程量清单时，必须对项目特征进行准确和全面的描述。

1. 工程量清单项目特征描述的重要意义

（1）项目特征是区分清单项目的依据。没有项目特征的准确描述，对于相同或相似的清单项目名称，就无从区分。

（2）项目特征是确定综合单价的前提。工程量清单项目特征描述的准确与否，直接关系到工程量清单项目综合单价的准确确定。

（3）项目特征是履行合同义务的基础。如果工程量清单项目特征的描述不清甚至漏项、错误，从而引起在施工过程中的更改，都会引起分歧，导致纠纷。

2. 工程量清单项目特征描述的原则

（1）项目特征描述的内容应按各专业工程工程量计算规范附录中的规定，结合拟建工程的实际，能满足确定综合单价的需要；特征描述分为问答式和简约式两种，提倡简约式描述。

（2）若采用标准图集或施工图纸能够全部或部分满足项目特征描述的要求，项目特征描述可直接采用详见××图集或××图号的方式。对不能满足项目特征描述要求的部分，仍应用文字描述。

（四）分部分项工程量清单的计量单位

分部分项工程量清单的计量单位均为基本计量单位，不得使用扩大单位（如 10 m、100 kg）。这一点与传统定额计价有很大的区别。

当计量单位有两个或两个以上时，应根据所编工程量清单项目的特征要求，选择最适宜表现该项目特征并方便计量和组成综合单价的单位。

（五）分部分项工程量清单的工程数量

正确的工程量计量是发包人向承包人支付合同价款的前提和依据。无论何种计价方式，其工程量必须按照相关工程的现行国家计算规范规定的工程量计算规则计算。

1. 单价合同的计量

工程量必须以承包人完成合同工程应予计量的工程量确定。

施工中进行工程计量，当发现招标工程量清单中出现缺项、工程量偏差，或因工程变更引起工程量增减时，应按承包人在履行合同义务中完成的工程量计算。

承包人完成已标价工程量清单中每个项目的工程量并经发包人核实无误后，发承包双方应对每个项目的历次计量报表进行汇总，以核实最终结算工程量，并应在汇总表上签字确认。

2. 总价合同的计量

采用工程量清单方式招标形成的总价合同，其工程量应按照规定计算。

采用经审定批准的施工图纸及其预算方式发包形成的总价合同，除按照工程变更规定的工程量增减外，总价合同各项目的工程量应为承包人用于结算的最终工程量。

总价合同约定的项目计量应以合同工程经审定批准的施工图纸为依据，发承包双方应在合同中约定工程计量的形象目标或时间节点进行计量。

3. 成本加酬金合同的计量

成本加酬金合同的工程量应按单价合同的规定进行计量。

二、措施项目清单

措施项目是指为完成工程项目施工，发生于该工程施工准备和施工过程中的技术、生活、安全、环境保护等方面的项目。

1. 措施项目清单必须根据相关工程现行国家计量规范的规定编制

《房屋建筑与装饰工程工程量计算规范》（GB 50854—2013）（以下简称"计算规范"）措施项目有以下规定：

（1）措施项目中列出了项目编码、项目名称、项目特征、计量单位、工程量计算规则的项目，编制工程量清单时，应按照"计算规范"分部分项工程的规定执行。

（2）措施项目仅列出项目编码、项目名称，未列出项目特征、计量单位和工程量计算规则的项目，编制工程量清单时，应按"计算规范"附录S措施项目规定的项目编码、项目名称确定。

2. 措施项目应根据拟建工程的实际情况列项

若出现"计算规范"未列的项目，可根据工程实际情况进行补充。单价项目补充的工程量清单中，需附有补充项目编码、项目名称、项目特征、计量单位、工程量计算规则、工作内容。不能计量的总价措施项目以"项"计价，需附有补充项目编码、项目名称、工作内容及包含范围。

3. 措施项目清单的类别

措施项目费用的发生与使用时间、施工方法或者两个以上的工序相关，如安全文明施工，夜间施工，非夜间施工照明，二次搬运，冬雨期施工，地上、地下设施和建筑物的临时保护设施，已完工程及设备保护等。但是有些措施项目则是可以计算工程量的项目，如脚手架工程，混凝土模板及支架（撑），垂直运输，超高施工增加，大型机械设备进出场及安拆，施工排水、降水等，这类措施项目按照分部分项工程项目清单的方式采用综合单价计价，更有利于措施费的确定和调整。措施项目中可以计算工程量的项目（单价措施项目）宜采用分部分项工程项目清单的方式编制，列出项目编码、项目名称、项目特征、计量单位和工程量（表1-3-1）；不能计算工程量的项目（总价措施项目），以"项"为计量单位进行编制（表1-3-3）。

表1-3-3　总价措施项目清单与计价表

工程名称：　　　　　　　　　　　标段：　　　　　　　　　　第 页 共 页

序号	项目编码	项目名称	计算基础	费率/%	金额/元	调整费率/%	调整后金额/元	备注
		安全文明施工费						
		夜间施工增加费						
		二次搬运费						
		冬雨期施工增加费						

序号	项目编码	项目名称	计算基础	费率/%	金额/元	调整费率/%	调整后金额/元	备注
		已完工程及设备保护费						
		……						
合计								

编制人（造价人员）：　　　　　　　　　　　　　　复核人（造价工程师）：

注：1. "计算基础"中安全文明施工费可为"定额基价""定额人工费"或"定额人工费＋定额施工机具使用费"，其他项目可为"定额人工费"或"定额人工费＋定额施工机具使用费"。

　　2. 按施工方案计算的措施项目费，若无"计算基础"和"费率"的数值，也可只填"金额"数值，但应在备注栏说明施工方案出处或计算方法。

三、其他项目清单

其他项目清单是指分部分项工程项目清单、措施项目清单所包含的内容以外，因招标人的特殊要求而发生的与拟建工程有关的其他费用项目和相应数量的清单。工程建设标准的高低、工程的复杂程度、工程的工期长短、工程的组成内容、发包人对工程管理的要求等都直接影响其他项目清单的具体内容。其他项目清单包括暂列金额，暂估价（包括材料暂估单价、工程设备暂估单价、专业工程暂估价）、计日工、总承包服务费。其他项目清单宜按照表 1-3-4 规定的格式编制，出现未包含在表格中内容的项目，可根据工程实际情况补充。

表 1-3-4　其他项目清单与计价汇总表

工程名称：　　　　　　　　　　　标段：　　　　　　　　　第　页　共　页

序号	项目名称	金额/元	结算金额/元	备注
1	暂列金额			明细详见表 1-3-5
2	暂估价			
2.1	材料（工程设备）暂估价/结算价	—		明细详见表 1-3-6
2.2	专业工程暂估价/结算价			明细详见表 1-3-7
3	计日工			明细详见表 1-3-8
4	总承包服务费			明细详见表 1-3-9
	……			
合计				—

注：材料（工程设备）暂估单价进入清单项目综合单价，此处不汇总。

（一）暂列金额

暂列金额是招标人暂定并包括在合同中的一笔款项。因为无论采用何种合同形式，其理想的标准是一份建设工程施工合同的价格就是其最终的竣工结算价格，或者至少两者应尽可能接近。设立暂列金额并不能保证合同结算价格不会再出现超过已签约合同价的情况，是否超出已签约合同价完全取决于对暂列金额预测的准确性，以及工程建设过程是否出现

表 1-3-9   总承包服务费计价表

工程名称：   标段：   第 页 共 页

序号	项目名称	项目价值 / 元	服务内容	计算基础	费率 /%	金额 / 元
1	发包人发包专业工程					
2	发包人提供材料					
…						
	合计	—			—	

注：此表项目名称、服务内容由招标人填写，编制最高投标限价时，费率及金额由招标人按有关计价规定确定；投标时，费率及金额由投标人自主报价，计入投标总价中。

四、规费、税金项目清单

规费项目清单应按照下列内容列项：社会保险费，包括养老保险费、失业保险费、医疗保险费、工伤保险费、生育保险费；住房公积金；工程排污费。出现"计价规范"未列的规费项目，应根据省级政府或省级有关部门的规定列项。

税金项目主要是指增值税。出现"计价规范"未列的税金项目，应根据税务部门的规定列项。

规费、税金项目计价表见表 1-3-10。

表 1-3-10   规费、税金项目计价表

工程名称：   标段：   第 页 共 页

序号	项目名称	计算基础	计算基数	计算费率 /%	金额 / 元
1	规费	定额人工费			
1.3	社会保险费	定额人工费			
（1）	养老保险费	定额人工费			
（2）	失业保险费	定额人工费		—	
（3）	医疗保险费	定额人工费			
（4）	工伤保险费	定额人工费			
（5）	生育保险费	定额人工费			
1.2	住房公积金	定额人工费			
1.3	工程排污费	按工程所在地环境保护部门收取标准，按实计入			
2	税金（增值税）	分部分项工程费＋措施项目费＋其他项目费＋规费－按规费不计税的工程设备金额			
	合计				

编制人（造价人员）：   复核人（造价工程师）：

任务四 建筑安装工程费用构成

一、建筑安装工程费用的构成

（一）建筑安装工程费用内容

建筑安装工程费是指为完成工程项目建造、生产性设备及配套工程安装所需的费用。

1. 建筑工程费用内容

（1）各类房屋建筑工程和列入房屋建筑工程预算的供水、供暖、卫生、通风、煤气等设备费用及其装设、油饰工程的费用，列入建筑工程预算的各种管道、电力、电信和电缆导线敷设工程的费用。

（2）设备基础、支柱、工作台、烟囱、水塔、水池、灰塔等建筑工程，以及各种炉窑的砌筑工程和金属结构工程的费用。

（3）为施工而进行的场地平整、工程和水文地质勘察，原有建筑物和障碍物的拆除及施工临时用水、电、暖、气、路、通信和完工后的场地清理、环境绿化、美化等工作的费用。

（4）矿井开凿、井巷延伸、露天矿剥离，石油、天然气钻井，修建铁路、公路、桥梁、水库、堤坝、灌渠及防洪等工程的费用。

2. 安装工程费用内容

（1）生产、动力、起重、运输、传动和医疗、试验等各种需要安装的机械设备的装配费用，与设备相连的工作台、梯子、栏杆等设施的工程费用，附属于被安装设备的管线敷设工程费用，以及被安装设备的绝缘、防腐、保温、油漆等工作的材料费和安装费。

（2）为测定安装工程质量，对单台设备进行单机试运转、对系统设备进行系统联动无负荷试运转工作的调试费。

（二）我国现行建筑安装工程费用项目构成

根据住房和城乡建设部、财政部颁布的《关于印发〈建筑安装工程费用项目组成〉的通知》（建标〔2013〕44号），我国现行建筑安装工程费用项目按两种不同的方式划分，即按费用构成要素划分和按造价形成划分，其具体构成如图1-4-1所示。

图1-4-1 建筑安装工程费用项目构成

二、按费用构成要素划分建筑安装工程费用项目构成和计算

按照费用构成要素划分，建筑安装工程费包括人工费、材料费（包含工程设备）、施工机具使用费、企业管理费、利润、规费和税金，如图1-4-2所示。

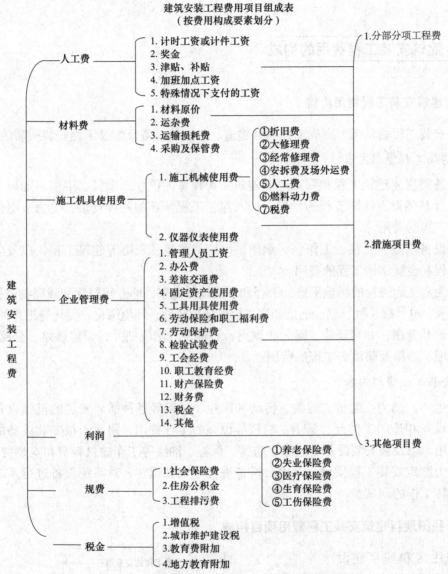

图1-4-2　建筑安装工程费用按费用构成要素划分

（一）人工费

建筑安装工程费中的人工费，是指按工资总额构成规定，支付给从事建筑安装工程施工的生产工人和附属生产单位工人的各项费用。内容包括：

（1）计时工资或计件工资：是指按计时工资标准和工作时间或对已做工作按计件单价支付给个人的劳动报酬。

（2）奖金：是指对超额劳动和增收节支支付给个人的劳动报酬。如节约奖、劳动竞赛奖等。

（3）津贴补贴：是指为了补偿职工特殊或额外的劳动消耗和因其他特殊原因支付给个人的津贴，以及为了保证职工工资水平不受物价影响支付给个人的物价补贴。如流动施工津贴、特殊地区施工津贴、高温（寒）作业临时津贴、高空津贴等。

（4）加班加点工资：是指按规定支付的在法定节假日工作的加班工资和在法定日工作时间外延时工作的加点工资。

（5）特殊情况下支付的工资：是指根据国家法律、法规和政策规定，因病、工伤、产假、计划生育假、婚丧假、事假、探亲假、定期休假、停工学习、执行国家或社会义务等原因按计时工资标准或计时工资标准的一定比例支付的工资。

计算人工费的基本要素有两个，即人工工日消耗量和人工日工资单价。

（1）人工工日消耗量：是指在正常施工生产条件下，完成规定计量单位的建筑安装产品所消耗的生产工人的工日数量。它由分项工程所综合的各个工序劳动定额包括的基本用工、其他用工两部分组成。

（2）人工日工资单价：是指直接从事建筑安装工程施工的生产工人在每个法定工作日的工资、津贴及奖金等。

人工费的基本计算公式为

$$人工费 = \sum（工日消耗量 \times 日工资单价） \qquad （1-4-1）$$

（二）材料费

建筑安装工程费中的材料费，是指施工过程中耗费的原材料、辅助材料、构配件、零件、半成品或成品、工程设备的费用。内容包括：

（1）材料原价：是指材料、工程设备的出厂价格或商家供应价格。

（2）运杂费：是指材料、工程设备自来源地运至工地仓库或指定堆放地点所发生的全部费用。

（3）运输损耗费：是指材料在运输装卸过程中不可避免的损耗。

（4）采购及保管费：是指为组织采购、供应和保管材料、工程设备的过程中所需要的各项费用。包括采购费、仓储费、工地保管费、仓储损耗。

工程设备是指构成或计划构成永久工程一部分的机电设备、金属结构设备、仪器装置及其他类似的设备和装置。

材料费的基本计算公式为

$$材料费 = \sum（材料消耗量 \times 材料单价） \qquad （1-4-2）$$

（1）材料消耗量：是指在正常施工生产条件下，完成规定计量单位的建筑安装产品所消耗的各类材料的净用量和不可避免的损耗量。

（2）材料单价：是指建筑材料从其来源地运到施工工地仓库直至出库形成的综合平均单价。由材料原价、运杂费、运输损耗费、采购及保管费组成。当采用一般计税方法时，材料单价中的材料原价、运杂费等均应扣除增值税进项税额。

工程设备费的基本计算公式为

$$工程设备费 = \sum（工程设备量 \times 工程设备单价） \qquad （1-4-3）$$

（三）施工机具使用费

建筑安装工程费中的施工机具使用费，是指施工作业所发生的施工机械、仪器仪表使用费或其租赁费。

1. 施工机械使用费

施工机械使用费，以施工机械台班耗用量乘以施工机械台班单价表示，施工机械台班单价应由下列七项费用组成：

（1）折旧费：指施工机械在规定的使用年限内，陆续收回其原值的费用。

（2）大修理费：指施工机械按规定的大修理间隔台班进行必要的大修理，以恢复其正常功能所需的费用。

（3）经常修理费：指施工机械除大修理以外的各级保养和临时故障排除所需的费用。包括为保障机械正常运转所需替换设备与随机配备工具附具的摊销和维护费用，机械运转中日常保养所需润滑与擦拭的材料费用及机械停滞期间的维护和保养费用等。

（4）安拆费及场外运费：安拆费指施工机械（大型机械除外）在现场进行安装与拆卸所需的人工、材料、机械和试运转费用以及机械辅助设施的折旧、搭设、拆除等费用；场外运费指施工机械整体或分体自停放地点运至施工现场或由一施工地点运至另一施工地点的运输、装卸、辅助材料及架线等费用。

（5）人工费：指机上司机（司炉）和其他操作人员的人工费。

（6）燃料动力费：指施工机械在运转作业中所消耗的各种燃料及水、电等。

（7）税费：指施工机械按照国家规定应缴纳的车船使用税、保险费及年检费等。

构成施工机械使用费的基本要素是施工机械台班消耗量和施工机械台班单价。施工机械台班消耗量是指在正常施工生产条件下，完成规定计量单位的建筑安装产品所消耗的施工机械台班的数量。施工机械台班单价是指折合到每台班的施工机械使用费。施工机械使用费的基本计算公式为

$$施工机械使用费 = \sum（施工机械台班消耗量 \times 施工机械台班单价） \quad （1-4-4）$$

2. 仪器仪表使用费

仪器仪表使用费是指工程施工所需使用的仪器仪表的摊销及维修费用。与施工机械使用费类似，仪器仪表使用费的基本计算公式为

$$仪器仪表使用费 = \sum（仪器仪表台班消耗量 \times 仪器仪表台班单价） \quad （1-4-5）$$

仪器仪表台班单价通常由折旧费、维护费、校验费和动力费组成。

当采用一般计税方法时，施工机械台班单价和仪器仪表台班单价中的相关子项均需扣除增值税进项税额。

（四）企业管理费

1. 企业管理费的内容

企业管理费是指建筑安装企业组织施工生产和经营管理所需的费用。内容包括：

（1）管理人员工资：是指按规定支付给管理人员的计时工资、奖金、津贴补贴、加班加点工资及特殊情况下支付的工资等。

（2）办公费：是指企业管理办公用的文具、纸张、账表、印刷、邮电、书报、办公软件、现场监控、会议、水电、烧水和集体取暖降温（包括现场临时宿舍取暖降温）等费

用。当采用一般计税方法时，办公费中增值税进项税额的扣除原则：以购进货物适用的相应税率扣减，其中购进自来水、暖气、冷气、图书、报纸、杂志等适用的税率为9%，接受邮政和基础电信服务等适用的税率为9%，接受增值电信服务等适用的税率为6%，其他一般为13%。

（3）差旅交通费：是指职工因公出差、调动工作的差旅费、住勤补助费，市内交通费和误餐补助费，职工探亲路费，劳动力招募费，职工退休、退职一次性路费，工伤人员就医路费，工地转移费以及管理部门使用的交通工具的油料、燃料等费用。

（4）固定资产使用费：是指管理和试验部门及附属生产单位使用的属于固定资产的房屋、设备、仪器等的折旧、大修、维修或租赁费。

当采用一般计税方法时，固定资产使用费中增值税进项税额的扣除原则：购入的不动产适用的税率为9%，购入的其他固定资产适用的税率为13%。设备、仪器的折旧、大修、维修或租赁费以购进货物、接受修理修配劳务或租赁有形动产服务适用的税率扣除，均为13%。

（5）工具用具使用费：是指企业施工生产和管理使用的不属于固定资产的工具、器具、家具、交通工具和检验、试验、测绘、消防用具等的购置、维修和摊销费。当采用一般计税方法时，工具用具使用费中增值税进项税额的扣除原则：以购进货物或接受修理修配劳务适用的税率扣减，均为13%。

（6）劳动保险和职工福利费：是指由企业支付的职工退职金、按规定支付给离休干部的经费，集体福利费、夏季防暑降温、冬季取暖补贴、上下班交通补贴等。

（7）劳动保护费：是指企业按规定发放的劳动保护用品的支出，如工作服、手套、防暑降温饮料及在有碍身体健康的环境中施工的保健费用等。

（8）检验试验费：是指施工企业按照有关标准规定，对建筑及材料、构件和建筑安装物进行一般鉴定、检查所发生的费用，包括自设试验室进行试验所耗用的材料等费用。不包括新结构、新材料的试验费，对构件做破坏性试验及其他特殊要求检验试验的费用和建设单位委托检测机构进行检测的费用，对此类检测发生的费用，由建设单位在工程建设其他费用中列支。

（9）工会经费：是指企业按《中华人民共和国工会法》规定的全部职工工资总额比例计提的工会经费。

（10）职工教育经费：是指按职工工资总额的规定比例计提，企业为职工进行专业技术和职业技能培训，专业技术人员继续教育、职工职业技能鉴定、职业资格认定，以及根据需要对职工进行各类文化教育所发生的费用。

（11）财产保险费：是指施工管理用财产、车辆等的保险费用。

（12）财务费：是指企业为施工生产筹集资金或提供预付款担保、履约担保、职工工资支付担保等所发生的各种费用。

（13）税金：是指企业按规定缴纳的房产税、车船使用税、土地使用税、印花税等。

（14）其他：包括技术转让费、技术开发费、投标费、业务招待费、绿化费、广告费、公证费、法律顾问费、审计费、咨询费、保险费等。

2. 企业管理费费率的计算方法

企业管理费一般采用取费基数乘以费率的方法计算，取费基数有三种，分别是以分部分项工程费为计算基础、以人工费和机械费合计为计算基础及以人工费为计算基础。企业管理费费率计算方法如下：

（1）以分部分项工程费为计算基础。

$$企业管理费费率（\%）= \frac{生产工人年平均管理费}{年有效施工天数 \times 人工单价} \times 人工费占分部分项工程费比例（\%）$$
$$（1-4-6）$$

（2）以人工费和机械费合计为计算基础。

$$企业管理费费率（\%）= \frac{生产工人年平均管理费}{年有效施工天数 \times （人工单价＋每一工日机械使用费）} \times 100\%$$
$$（1-4-7）$$

（3）以人工费为计算基础。

$$企业管理费费率（\%）= \frac{生产工人年平均管理费}{年有效施工天数 \times 人工单价} \times 100\% \quad （1-4-8）$$

工程造价管理机构在确定计价定额中的企业管理费时，应以定额人工费或定额人工费与施工机具使用费之和作为计算基数，其费率根据历年积累的工程造价资料，辅以调查数据确定。

（五）利润

利润是指施工单位从事建筑安装工程施工所获得的盈利，由施工企业根据企业自身需求并结合建筑市场实际自主确定。

（六）规费

1. 规费的内容

规费是指按国家法律、法规规定，由省级政府和省级有关权力部门规定施工单位必须缴纳或计取，应计入建筑安装工程造价的费用。其主要包括社会保险费、住房公积金和工程排污费。

（1）社会保险费。

1）养老保险费：是指企业按照规定标准为职工缴纳的基本养老保险费。

2）失业保险费：是指企业按照国家规定标准为职工缴纳的失业保险费。

3）医疗保险费：是指企业按照规定标准为职工缴纳的基本医疗保险费。

4）生育保险费：是指企业按照规定标准为职工缴纳的生育保险费。

5）工伤保险费：是指企业按照国务院制定的行业费率为职工缴纳的工伤保险费。

（2）住房公积金：是指企业按规定标准为职工缴纳的住房公积金。

（3）工程排污费：是指按照规定缴纳的施工现场工程排污费。

2. 规费的计算

社会保险费和住房公积金应以定额人工费为计算基础，根据工程所在地省、自治区、直辖市或行业建设主管部门规定费率计算。

$$社会保险费和住房公积金 = \sum（工程定额人工费 \times 社会保险费和住房公积金费率）（1-4-9）$$

社会保险费和住房公积金费率可以每万元发承包价的生产工人人工费和管理人员工资含量与工程所在地规定的缴纳标准综合分析取定。

（七）税金

建筑安装工程费用中的税金就是增值税，按税前造价乘以增值税税率确定。

1. 采用一般计税方法时增值税的计算

当采用一般计税方法时，建筑业增值税税率为9%。计算公式为

$$增值税 = 税前造价 \times 9\% \tag{1-4-10}$$

税前造价为人工费、材料费、施工机具使用费、企业管理费、利润和规费之和，各费用项目均以不包含增值税可抵扣进项税额的价格计算。

2. 采用简易计税方法时增值税的计算

（1）简易计税的适用范围。根据《营业税改征增值税试点实施办法》《营业税改征增值税试点有关事项的规定》及《关于建筑服务等营改增试点政策的通知》的规定，简易计税方法主要适用于以下几种情况：

1）小规模纳税人发生应税行为适用简易计税方法计税。小规模纳税人通常是指纳税人提供建筑服务的年应征增值税销售额未超过500万元，并且会计校算不健全，不能按规定报送有关税务资料的增值税纳税人。年应税销售额超过500万元但不经常发生应税行为的单位也可选择按照小规模纳税人计税。

2）一般纳税人以清包工方式提供的建筑服务，可以选择适用简易计税方法计税。以清包工方式提供建筑服务，是指施工方不采购建筑工程所需的材料或只采购辅助材料，并收取人工费、管理费或其他费用的建筑服务。

3）一般纳税人为甲供工程提供的建筑服务，可以选择适用简易计税方法计税。甲供工程是指全部或部分设备、材料、动力由工程发包方自行采购的建筑工程。其中，建筑工程总承包单位为房屋建筑的地基与基础、主体结构提供工程服务，建设单位自行采购全部或部分钢材、混凝土、砌体材料、预制构件的，适用简易计税方法计税。

4）一般纳税人为建筑工程老项目提供的建筑服务，可以选择适用简易计税方法计税。建筑工程老项目：《建筑工程施工许可证》注明的合同开工日期在2016年4月30日前的建筑工程项目；未取得《建筑工程施工许可证》的，建筑工程承包合同注明的开工日期在2016年4月30日前的建筑工程项。

（2）简易计税的计算方法。当采用简易计税方法时，建筑业增值税税率为3%。其计算公式为

$$增值税 = 税前造价 \times 3\% \tag{1-4-11}$$

税前造价为人工费、材料费、施工机具使用费、企业管理费、利润和规费之和，各费用项目均以包含增值税进项税额的含税价格计算。

三、按造价形成划分建筑安装工程费用项目构成和计算

建筑安装工程费按照工程造价形成由分部分项工程费、措施项目费、其他项目费、规费和税金组成，如图1-4-3所示。

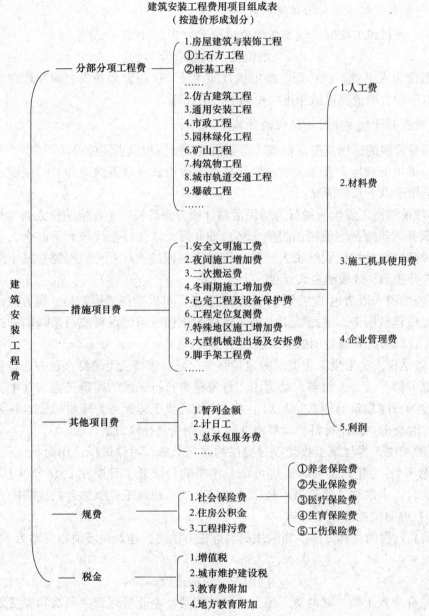

建筑安装工程费用项目组成表
（按造价形成划分）

图 1-4-3　建筑安装工程费用按造价形成划分

（一）分部分项工程费

分部分项工程费是指各专业工程的分部分项工程应予列支的各项费用。各专业工程的分部分项工程划分遵循国家或行业工程量计算规范的规定。分部分项工程费通常用分部分

项工程量乘以综合单价进行计算。

$$分部分项工程费 = \sum (分部分项工程量 \times 综合单价) \qquad (1-4-12)$$

综合单价包括人工费、材料费、施工机具使用费、企业管理费和利润，以及一定范围的风险费用。

（二）措施项目费

1. 措施项目费的构成

措施项目费：是指为完成建设工程施工，发生于该工程施工前和施工过程中的技术、生活、安全、环境保护等方面的费用。措施项目及其包含的内容应遵循各类专业工程的现行国家或行业工程量计算规范。以《房屋建筑与装饰工程工程量计算规范》（GB 50854—2013）中的规定为例，措施项目费可以归纳为以下几项：

（1）安全文明施工费。安全文明施工费是指工程项目施工期间，施工单位为保证安全施工、文明施工和保护现场内外环境等所发生的措施项目费用。通常由环境保护费、文明施工费、安全施工费、临时设施费组成。

1）环境保护费：是指施工现场为达到环保部门要求所需要的各项费用。

2）文明施工费：是指施工现场文明施工所需要的各项费用。

3）安全施工费：是指施工现场安全施工所需要的各项费用。

4）临时设施费：是指施工企业为进行建设工程施工所必须搭设的生活和生产用的临时建筑物、构筑物和其他临时设施费用。包括临时设施的搭设、维修、拆除、清理费或摊销费等。

各项安全文明施工费的具体内容见表 1-4-1。

表 1-4-1 安全文明施工措施费的主要内容

项目名称	工作内容及包含范围
环境保护	现场施工机械设备降低噪声、防扰民措施费用
	水泥和其他易飞扬细颗粒建筑材料密闭存放或采取覆盖措施等费用
	工程防扬尘洒水费用
	土石方、建筑弃碴外运车辆防护措施费用
	现场污染源的控制、生活垃圾清理外运、场地排水排污措施费用
	其他环境保护措施费用
文明施工	"五牌一图"费用
	现场围挡的墙面美化（包括内外墙粉刷、刷白、标语等）、压顶装饰费用
文明施工	现场厕所便槽刷白、贴面砖，水泥砂浆地面或地砖铺砌，建筑物内临时便溺设施费用
	其他施工现场临时设施的装饰装修、美化措施费用
	现场生活卫生设施费用
	符合卫生要求的饮水设备、淋浴、消毒等设施费用
	生活用洁净燃料费用

项目名称	工作内容及包含范围
文明施工	防煤气中毒、防蚊虫叮咬等措施费用
	施工现场操作场地的硬化费用
	现场绿化费用、治安综合治理费用
	现场配备医药保健器材、物品费用和急救人员培训费用
	现场工人的防暑降温、电风扇、空调等设备及用电费用
	其他文明施工措施费用
安全施工	安全资料、特殊作业专项方案的编制，安全施工标志的购置及安全宣传费用
	"三宝"（安全帽、安全带、安全网）、"四口"（楼梯口、电梯井口、通道口、预留洞口）、"五临边"（阳台围边、楼板围边、屋面围边、槽坑围边、卸料平台两侧），水平防护架、垂直防护架、外架封闭等防护费用
	施工安全用电的费用，包括配电箱三级配电、两级保护装置要求、外电防护措施费用
	起重机、塔式起重机等起重设备（含井架、门架）及外用电梯的安全防护措施（含警示标志）及卸料平台的临边防护、层间安全门、防护棚等设施费用
	建筑工地起重机械的检验检测费用
	施工机具防护棚及其围栏的安全保护设施费用
	施工安全防护通道费用
	工人的安全防护用品、用具购置费用
	消防设施与消防器材的配置费用
	电气保护、安全照明设施费
	其他安全防护措施费用
临时设施	施工现场采用彩色、定型钢板，砖、混凝土砌块等围挡的安砌、维修、拆除费用
	施工现场临时建筑物、构筑物的搭设、维修、拆除，如临时宿舍、办公室、食堂、厨房、厕所、诊疗所、临时文化福利用房、临时仓库、加工场、搅拌台、临时简易水塔、水池等费用
	施工现场临时设施的搭设、维修、拆除，如临时供水管道、临时供电管线、小型临时设施等费用
	施工现场规定范围内临时简易道路铺设，临时排水沟、排水设施安砌、维修、拆除费用
	其他临时设施搭设、维修、拆除费用

（2）脚手架费。脚手架费是指施工需要的各种脚手架搭、拆、运输费用以及脚手架购置费的摊销（或租赁）费用。通常包括以下内容：

1）施工时可能发生的场内、场外材料搬运费用；

2）搭、拆脚手架、斜道、上料平台费用；

3）安全网的铺设费用；

4）拆除脚手架后材料的堆放费用。

（3）混凝土模板及支架（撑）费。混凝土施工过程中需要的各种钢模板、木模板、支架等的支拆、运输费用及模板、支架的摊销（或租赁）费用。内容由以下各项组成：

　　1）混凝土施工过程中需要的各种模板制作费用；

　　2）模板安装、拆除、整理堆放及场内外运输费用；

　　3）清理模板黏结物及模内杂物、刷隔离剂等费用。

　　（4）垂直运输费。垂直运输费是指现场所用材料、机具从地面运至相应高度以及职工人员上下工作面等所发生的运输费用。内容由以下各项组成：

　　1）垂直运输机械的固定装置、基础制作、安装费；

　　2）行走式垂直运输机械轨道的铺设、拆除、摊销费。

　　（5）超高施工增加费。当单层建筑物檐口高度超过 20 m，多层建筑物超过 6 层时，可计算超高施工增加费，内容由以下各项组成：

　　1）建筑物超高引起的人工工效降低以及由于人工工效降低引起的机械降效费；

　　2）高层施工用水加压水泵的安装、拆除及工作台班费；

　　3）通信联络设备的使用及摊销费。

　　（6）大型机械设备进出场及安拆费。机械整体或分体自停放场地运至施工现场或由一个施工地点运至另一个施工地点，所发生的机械进出场运输和转移费用及机械在施工现场进行安装、拆卸所需的人工费、材料费、机具费、试运转费和安装所需的辅助设施的费用。内容由安拆费和进出场费组成：

　　1）安拆费包括施工机械、设备在现场进行安装拆卸所需人工、材料、机具和试运转费用以及机械辅助设施的折旧、搭设、拆除等费用；

　　2）进出场费包括施工机械、设备整体或分体自停放地点运至施工现场或由一施工地点运至另一施工地点所发生的运输、装卸、辅助材料等费用。

　　（7）施工排水、降水费。施工排水、降水费是指将施工期间有碍施工作业和影响工程质量的水排到施工场地以外，以及防止在地下水位较高的地区开挖深基坑出现基坑浸水，地基承载力下降，在动水压力作用下还可能引起流砂、管涌和边坡失稳等现象而必须采取有效的降水和排水措施费用。该项费用由成井和排水、降水两个独立的费用项目组成：

　　1）成井。成井的费用主要包括：①准备钻孔机械、埋设护筒、钻机就位，泥浆制作、固壁，成孔、出碴、清孔等费用；②对接上、下井管（滤管），焊接，安防，下滤料，洗井，连接试抽等费用。

　　2）排水、降水。排水、降水的费用主要包括：①管道安装、拆除，场内搬运等费用；②抽水、值班、降水设备维修等费用。

　　（8）夜间施工增加费。夜间施工增加费是指因夜间施工所发生的夜班补助费、夜间施工降效、夜间施工照明设备摊销及照明用电等措施费用。内容由以下各项组成：

　　1）夜间固定照明灯具和临时可移动照明灯具的设置、拆除费用；

　　2）夜间施工时，施工现场交通标志、安全标牌、警示灯的设置、移动、拆除费用；

　　3）夜间照明设备摊销及照明用电、施工人员夜班补助、夜间施工劳动效率降低等费用。

　　（9）非夜间施工照明费。非夜间施工照明费是指为保证工程施工正常进行，在地下室等特殊施工部位施工时所采用的照明设备的安拆、维护及照明用电等费用。

　　（10）二次搬运费。二次搬运费是指因施工管理需要或因场地狭小等原因，导致建筑材料、设备等不能一次搬运到位，必须发生的二次或以上搬运所需的费用。

（11）冬雨期施工增加费。冬雨期施工增加费是指因冬雨期天气原因导致施工效率降低加大投入而增加的费用，以及为确保冬雨期施工质量和安全而采取的保温、防雨等措施所需的费用。内容由以下各项组成：

1）冬雨（风）期施工时增加的临时设施（防寒保温、防雨、防风设施）的搭设、拆除费用；

2）冬雨（风）期施工时，对砌体、混凝土等采用的特殊加温、保温和养护措施费用；

3）冬雨（风）期施工时，施工现场的防滑处理、对影响施工的雨雪的清除费用；

4）冬雨（风）期施工时增加的临时设施、施工人员的劳动保护用品、冬雨（风）期施工劳动效率降低等费用。

（12）地上、地下设施、建筑物的临时保护设施费。在工程施工过程中，对已建成的地上、地下设施和建筑物进行的遮盖、封闭、隔离等必要保护措施所发生的费用。

（13）已完工程及设备保护费。竣工验收前，对已完工程及设备采取的覆盖、包裹、封闭、隔离等必要保护措施所发生的费用。

根据项目的专业特点或所在地区不同，可能会出现其他的措施项目。如工程定位复测费和特殊地区施工增加费等。

2. 措施项目费的计算

按照有关专业工程量计算规范规定，措施项目分为应予计量的措施项目和不宜计量的措施项目两类。

（1）应予计量的措施项目。基本与分部分项工程费的计算方法基本相同，公式为

$$措施项目费 = \sum（措施项目工程量 \times 综合单价） \qquad （1-4-13）$$

不同的措施项目工程量的计算单位是不同的，分列如下：

1）脚手架费通常按照建筑面积或垂直投影面积以"m^2"计算，挑脚手架按搭设长度乘以搭设层数以延长米计算。

2）混凝土模板及支架（撑）费通常是按照模板与现浇混凝土构件的接触面积以"m^2"计算。

3）垂直运输费可根据不同情况用两种方法进行计算：一是按照建筑面积以"m^2"计算；二是按照施工工期日历天数以"天"计算。

4）超高施工增加费通常按照建筑物超高部分的建筑面积以"m^2"计算。

5）大型机械设备进出场及安拆费通常按照机械设备的使用数量以"台次"计算。

6）施工排水、降水费分两个不同的独立部分计算：一是成井费用通常按照设计图示尺寸以钻孔深度"m"计算；二是排水、降水费用通常按照排、降水日历天数以"昼夜"计算。

（2）不宜计量的措施项目。对于不宜计量的措施项目，通常用计算基数乘以费率的方法予以计算。

1）安全文明施工费。计算公式为

$$安全文明施工费 = 计算基数 \times 安全文明施工费费率（\%） \qquad （1-4-14）$$

计算基数应为定额基价（定额分部分项工程费＋定额中可以计量的措施项目费）、定额人工费或定额人工费与施工机具使用费之和，其费率由工程造价管理机构根据各专业工程

的特点综合确定。

2）其余不宜计量的措施项目。包括夜间施工增加费，非夜间施工照明费，二次搬运费，冬雨期施工增加费，地上、地下设施、建筑物的临时保护设施费，已完工程及设备保护费等。计算公式为

$$措施项目费＝计算基数 \times 措施项目费费率（\%） \quad （1-4-15）$$

式（1-4-15）中的计算基数应为定额人工费或定额人工费与定额施工机具使用费之和，其费率由工程造价管理机构根据各专业工程特点和调查资料综合分析后确定。

（三）其他项目费

其他项目费包括暂列金额、暂估价、计日工、总承包服务费。

（四）规费和税金

规费和税金的构成及计算与按费用构成要素划分建筑安装工程费用项目组成部分是相同的。

思考与练习

一、简答题

1．建筑安装工程费用项目按费用构成要素组成和按工程造价形成划分，分别包括哪些内容？

2．工程量清单由哪些内容组成？

二、计算题

施工企业采购的某建筑材料出厂价为 3 500 元／吨，运费为 400 元／吨，运输损耗率为 2%，采购保管费费率为 5%，请计算计入建筑安装工程材料费的该建筑材料单价。

项目二　建筑面积计算

任务一　建筑面积的概念及作用

一、建筑面积的概念

建筑面积是指建筑物（包括墙体）所形成的楼地面面积。面积是所占平面图形的大小，建筑面积主要是墙体围合的楼地面面积（包括墙体的面积），因此计算建筑面积时，应以外墙结构外围水平面积计算。建筑面积还包括附属于建筑物的室外阳台、雨篷、檐廊、室外走廊、室外楼梯等建筑部件的面积。

建筑面积还可以分为使用面积、辅助面积和结构面积。使用面积是指建筑物各层平面布置中，可直接为生产或生活使用的净面积总和。居室净面积在民用建筑中，也称"居住面积"。例如，住宅建筑中的居室、客厅、书房等。辅助面积是指建筑物各层平面布置中为辅助生产或生活所占净面积的总和。例如，住宅建筑的楼梯、走道、卫生间、厨房等。

二、建筑面积的作用

1. 建筑面积是确定建设规模的重要指标

建筑面积的多少可以用来控制建设规模，如根据项目立项批准文件所核准的建筑面积来控制施工图设计的规模。建设面积的多少也可以用来衡量一定时期国家或企业工程建设的发展状况和完成生产量情况等。

2. 建筑面积是确定各项技术经济指标的基础

建筑面积是衡量工程造价、人工消耗量、材料消耗量和机械台班消耗量的重要经济指标。有了建筑面积，才能确定每平方米建筑面积的工程造价等指标。其计算公式如下：

$$单位面积工程造价 = \frac{工程造价}{建筑面积} \qquad (2-1-1)$$

$$单位建筑面积的材料消耗指标 = \frac{工程材料耗用量}{建筑面积} \qquad (2-1-2)$$

$$单位建筑面积的人工用量 = \frac{工程人工工日耗用量}{建筑面积} \qquad (2-1-3)$$

3. 评价设计方案的依据

在建筑设计和建筑规划中，经常使用建筑面积控制某些指标，如容积率、建筑密度、建筑系数等。在评价设计方案时，通常采用居住面积系数、土地利用系数、有效面积系数、单方造价等指标，都与建筑面积密切相关。因此，为了评价设计方案，必须准确计算建筑面积。

4. 计算有关分项工程量的依据和基础

建筑面积是确定一些分项工程量的基本依据。应用统筹计算方法，根据底层建筑面积，就可以很方便地推算出室内回填土体积、地（楼）面积和天棚面积等。另外，建筑面积也是计算有关工程量的重要依据，如综合脚手架、垂直运输等项目的工程量是以建筑面积为基础计算的工程量。

任务二　建筑面积计算规则及方法

建筑面积的计算依据《建筑工程建筑面积计算规范》（GB/T 50353—2013），适用于新建、扩建、改建的工业与民用建筑工程建设全过程的建筑面积计算，即规范不仅适用于工程造价计价活动，也适用于项目规划、设计阶段，但房屋产权面积计算不适用于该规范。

一、应计算建筑面积的范围及规则

（1）建筑物的建筑面积应按自然层外墙结构外围水平面积之和计算。结构层高在 2.20 m 及以上的，应计算全面积；结构层高在 2.20 m 以下的，应计算 1/2 面积。

自然层按楼地面结构分层的楼层，结构层高是指楼面或地面结构层上表面至上部结构层、上表面之间的垂直距离。上下均为楼面时，结构层高是相邻两层楼板结构层上表面之间的垂直距离；建筑物最底层从"混凝土构造"的上表面，算至上层楼板结构层上表面（分两种情况：一种是有混凝土底板的，从底板上表面算起，如底板上有上反梁，则应从上反梁上表面算起；另一种是无混凝土底板、有地面构造的，以地面构造中最上一层混凝土垫层或混凝土找平层上表面算起）；建筑物顶层从楼板结构层上表面算至屋面板结构层上表面，如图 2-2-1 所示。

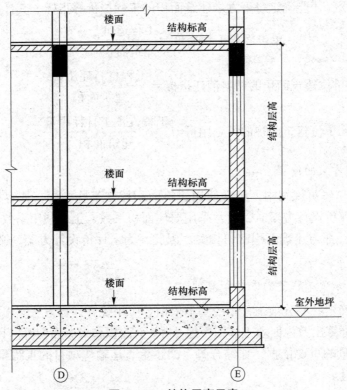

图 2-2-1　结构层高示意

建筑面积计算不再区分单层建筑和多层建筑，有围护结构的以围护结构外围计算。所谓围护结构，是指围合建筑空间的墙体、门、窗。计算建筑面积时不考虑勒脚，勒脚是建筑物外墙与室外地面或散水接触部分墙体的加厚部分，其高度一般为室内地坪与室外地面的高差，也有的将勒脚高度提高到底层窗台，因为勒脚是墙根很矮的一部分墙体加厚，不能代表整个外墙结构。当外墙结构本身在一个层高范围内不等厚时（不包括勒脚，外墙结构在该层高范围内材质不变），以楼地面结构标高处的外围水平面积计算，如图 2-2-2 所示。围护结构下部为砌体，上部为彩钢板围护的建筑物（图 2-2-3），其建筑面积的计算：当 $h < 0.45$ m 时，建筑面积按彩钢板外围水平面积计算；当 $h \geqslant 0.45$ m 时，建筑面积按下

部砌体外围水平面积计算。

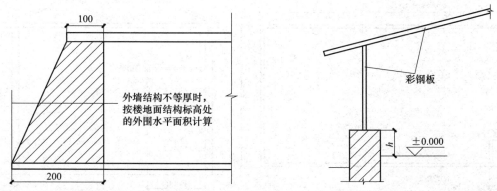

图 2-2-2　外墙结构不等厚建筑面积计算示意　图 2-2-3　下部为砌体，上部为彩钢板围护的建筑物示意

（2）建筑物内设有局部楼层时，对于局部楼层的二层及以上楼层，有围护结构的应按其围护结构外围水平面积计算，无围护结构的应按其结构底板水平面积计算。结构层高在 2.20 m 及以上的，应计算全面积，结构层高在 2.20 m 以下的，应计算 1/2 面积。如图 2-2-4 所示，在计算建筑面积时，只要是在一个自然层内设置的局部楼层，其首层面积已包括在原建筑物中，不能重复计算。因此，应从二层以上开始计算局部楼层的建筑面积。计算方法是有围护结构的按围护结构（如图 2-2-4 中局部二层），没有围护结构的按底板（如图 2-2-4 中局部三层，需要注意的是，没有围护结构的应该有围护设施）。围护结构是指围合建筑空间的墙体、门、窗，栏杆、栏板属于围护设施。

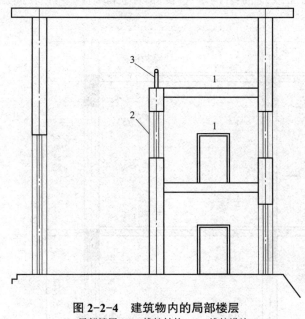

图 2-2-4　建筑物内的局部楼层
1—局部楼层；2—维护结构；3—维护设施

【例 2-2-1】　如图 2-2-5 所示，若局部楼层结构层高均超过 2.20 m，计算其建筑面积。

解：该建筑的建筑面积：首层建筑面积 $= 30 \times 16 = 480$（m²）；

局部二层建筑面积（按围护结构计算）$= 4.37 \times 3.37 = 14.73$（m²）；

局部三层建筑面积（按底板计算）$= (4 + 0.1) \times (3 + 0.1) = 12.71$（m²）。

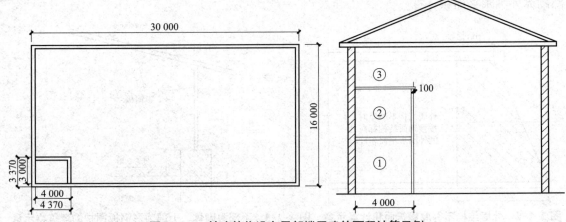

图 2-2-5　某建筑物设有局部楼层建筑面积计算示例

（3）形成建筑空间的坡屋顶，结构净高在 2.10 m 及以上的部位应计算全面积；结构净高在 1.20 m 及以上至 2.10 m 以下的部位应计算 1/2 面积；结构净高在 1.20 m 以下的部位不应计算建筑面积。

建筑空间是指以建筑界面限定的、供人们生活和活动的场所。建筑空间是围合空间，可出入（可出入是指人能够正常出入，即通过门或楼梯等进出；而必须通过窗、栏杆、人孔、检修孔等出入的不算可出入）、可利用。所以，这里的坡屋顶指的是与其他围护结构能形成建筑空间的坡屋顶。

结构净高是指楼面或地面结构层上表面至上部结构层下表面之间的垂直距离，如图 2-2-6 所示。

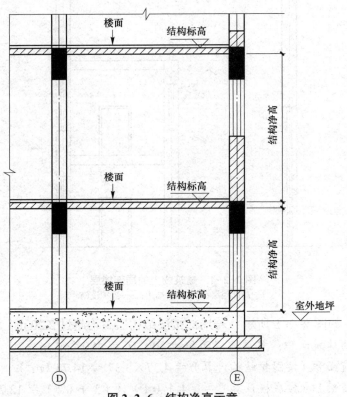

图 2-2-6　结构净高示意

【**例 2-2-2**】 如图 2-2-7 所示，计算坡屋顶下建筑空间建筑面积。

解：全面积部分：9×6.6=59.40（m²）;

1/2 面积部分：9×1.5×1/2×2=13.50（m²）;

合计建筑面积：59.40+13.50=72.90（m²）。

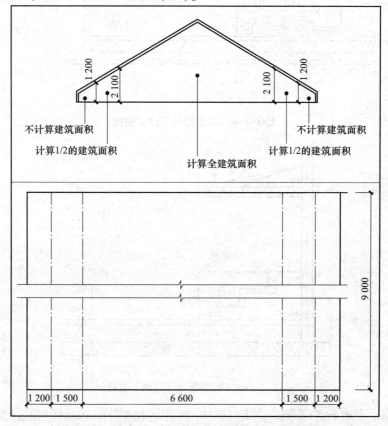

图 2-2-7 坡屋顶下建筑空间建筑面积计算范围示意图

（4）场馆看台下的建筑空间，结构净高在 2.10 m 及以上的部位应计算全面积；结构净高在 1.20 m 及以上至 2.10 m 以下的部位应计算 1/2 面积；结构净高在 1.20 m 以下的部位不应计算建筑面积。室内单独设置的有围护设施的悬挑看台，应按看台结构底板水平投影面积计算建筑面积。有顶盖无围护结构的场馆看台应按其顶盖水平投影面积的 1/2 计算面积。场馆区分以下三种不同的情况：

1）看台下的建筑空间，对"场"（顶盖不闭合）和"馆"（顶盖闭合）都适用。场馆看台下的建筑空间因其上部结构多为斜板，所以采用净高的尺寸划定建筑面积的计算范围，如图 2-2-8 所示。

2）室内单独悬挑看台，仅对"馆"适用。室内单独设置的有围护设施的悬挑看台，因其看台上部设有顶盖且可供人使用，所以按看台板的结构底板水平投影计算建筑面积。

3）有顶盖无围护结构的看台，仅对"场"适用。场馆看台上部空间建筑面积计算取决于看台上部有无顶盖。按顶盖计算建筑面积的范围应是看台与顶盖重叠部分的水平投影面积。对有双层看台的，各层分别计算建筑面积，顶盖及上层看台均视为下层看台的盖。无顶盖的看台不计算建筑面积，如图 2-2-9 所示。

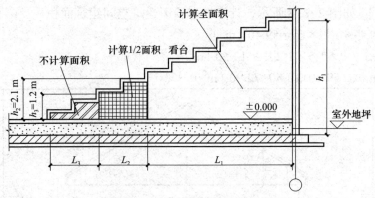

图 2-2-8　场馆看台下建筑空间

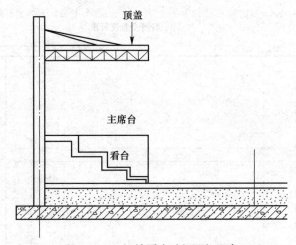

图 2-2-9　场馆看台（剖面）示意

（5）地下室、半地下室（车间、商店、车站、车库、仓库等），包括相应的有永久性顶盖的出入口，应按其外墙上口（不包括采光井、外墙防潮层及其保护墙）外边线所围水平面积计算。层高在 2.20 m 及以上者应计算全面积；层高不足 2.20 m 者应计算 1/2 面积，如图 2-2-10 所示。

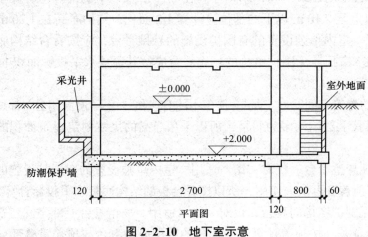

图 2-2-10　地下室示意

室内地坪面低于室外地坪面的高度超过室内净高的 1/2 者为地下室；室内地坪面低于室外地坪面的高度超过室内净高的 1/3，且不超过 1/2 者为半地下室。地下室、半地下室按"结构外围水平面积"计算,而不按"外墙上口"取定。当外墙为变截面时,按地下室、半地下室楼地面结构标高处的外围水平面积计算。地下室的外墙结构不包括找平层、防水(潮)层、保护墙等。地下空间未形成建筑空间的,不属于地下室或半地下室,不计算建筑面积。

(6)出入口外墙外侧坡道有顶盖的部位,应按其外墙结构外围水平面积的1/2计算面积。

出入口坡道分有顶盖出入口坡道和无顶盖出入口坡道,顶盖以设计图纸为准,对后增加及建设单位自行增加的顶盖等,不计算建筑面积。顶盖不分材料种类(如钢筋混凝土顶盖、彩钢板顶盖、阳光板顶盖等)。地下室出入口如图2-2-11所示。

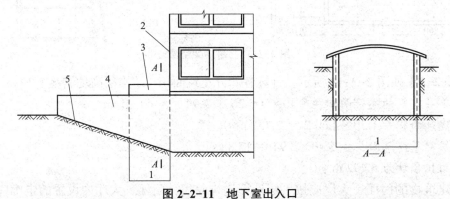

图 2-2-11 地下室出入口

1—计算 1/2 投影面积部位;2—主体建筑;3—出入口顶盖;4—封闭出入口侧墙;5—出入口坡道

坡道是从建筑物内部一直延伸到建筑物外部的,建筑物内的部分随建筑物正常计算建筑面积。建筑物内、外的划分以建筑物外墙结构外边线为界,如图2-2-12所示。所以,出入口坡道顶盖的挑出长度,为顶盖结构外边线至外墙结构外边线的长度。

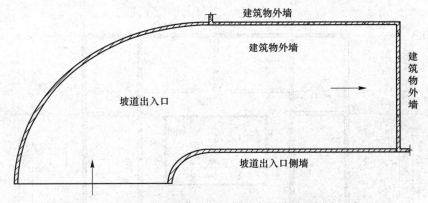

图 2-2-12 外墙外侧坡道与建筑物内部坡道得划分示意

(7)建筑物架空层及坡地建筑物吊脚架空层,应按其顶板水平投影计算建筑面积。结构层高在 2.20 m 及以上的,应计算全面积;结构层高在 2.20 m 以下的,应计算 1/2 面积。顶板水平投影面积是指架空层结构顶板的水平投影面积,不包括架空层主体结构外的阳台、空调板、通长水平挑板等外挑部分。

架空层是指仅有结构支撑而无外围护结构的开敞空间层,即架空层是没有围护结构的。架空层建筑面积的计算方法适用于建筑物吊脚架空层、深基础架空层,也适用于目前部分住宅、学校教学楼等工程在底层架空或在二楼或以上某个甚至多个楼层架空,作为公共活动、停车、绿化等空间的情况。建筑物吊脚架空层如图2-2-13所示。

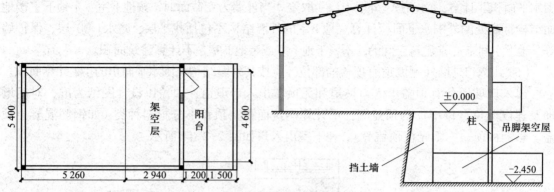

图 2-2-13　吊脚架空层

【例 2-2-3】如图 2-2-13 所示，计算各部分建筑面积（结构层高均满足 2.20 m）。

解： 单层建筑的建筑面积＝ 5.40×（5.26＋2.94）＝ 44.28（m²）；

阳台建筑面积＝ 1.20×4.60/2 ＝ 2.76（m²）；

吊脚架空层建筑面积＝ 5.40×2.94 ＝ 15.88（m²）；

建筑面积合计为 62.92 m²。

（8）建筑物的门厅、大厅应按一层计算建筑面积，门厅、大厅内设置的走廊应按走廊结构底板水平投影面积计算建筑面积。结构层高在 2.20 m 及以上的，应计算全面积；结构层高在 2.20 m 以下的，应计算 1/2 面积。大厅、走廊如图 2-2-14 所示。

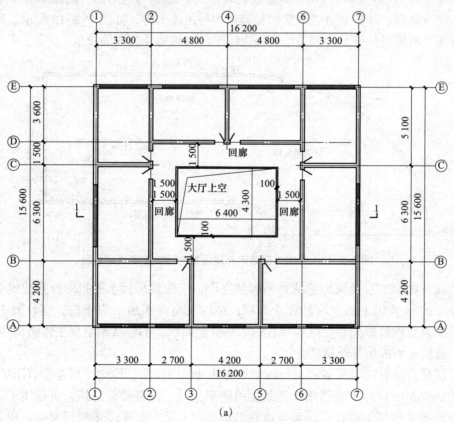

（a）

图 2-2-14　大厅、走廊（回廊）示意

（a）平面图

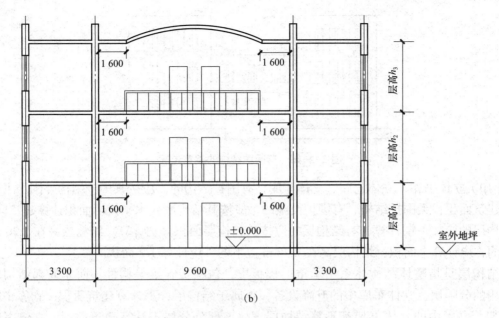

(b)

图 2-2-14　大厅、走廊（回廊）示意（续）
（b）剖面图

【**例 2-2-4**】　如图 2-2-14 所示，计算走廊部分建筑面积及全部建筑面积。

解： 当结构层高 h（或 h 或 h_s）$\geqslant$ 2.2 m 时，按结构底板计算全面积，图中某层走廊建筑面积 $S = (2.7 + 4.2 + 2.7 - 0.12 \times 2) \times (6.3 + 1.5 - 0.12 \times 2) - 6.40 \times 4.30 = 43.24$（$m^2$）。

当结构层高 h（或 h_z 或 h_s）< 2.2 m 时，按底板计算 1/2 面积，图中某层走廊建筑面积 $S = [(2.7 + 4.2 + 2.7 - 0.12 \times 2) \times (6.3 + 1.5 - 0.12 \times 2) - 6.40 \times 4.30] \times 0.5 = 21.62$（$m^2$）。

当结构层高（h，h_2，h_s）> 2.2 m 时，建筑面积 $S = (16.2 + 0.12 \times 2) \times (15.6 + 0.12 \times 2) \times 3 - (6.40 \times 4.30) \times 2 = 726.19$（$m^2$）。

（9）建筑物间的架空走廊，有顶盖和围护结构的，应按其围护结构外围水平面积计算全面积；无围护结构、有围护设施的，应按其结构底板水平投影面积计算 1/2 面积。

架空走廊是指专门设置在建筑物的二层或二层以上，作为不同建筑物之间水平交通的空间。无围护结构的架空走廊如图 2-2-15 所示；有围护结构的架空走廊如图 2-2-16 所示。架空走廊建筑面积计算分为两种情况：一种是有围护结构且有顶盖的，计算全面积；另一种是无围护结构、有围护设施，无论是否有顶盖，均计算 1/2 面积。有围护结构的，按围护结构计算面积；无围护结构的，按底板计算面积。

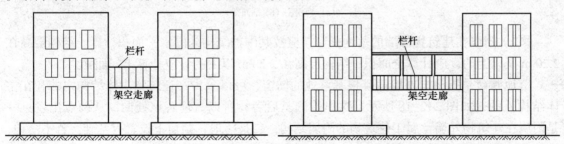

图 2-2-15　无围护结构的架空走廊（有围护设施）

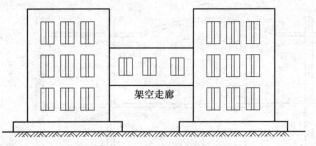

图 2-2-16　有围护结构的架空走廊

（10）立体书库、立体仓库、立体车库，有围护结构的，应按其围护结构外围水平面积计算建筑面积；无围护结构、有围护设施的，应按其结构底板水平投影面积计算建筑面积。无结构层的应按一层计算，有结构层的应按其结构层面积分别计算。结构层高在 2.20 m 及以上的，应计算全面积；结构层高在 2.20 m 以下的，应计算 1/2 面积。

结构层是指整体结构体系中承重的楼板层，包括板、梁等构件，而非局部结构起承重作用的分隔层。立体车库中的升降设备，不属于结构层，不计算建筑面积；仓库中的立体货架、书库中的立体书架都不算结构层，故该部分分层不计算建筑面积。立体书库如图 2-2-17 所示。

（11）有围护结构的舞台灯光控制室，应按其围护结构外围水平面积计算。结构层高在 2.20 m 及以上的，应计算全面积；结构层高在 2.20 m 以下的，应计算 1/2 面积。

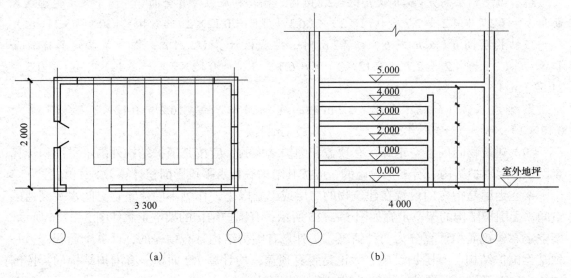

（a）　　　　　　　　　　　　　　　　　　　　（b）

图 2-2-17　立体书库
（a）平面图；（b）剖面图

（12）附属在建筑物外墙的落地橱窗，应按其围护结构外围水平面积计算。结构层高在 2.20 m 及以上的，应计算全面积；结构层高在 2.20 m 以下的，应计算 1/2 面积。

落地橱窗是指凸出外墙面且根基落地的橱窗，可以分为在建筑物主体结构内的和在主体结构外的，如图 2-2-18 所示，这里指的是后者。所以，理解该处橱窗从两点出发：一是附属在建筑物外墙，属于建筑物的附属结构；二是落地，橱窗下设置有基础。若不落地，可按凸（飘）窗规定执行。

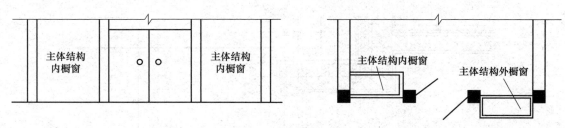

图 2-2-18　橱窗示意

（13）窗台与室内楼地面高差在 0.45 m 以下且结构净高在 2.10 m 及以上的凸（飘）窗，应按其围护结构外围水平面积计算 1/2 面积。

凸（飘）窗是指凸出建筑物外墙面的窗户。凸（飘）窗须同时满足两个条件方能计算建筑面积：一是结构高差在 0.45 m 以下；二是结构净高在 2.10 m 及以上。图 2-2-19 中，窗台与室内楼地面高差为 0.6 m，超出了 0.45 m，并且结构净高 1.9 m < 2.1 m，两个条件均不满足，故该凸（飘）窗不计算建筑面积。图 2-2-20 中，窗台与室内楼地面高差为 0.3 m，小于 0.45 m，并且结构净高 2.2 m > 2.1 m，两个条件同时满足，故该凸（飘）窗计算建筑面积。

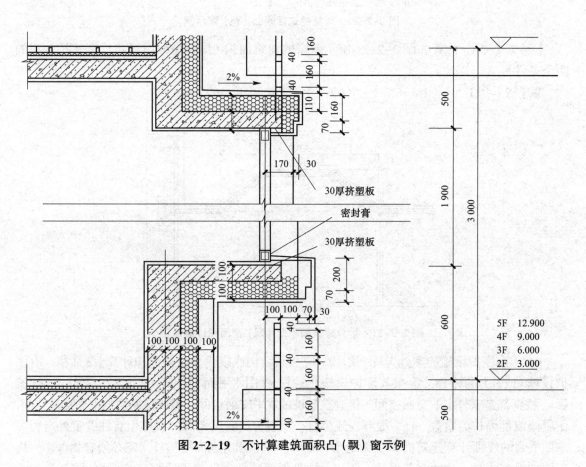

图 2-2-19　不计算建筑面积凸（飘）窗示例

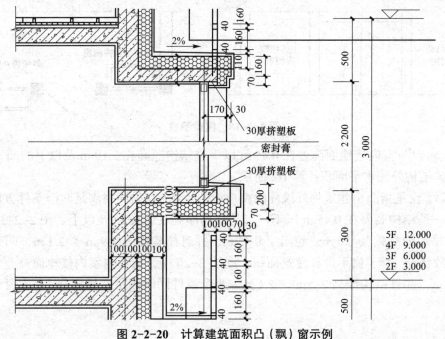

图 2-2-20　计算建筑面积凸（飘）窗示例

【例 2-2-5】　计算如图 2-2-21 所示飘窗的建筑面积（该飘窗同时满足计算建筑面积的两个条件）。

解：$S = [1/2 \times (1.2 + 2.1) \times 0.6] \times 1/2 = 0.50$（m²）

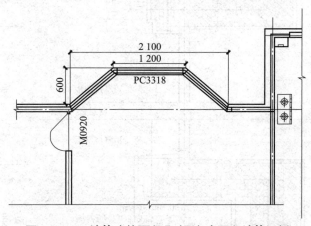

图 2-2-21　计算建筑面积凸（飘）窗面积计算示例

（14）有围护设施的室外走廊（挑廊），应按其结构底板水平投影面积计算 1/2 面积；有围护设施（或柱）的檐廊，应按其围护设施（或柱）外围水平面积计算 1/2 面积。室外走廊（挑廊）、檐廊都是室外水平交通空间。挑廊是悬挑的水平交通空间；檐廊是底层的水平交通空间，由屋檐或挑檐作为顶盖，且一般有柱或栏杆、栏板等。底层无围护设施但有柱的室外走廊可参照檐廊的规则计算建筑面积。无论哪一种廊，除必须有地面结构外，还必须有栏杆、栏板等围护设施或柱，这两个条件缺一不可，缺少任何一个条件都不计算建筑面积（图 2-2-22）。在图 2-2-22 中，部位 3 没有围护设施，所以不计算建筑面积，部位 4 有围护设施，按围护设施所围成面积的 1/2 计算。室外走廊（挑廊）、檐廊虽然都算 1/2 面积，但取定的计算部位不同：室外走廊（挑廊）按结构底板计算，檐廊按围护设施（或柱）外围计算。

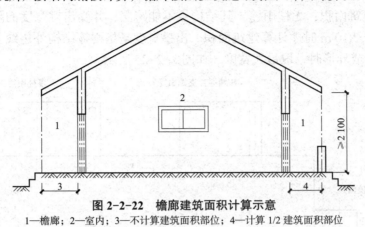

图 2-2-22　檐廊建筑面积计算示意
1—檐廊；2—室内；3—不计算建筑面积部位；4—计算 1/2 建筑面积部位

（15）门斗应按其围护结构外围水平面积计算建筑面积。结构层高在 2.20 m 及以上的，应计算全面积；结构层高在 2.20 m 以下的，应计算 1/2 面积。

门斗是建筑物出入口两道门之间的空间，它是有顶盖和围护结构的全围合空间。而门廊、雨篷至少有一面不围合，与门斗不同。门斗如图 2-2-23 所示。

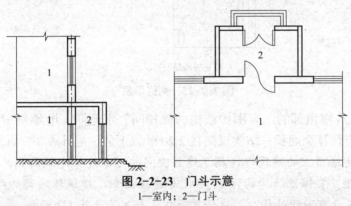

图 2-2-23　门斗示意
1—室内；2—门斗

（16）门廊应按其顶板水平投影面积的 1/2 计算建筑面积；有柱雨篷应按其结构板水平投影面积的 1/2 计算建筑面积；无柱雨篷的结构外边线至外墙结构外边线的宽度在 2.10 m 及以上的，应按雨篷结构板的水平投影面积的 1/2 计算建筑面积。

门廊是指在建筑物出入口，无门、三面或两面有墙，上部有板（或借用上部楼板）围护的部位。门廊可分为全凹式、半凹半凸式、全凸式，如图 2-2-24 所示。

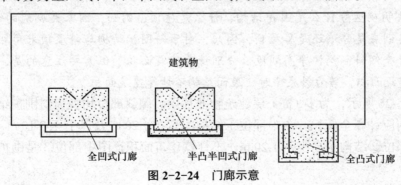

建筑物

全凹式门廊　　半凸半凹式门廊　　全凸式门廊

图 2-2-24　门廊示意

雨篷分为有柱雨篷和无柱雨篷。有柱雨篷，没有出挑宽度的限制，也不受跨越层数的限制，均计算建筑面积；无柱雨篷，其结构板不能跨层，并受出挑宽度的限制，设计出挑宽度大于或等于 2.10 m 时才计算建筑面积。出挑宽度是指雨篷结构外边线至外墙结构外边线的宽度，弧形或异形时，取最大宽度，如图 2-2-25 所示。

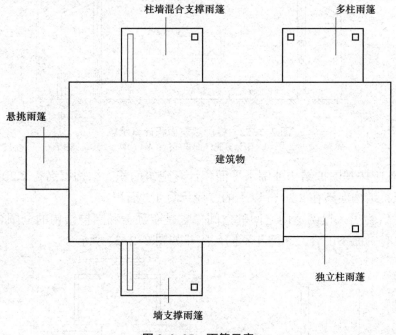

图 2-2-25　雨篷示意

（17）设在建筑物顶部的、有围护结构的楼梯间、水箱间、电梯机房等，结构层高在 2.20 m 及以上的应计算全面积；结构层高在 2.20 m 以下的，应计算 1/2 面积。

提示：建筑物房顶上的建筑部件属于建筑空间的可以计算建筑面积，不属于建筑空间的则归为屋顶造型（装饰性结构构件），不计算建筑面积。建筑物顶部的楼梯间、水箱间、电梯机房等，如果没有围护结构，不应计算面积，而不是计算 1/2 面积。

（18）围护结构不垂直于水平面的楼层，应按其底板面的外墙外围水平面积计算。结构净高在 2.10 m 及以上的部位，应计算全面积；结构净高在 1.20 m 及以上至 2.10 m 以下的部位，应计算 1/2 面积；结构净高在 1.20 m 以下的部位，不应计算建筑面积。

注意：围护结构不垂直既可以是向内倾斜，也可以是向外倾斜。在划分高度上，与斜屋面的划分原则相一致。由于目前很多建筑设计追求新、奇、特，造型越来越复杂，很多时候根本无法明确区分什么是围护结构、什么是屋顶，例如，国家大剧院的蛋壳型外壳，无法准确说其到底是算墙还是算屋顶，因此，对于斜围护结构与斜屋顶采用相同的计算规则，即只要外壳倾斜，就按净高划段，分别计算建筑面积。但需要注意的是，斜围护结构本身要计算建筑面积，若为斜屋顶时，屋面结构不计算建筑面积。

如图 2-2-26 所示，为多（高）层建筑物非顶层，倾斜部位均视为斜围护结构，底板面处的围护结构应计算全面积。图中部位①结构净高在 1.20 m 及以上至 2.10 m 下，计算 1/2 面积；图中部位②结构净高小于 1.20 m，不计算建筑面积；图中部位③是围护结构，应计算全部面积。

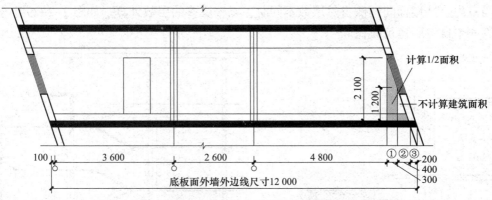

图 2-2-26　围护结构不垂直水平楼面的建筑面积计算示意

【例 2-2-6】 如图 2-2-26 所示建筑物宽 10 m，计算其建筑面积。

解： 建筑面积＝（0.1＋3.6＋2.6＋4.8＋0.2）×10＋0.3×10×0.5＝114.5（m²）。

（19）建筑物的室内楼梯、电梯井、提物井、管道井、通风排气竖井、烟道，应并入建筑物的自然层计算建筑面积。有顶盖的采光井应按一层计算面积，结构净高在 2.10 m 及以上的，应计算全面积，结构净高在 2.10 m 以下的，应计算 1/2 面积。

室内楼梯包括了形成井道的楼梯（即室内楼梯间）和没有形成井道的楼梯（即室内楼梯），即没有形成井道的室内楼梯也应该计算建筑面积。如建筑物大堂内的楼梯、跃层（或复式）住宅的室内楼梯等应计算建筑面积。建筑物的楼梯间层数按建筑物的自然层数计算，如图 2-2-27 所示。

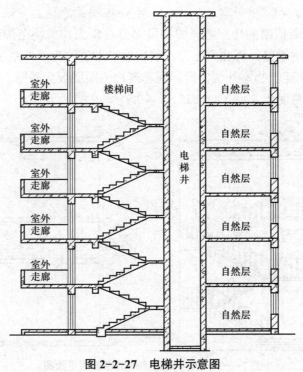

图 2-2-27　电梯井示意图

有顶盖的采光井包括建筑物中的采光井和地下室采光井。如图 2-2-28 所示为地下室采光井，按一层计算面积。

当室内公共楼梯间两侧自然层数不同时，以楼层多的层数计算。如图 2-2-29 中楼梯间应计算 6 个自然层建筑面积。

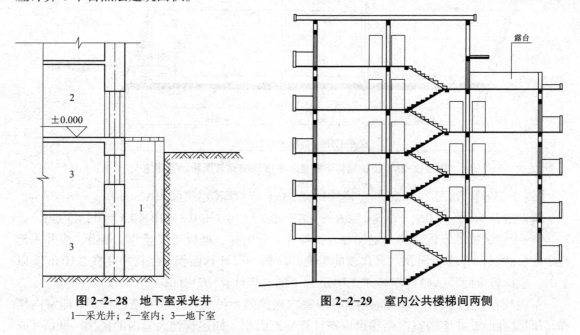

图 2-2-28　地下室采光井
1—采光井；2—室内；3—地下室

图 2-2-29　室内公共楼梯间两侧

（20）室外楼梯应并入所依附建筑物自然层，并应按其水平投影面积的 1/2 计算建筑面积。

室外楼梯作为连接该建筑物层与层之间交通不可缺少的基本部件，无论从其功能还是工程计价的要求来说，均需要计算建筑面积。室外楼梯无论是否有顶盖都需要计算建筑面积。层数为室外楼梯所依附的楼层数，即梯段部分投影到建筑物范围的层数。利用室外楼梯下部的建筑空间不得重复计算建筑面积；利用地势砌筑的为室外踏步，不计算建筑面积。如图 2-2-30 所示，该建筑物室外楼梯投影到建筑物范围层数为两层，所以应按两层计算建筑面积，室外楼梯建筑面积 $S = 3 \times 6.625 \times 2 \times 0.5 = 19.875$（$\mathrm{m}^2$）。

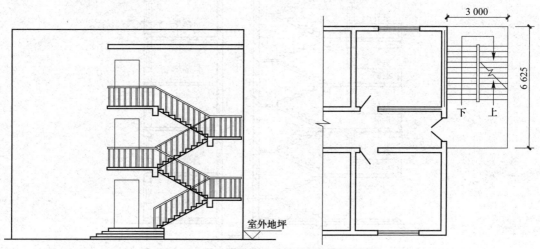

图 2-2-30　某建筑物室外楼梯里面平面图

（21）在主体结构内的阳台，应按其结构外围水平面积计算全面积；在主体结构外的阳台，应按其结构底板水平投影面积计算 1/2 面积。

阳台是指附设于建筑物外墙，设有栏杆或栏板，可供人活动的室外空间。建筑物的阳台无论其形式如何，均以建筑物主体结构为界分别计算建筑面积。所以，判断阳台是在主体结构内还是在主体结构外是计算建筑面积的关键。

主体结构是接受、承担和传递建设工程所有上部荷载，维持上部结构整体性、稳定性和安全性的有机联系的构造。判断主体结构要依据建筑平面图、立面图、剖面图，并结合结构图纸一起进行。可按如下原则进行判断：

1）砖混结构。通常以外墙（即围护结构，包括墙、门、窗）来判断，外墙以内为主体结构内，外墙以外为主体结构外。

2）框架结构。柱梁体系之内为主体结构内；柱梁体系之外为主体结构外。

3）剪力墙结构。分为以下几种情况：

①如阳台在剪力墙包围之内，则属于主体结构内。

②如相对两侧均为剪力墙时，也属于主体结构内。

③如相对两侧仅一侧为剪力墙时，属于主体结构外。

④如相对两侧均无剪力墙时，属于主体结构外。

4）阳台处剪力墙与框架混合时，分为两种情况：一种是角柱为受力结构，根基落地，则阳台为主体结构内；另一种是角柱仅为造型，无根基，则阳台为主体结构外。

如图 2-2-31（a）所示平面图，该图中阳台处于剪力墙包围中，为主体结构内阳台，应计算全面积。如图 2-2-31(b) 所示平面图，该图中阳台有两部分，一部分处于主体结构内，另一部分处于主体结构外，应分别计算建筑面积（以柱外侧为界，上面部分属于主体结构内，计算全面积，下面部分属于主体结构外，计算 1/2 面积）。

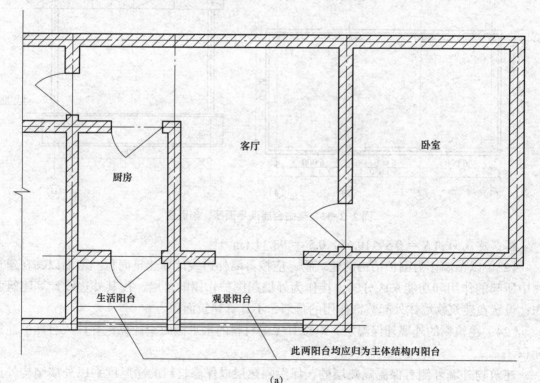

(a)

图 2-2-31　阳台平面图

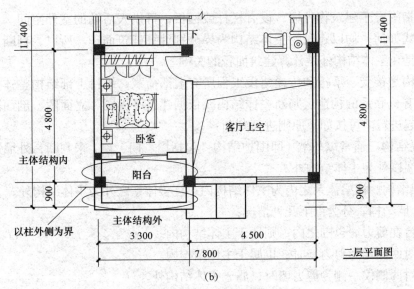

图 2-2-31 阳台平面图（续）

（22）有顶盖无围护结构的车棚、货棚、站台、加油站、收费站等，应按其顶盖水平投影面积的 1/2 计算建筑面积。顶盖下的建筑物符合《建筑工程建筑面积计算规范》（GB/T 50353—2013）规定时，另行计算建筑面积。

【例 2-2-7】 如图 2-2-32 所示的某站台屋顶平面图、剖面图，计算其建筑面积。

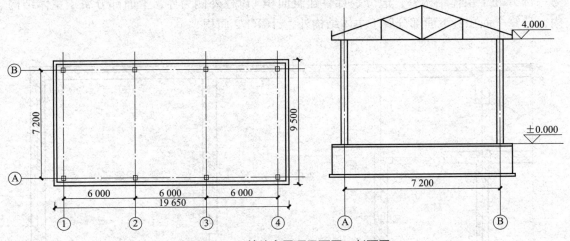

图 2-2-32 某站台屋顶平面图、剖面图

解：建筑面积 $S = 9.5 \times 19.65 \times 0.5 = 93.34（\text{m}^2）$

（23）以幕墙作为围护结构的建筑物，应按幕墙外边线计算建筑面积。幕墙以其在建筑物中所起的作用和功能来区分，直接作为外墙起围护作用的幕墙，按其外边线计算建筑面积；设置在建筑物墙体外起装饰作用的幕墙，不计算建筑面积。

（24）建筑物的外墙外保温层，应按其保温材料的水平截面积计算，并计入自然层建筑面积。

建筑物外墙外侧有保温隔热层的，保温隔热层以保温材料的净厚度乘以外墙结构外边线长度按建筑物的自然层计算建筑面积，其外墙外边线长度不扣除门窗和建筑物外已计算建筑面积构件（如阳台、室外走廊、门斗、落地橱窗等部件）所占长度。当建筑物外已计算建筑面积的构件（如阳台、室外走廊、门斗、落地橱窗等部件）有保温隔热层时，其保温隔热层也不再计算建筑面积（图 2-2-33）。外墙是斜面者按楼面楼板处的外墙外边线长度乘以保温材料的净厚度计算（图 2-2-34）。外墙外保温以沿高度方向满铺为准，某层外墙外保温铺设高度未达到全部高度时（不包括阳台、室外走廊、门斗、落地橱窗、雨篷、飘窗等），不计算建筑面积。保温隔热层的建筑面积是以保温隔热材料的厚度来计算的，不包含抹灰层、防潮层、保护层（墙）的厚度。建筑外墙外保温如图 2-2-35 所示，只计算保温材料本身的面积。复合墙体不属于外墙外保温层，整体视为外墙结构，按外围面积计算。

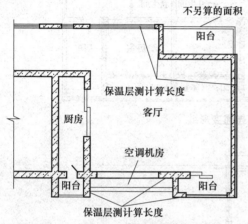

图 2-2-33 外墙外保温计算长度示意

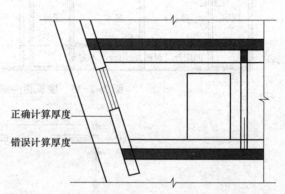

图 2-2-34 围护结构不垂直于水平面时外墙外保温计算厚度

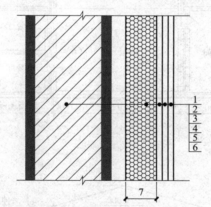

图 2-2-35 建筑外墙外保温结构

1—墙体；2—黏结胶浆；3—保温材料；4—标准网；
5—加强网；6—抹面胶浆；7—计算建筑面积

（25）与室内相通的变形缝，应按其自然层合并在建筑物建筑面积内计算。对于高低联跨的建筑物，当高低跨内部连通时，其变形缝应计算在低跨面积内。

与室内相通的变形缝，是指暴露在建筑物内，在建筑物内可以看见的变形缝，应计算建筑面积；与室内不相通的变形缝不计算建筑面积。如图 2-2-36 所示，变形缝不计算建筑面积。高低联跨的建筑物，当高低跨内部连通或局部连通时，其连通部分变形缝的面积计算在低跨面积内；当高低跨内部不相连通时，其变形缝不计算建筑面积。有高低跨的变形缝如图 2-2-37 所示。

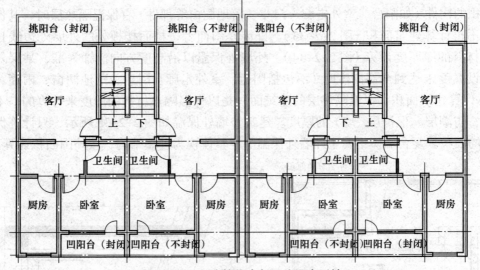

图 2-2-36　建筑物内部不连通变形缝

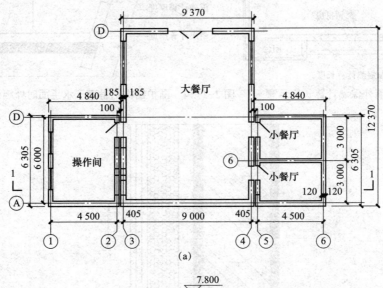

(a)

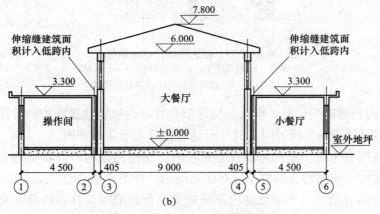

(b)

图 2-2-37　有高低跨的变形缝

（a）某单位职工食堂平面图；（b）某单位职工食堂剖面图

【例2-2-8】 如图2-2-37所示，计算其建筑面积。

解： 图中大餐厅的建筑面积 $S = 9.37 \times 12.37 = 115.91$（m²）

操作间和小餐厅的建筑面积 $S = 4.84 \times 6.305 \times 2 = 61.03$（m²）

（26）对于建筑物内的设备层、管道层、避难层等有结构层的楼层，结构层高在2.20 m及以上的，应计算全面积；结构层高在2.20 m以下的，应计算1/2面积。

设备层、管道层虽然其具体功能与普通楼层不同，但在结构上及施工消耗上并无本质区别，因此将设备、管道楼层归为自然层，其计算规则与普通楼层相同。在吊顶空间内设置管道的，则吊顶空间部分不能被视为设备层、管道层。设备层如图2-2-38所示。

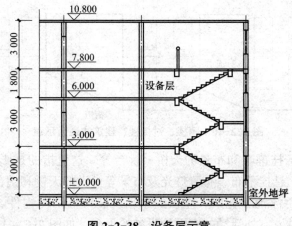

图2-2-38 设备层示意

图2-2-38中的设备层结构层高为1.8 m，所以，设备层按围护结构的1/2计算建筑面积。

二、不计算建筑面积的范围

（1）与建筑物内不相连通的建筑部件。建筑部件指的是依附于建筑物外墙外不与户室开门连通，起装饰作用的敞开式挑台（廊）、平台，以及不与阳台相通的空调室外机搁板（箱）等设备平台部件。

与建筑物内不相连通是指没有正常的出入口，即通过门进出的，视为"连通"，通过窗或栏杆等翻出去的，视为"不连通"，如图2-2-39所示。

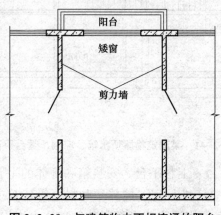

图2-2-39 与建筑物内不相连通的阳台

（2）骑楼、过街楼底层的开放公共空间和建筑物通道（图2-2-40）。骑楼是指建筑底层沿街面后退且留出公共人行空间的建筑物。过街楼是指跨越道路上空并与两边建筑相连接的建筑物。建筑物通道是指为穿过建筑物而设置的空间。

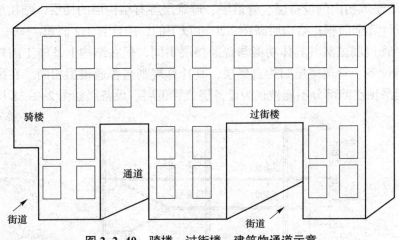

图2-2-40　骑楼、过街楼、建筑物通道示意

（3）舞台及后台悬挂幕布和布景的天桥、挑台等。这里指的是影剧院的舞台及为舞台服务的可供上人维修、悬挂幕布、布置灯光及布景等搭设的天桥和挑台等构件设施。

（4）露台、露天游泳池、花架、屋顶的水箱及装饰性结构构件。露台是设置在屋面、首层地面或雨篷上的供人室外活动的有围护设施的平台，如图2-2-41所示。

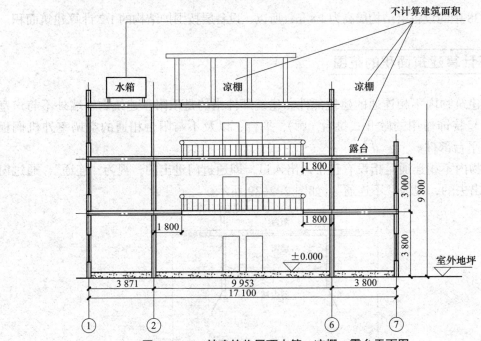

图2-2-41　某建筑物屋顶水箱、凉棚、露台平面图

（5）建筑物内的操作平台、上料平台、安装箱和罐体的平台。建筑物内不构成结构层的操作平台、上料平台（包括工业厂房、搅拌站和料仓等建筑中的设备操作控制平台、上料平台等），其主要作用为室内构筑物或设备服务的独立上人设施，因此不计算建筑面积，

如图 2-2-42 所示。

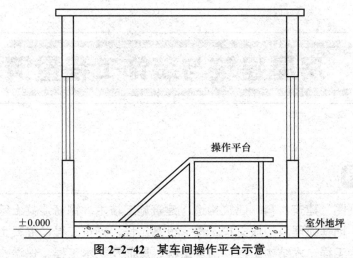

图 2-2-42　某车间操作平台示意

（6）勒脚、附墙柱（附墙柱是指非结构性装饰柱）、垛、台阶、墙面抹灰、装饰面、镶贴块料面层、装饰性幕墙，主体结构外的空调室外机搁板（箱）、构件、配件，挑出宽度在 2.10 m 以下的无柱雨篷和顶盖高度达到或超过两个楼层的无柱雨篷。

（7）窗台与室内地面高差在 0.45 m 以下且结构净高在 2.10 m 以下的凸（飘）窗，窗台与室内地面高差在 0.45 m 及以上的凸（飘）窗。

（8）室外爬梯、室外专用消防钢楼梯。专用的消防钢楼梯是不计算建筑面积的。当钢楼梯是建筑物唯一通道，并兼用消防，则应按室外楼梯相关规定计算建筑面积。

（9）无围护结构的观光电梯。无围护结构的观光电梯是指电梯轿厢直接暴露，外侧无井壁，不计算建筑面积。如果观光电梯在电梯井内运行时（井壁不限材料），观光电梯井按自然层计算建筑面积。

（10）建筑物以外的地下人防通道，独立的烟囱、烟道、地沟、油（水）罐、气柜、水塔、贮油（水）池、贮仓、栈桥等构筑物。

思考与练习

1．简述建筑面积的作用。

2．某阳台一部分在主体结构内，另一部分在主体结构外，请问如何计算该阳台的建筑面积？

3．某三层办公楼每层外墙结构外围水平面积均为 670 m²，一层为车库，层高为 2.2 m。二、三层为办公室，层高为 3.2 m。一层设有挑出墙外 1.5 m 的无柱外挑檐廊，檐廊顶盖水平投影面积为 67.5 m²，计算办公楼的建筑面积。

项目三　房屋建筑与装饰工程量清单编制

结合建筑制图、建筑材料、建筑构造、建筑施工技术、钢筋混凝土等课程知识，了解土石方工程，地基处理与边坡支护工程，桩基工程，砌筑工程，混凝土及钢筋混凝土工程，金属结构工程，木结构工程，门窗工程，屋面及防水工程，保温、隔热、防腐工程，楼地面装饰工程，墙、柱面装饰与隔断、幕墙工程，天棚工程，油漆、涂料、裱糊工程，其他装饰工程，拆除工程，措施项目的基础知识及工程量计算规则，进行各分部分项工程的工程量及费用的计算。

掌握土石方工程，地基处理与边坡支护工程，桩基工程，砌筑工程，混凝土及钢筋混凝土工程，金属结构工程，木结构工程，门窗工程，屋面及防水工程，保温、隔热、防腐工程，楼、地面装饰工程，墙柱面装饰与隔断、幕墙工程，天棚工程，油漆、涂料、裱糊工程，其他装饰工程，拆除工程，措施工程的施工图预算的编制的内容、方法和程序。

能够正确进行土石方工程，地基处理与边坡支护工程，桩基工程，砌筑工程，混凝土及钢筋混凝土工程，金属结构工程，木结构工程，门窗工程，屋面及防水工程，保温、隔热、防腐工程，楼、地面装饰工程，墙柱面装饰与隔断、幕墙工程，天棚工程，油漆、涂料、裱糊工程，其他装饰工程，拆除工程，措施项目的列项与计量。能够熟练掌握应用工程量计算规则计算工程量的方法。

提升确定工程造价的技术技能水平；具有应用工程量计算规则计算工程量的能力；具有职业岗位所需的合作、交流、协调等能力。

任务一　土石方工程

一、相关基础知识

土石方工程主要包括平整场地、人工（机械）挖地槽、挖地坑、挖土方、原土打夯、回填土及运土等工程项目。

1. 平整场地

在基槽开挖前，对施工场地高低不平的部位就地平整，以进行工程的定位放线。凡平均高差在 30 cm 以内，用人工就地填挖找平的场地，称为人工平整场地。

2. 人工土方

（1）人工挖土方。人工挖土方可分为挖地槽（沟）、土方、地坑。同时，还应根据挖土深度确定是采用放坡还是支挡土板，并确定是否需要计算排水费用。

（2）挖流砂。在土方工程施工时，当土方挖到地下水水位以下时，有时底面和侧面的土形成流动状态，随地下水一起涌出，这种现象称为流砂。流砂严重时，土方工程的侧壁就会因土的流动而引起塌落，如果附近有建筑物，就会因地基土流空而使建筑物下沉，上部结构就要发生裂缝和倾斜，影响建筑物的正常使用。

流砂成因：当坑外水位高于坑内抽水后的水位，坑外水压向坑内移动的动水压力大于土颗粒的浸水浮重时，使土粒悬浮失去稳定，随水冲入坑内，从坑底涌起，两侧涌入，形成流动状态。流砂处理方法主要是"减少或平衡动水压力"，使坑底土颗粒稳定不受水压干扰。

3. 挡土板

（1）挡土板主要用于不能放坡或淤泥流砂类土方的挖土工程，挡土板分木、钢材质。

（2）挡土板的支撑方法，应根据施工组织设计要求和土质情况选定单面支撑或双面支撑。

一般建筑工程中，常用断续支撑法（疏撑）或连续支撑法（密撑）。疏撑是指槽坑土方开挖时，在槽坑壁间隔铺设挡土板的支撑方式；密撑是指槽坑土方开挖时，在槽坑壁满铺挡土板的支撑方式。

（3）挡土板定额可分为疏板和密板。疏板是指间隔支挡土板，且板间净空小于 150 cm 的情况；密板是指满支挡土板或板间净空小于 30 cm 的情况。

4. 打钎

对基槽底的土层进行钎探的操作方法称为打钎，即将钢钎打入基槽底的土层中，根据每打入一定深度（一般定为 300 mm）的锤击次数，间接地判断地基的土质变化和分布情况，以及是否有空穴和软土层等。

打钎用的钢钎直径为 22 ～ 25 mm，长为 1.8 ～ 2.0 m，钎尖呈 60° 尖锥状；锤质量为 3.6 ～ 4.5 kg，锤的落距为 500 mm。

5. 机械土方

在建筑工程中，机械土方是按照挖、推、运、平整、碾压等工程内容和要求划分项目和采用土方机械，根据全国统一劳动定额和现场施工实际情况，确定台班用量。一般分为挖掘机挖土方、推土机推土方、装载机装运土方、挖掘机挖土自卸汽车运土、平地机械平整及碾压等项目。

常用的压实机械如下：

（1）碾压类机械：平碾压路机、羊足碾等，适用于大面积填土。

（2）夯击类机械：蛙式夯、内燃打夯机、石夯等，适用于场地狭窄填土。

（3）履带式打夯机等，适用于大面积填土。

（4）震动类机械：震动夯、平板震动器等，适用于场地狭窄填土。

（5）震动压路机等，适用于大面积填土。

6. 原土打夯

要在原来较松软的土质上做地坪、道路、球场等，需要对松软的土质进行夯实。这种施工过程叫作原土打夯。它的工作内容包括碎土、平土、找平、洒水、机械打夯。

7. 回填土及运土

（1）回填土。回填土适用于场地回填、室内回填和基础回填，并包括指定范围内的运输及取土回填的土方开挖。基础回填土是指在基础施工完毕以后，必须将槽、坑四周未做基础的部分进行回填至室外设计地坪标高。基础回填土必须夯填密实。室内回填土是指室内地坪以下，由室外设计地标高填至地坪垫层底标高的夯填土。室内回填土一般在底层结构施工完毕以后进行，或是在地面结构施工之前进行。

（2）运土。运土可分为余土外运和取土回填两种情况。

二、工程量清单计价规范相关内容

（一）土方工程

土方工程工程量清单项目设置、项目特征描述的内容、计量单位及工程量计算规则，应按表 3-1-1 的规定执行。

表 3-1-1　土方工程（编码：010101）

项目编码	项目名称	项目特征	计量单位	工程量计算规则	工作内容
010101001	平整场地	1. 土壤类别 2. 弃土运距 3. 取土运距	m²	按设计图示尺寸以建筑物首层建筑面积计算	1. 土方挖填 2. 场地找平 3. 运输

项目编码	项目名称	项目特征	计量单位	工程量计算规则	工作内容
010101002	挖一般土方	1. 土壤类别 2. 挖土深度 3. 弃土运距	m³	按设计图示尺寸以体积计算	1. 排地表水 2. 土方开挖 3. 围护（挡土板）及拆除 4. 基底钎探 5. 运输
010101003	挖沟槽土方			按设计图示尺寸为基础垫层底面积乘以挖土深度计算	
010101004	挖基坑土方				
010101005	冻土开挖	1. 冻土厚度 2. 弃土运距		按设计图示尺寸开挖面积乘厚度以体积计算	1. 爆破 2. 开挖 3. 清理 4. 运输
010101006	挖淤泥、流砂	1. 挖掘深度 2. 弃淤泥、流砂距离		按设计图示位置、界限以体积计算	1. 开挖 2. 运输
010101007	管沟土方	1. 土壤类别 2. 管外径 3. 挖沟深度 4. 回填要求	1. m 2. m³	1. 以米计量，按设计图示以管道中心线长度计算。 2. 以立方米计量，按设计图示管底垫层面积乘以挖土深度计算；无管底垫层按管外径的水平投影面积乘以挖土深度计算。不扣除各类井的长度，井的土方并入	1. 排地表水 2. 土方开挖 3. 围护（挡土板）、支撑 4. 运输 5. 回填

1. 工程量清单项目应用说明

（1）挖土方平均厚度应按自然地面测量标高至设计地坪标高的平均厚度确定。基础土方开挖深度应按基础垫层底表面标高至交付施工现场地标高确定，无交付施工场地标高时，应按自然地面标高确定。

（2）建筑物场地厚度≤±300 mm 的挖、填、运、找平，应按表 3-1-1 中平整场地项目编码列项。厚度＞±300 mm 的竖向布置挖土或山坡切土应按表 3-1-1 中挖一般土方项目编码列项。

（3）沟槽、基坑、一般土方的划分为：底宽≤7 m 且底长＞3 倍底宽为沟槽；底长≤3 倍底宽且底面积≤150 m² 为基坑；超出上述范围则为一般土方。

（4）挖土方如需截桩头时，应按桩基工程相关项目编码列项。

（5）弃、取土运距可以不描述，但应注明由投标人根据施工现场实际情况自行考虑，决定报价。

（6）土壤的分类应按表 3-1-2 确定，如土壤类别不能准确划分时，招标人可注明为综合，由投标人根据地勘报告决定报价。

（7）土方体积应按挖掘前的天然密实体积计算。非天然密实土方应按表 3-1-3 规定的系数计算。

（8）挖沟槽、基坑、一般土方因工作面和放坡增加的工程量（管沟工作面增加的工程量）是否并入各土方工程量中，应按各省、自治区、直辖市或行业建设主管部门的规定实施，如并入各土方工程量中，办理工程结算时，按经发包人认可的施工组织设计规定计算，编制工程量清单时，可按表 3-1-4 ～表 3-1-6 规定计算。

（9）挖方出现流砂、淤泥时，应根据实际情况由发包人与承包人双方现场签证确认工程量。

（10）管沟土方项目适用于管道（给水排水、工业、电力、通信）、光（电）缆沟［（包括人（手）孔、接口坑）］及连接井（检查井）等。

2. 工程量清单编制实务注意事项

（1）"挖一般土方、挖沟槽土方、挖基坑土方"项目共性问题：

1）放坡和工作面增加的工程量，应并入相应清单项目的工程量。

2）挖方平均厚度应按自然地面测量标高至设计地坪标高间的平均厚度确定。基础土方开挖深度应按基础垫层底表面标高至交付施工场地标高确定，无交付施工场地标高时，应按自然地面标高确定。

3）挖方工作内容不包括排地表水、基底钎探、围护（挡土板）及拆除，若发生时，排地表水应按实办理签证计算，基底钎探、围护（挡土板）及拆除应按相应清单项目分别编码列项。

4）必须描述土壤类别、弃土运距，弃土运输费包括在报价内。

5）挖方项目均包括指定范围内的土方运输。"指定范围内的土方运输"是指由招标人指定的弃土地点或取土地点的运距；若招标文件已确定弃土地点或取土地点时，则此条件也要在工程量清单中进行描述，若土方运距不能确定时，招标人应根据拟建工程实际情况暂定取、弃土方的运距，结算时按实调整。

6）如采用人工挖土施工方案，清单列项及项目特征描述宜按定额子目步距列项。

（2）平整场地：在实际工作中，如土方工程采用机械大开挖施工，则该工程项目不应列有"平整场地"清单项目。

（3）挖一般土方：适用于 > ±300 mm 的竖向布置的挖土或山坡切土，是指设计标高以上的挖土，如挖山头，并包括指定范围内的土方运输。

地形起伏变化不大时，清单应描述挖土平均厚度，此时可用平均厚度乘以挖土面积计算土方工程量。若由于地形起伏变化大，不能提供平均挖土厚度时，应提供方格网法或断面法施工的设计文件。设计标高以下的填土应按"回填方"项目编码列项。

（4）挖沟槽土方：适用于沟槽土方开挖，并包括指定范围内的土方运输。挖沟槽土方指带形基础（含地下室基础）、地沟等。

（5）挖基坑土方：适用于 < 150 m² 基坑土方开挖，并包括指定范围内的土方运输。挖基坑土方包括 < 150 m² 的独立基础、满堂基础、设备基础等的挖方。

（6）管沟土方：适用于管道及连接井（检查井）开挖、回填等。安装工程的管沟土方项目，按"计算规范""附录 A 土方工程"相应编码列项。因工作面和放坡增加的工程量并入管沟土方。

挖沟平均深度，当有管沟设计时，以沟垫层底表面标高至交付施工场地标高计算；当无管沟设计时，直埋管深度应按管底外表面标高至交付施工场地标高的平均高度计算。

采用多管同一管沟直埋时，管间距离必须符合有关规范的要求。管沟回填要求应描述，考虑到管沟土方报价内。

（7）桩间挖土方清单工程量应扣除单根横截面面积 0.5 mm^2 以上的桩或未回填桩孔所占的体积。

（8）因地质情况变化或设计变更，引起的土方工程量变更，由业主与承包人双方现场认证，依据合同条件进行调整。

（9）土方体积应按挖掘前的天然密实体积计算。非天然密实土方应按表 3-1-3 折算。

（10）挖方放坡系数见表 3-1-4；基础施工所需工作面见表 3-1-5；管沟施工每侧所需工作面宽度见表 3-1-6。

表 3-1-2　土壤分类表

土壤分类	土壤名称	开挖方法
一、二类土	粉土、砂土（粉砂、细砂、中砂、粗砂、砾砂）、粉质黏土、弱中盐渍土、软土（淤泥质土、泥炭、泥炭质土）、软塑红黏土、冲填土	用锹、少许用镐、条锄开挖。机械能全部直接铲挖满载者
三类土	黏土、碎石土（圆砾、角砾）混合土、可塑红黏土、硬塑红黏土、强盐渍土、素填土、压实填土	主要用镐、条锄、少许用锹开挖。机械需部分刨松方能铲挖满载者或可直接铲挖但不能满载者
四类土	碎石土（卵石、碎石、漂石、块石）、坚硬红黏土、超盐渍土、杂填土	全部用镐、条锄挖掘、少许用撬棍挖掘。机械须普遍刨松方能铲挖满载者

注：本表土的名称及其含义按国家标准《岩土工程勘察规范（2009 年版）》（GB 50021—2001）定义。

表 3-1-3　土方体积折算系数表

天然密实度体积	虚方体积	夯实后体积	松填体积
0.77	1.00	0.67	0.83
1.00	1.30	0.87	1.08
1.15	1.50	1.00	1.25
0.92	1.20	0.80	1.00

注：①虚方指未经碾压、堆积时间≤1 年的土壤。
②本表按《全国统一建筑工程预算工程量计算规则》（GJDGZ-101-95）整理。
③设计密实度超过规定的，填方体积按工程设计要求执行；无设计要求按各省、自治区、直辖市或行业建设行政主管部门规定的系数执行。

表 3-1-4　放坡系数表

土类别	放坡起点（m）	人工挖土	机械挖土		
			在坑内作业	在坑上作业	顺沟槽 在坑上作业
一、二类土	1.20	1：0.5	1：0.33	1：0.75	1：0.5
三类土	1.50	1：0.33	1：0.25	1：0.67	1：0.33
四类土	2.00	1：0.25	1：0.10	1：0.33	1：0.25

注：①沟槽、基坑中土类别不同时，分别按其放坡起点、放坡系数，依不同土类别厚度加权平均计算。
②计算放坡时，在交接处的重复工程量不予扣除，原槽、坑作基础垫层时，放坡自垫层上表面开始计算。

表 3-1-5　基础施工所需工作面宽度计算表

基础材料	每边各增加工作面宽度 /mm
砖基础	200
浆砌毛石、条石基础	150
混凝土基础垫层支模板	300
混凝土基础支模板	300
基础垂直面做防水层	1 000（防水层面）

注：本表按《全国统一建筑工程预算工程量计算规则》(GJDGZ-101-95)整理。

表 3-1-6　管沟施工每侧所需工作面宽度计算表

管道结构宽 /mm　　　　　　　　　管沟材料	≤ 500	≤ 1 000	≤ 2 500	> 2 500
混凝土及钢筋混凝土管道 /mm	400	500	600	700
其他材质管道 /mm	300	400	500	600

注：①本表按《全国统一建筑工程预算工程量计算规则》(GJDGZ-101-95)整理。
　　②管道结构宽：有管座的按基础外缘，无管座的按管道外径。

（二）石方工程

石方工程工程量清单项目设置、项目特征描述的内容、计量单位及工程量计算规则，应按表 3-1-7 的规定执行。

表 3-1-7　石方工程（编码：010102）

项目编码	项目名称	项目特征	计量单位	工程量计算规则	工作内容
010102001	挖一般石方	1. 岩石类别 2. 开凿深度 3. 弃碴运距	m³	按设计图示尺寸以体积计算	1. 排地表水 2. 凿石 3. 运输
010102002	挖沟槽石方			按设计图示尺寸沟槽底面积乘以挖石深度以体积计算	
010102003	挖基坑石方			按设计图示尺寸基坑底面积乘以挖石深度以体积计算	
010102004	管沟石方	1. 岩石类别 2. 管外径 3. 挖沟深度	1. m 2. m²	1. 以米计量，按设计图示以管道中心线长度计算 2. 以立方米计量，按设计图示截面面积乘以长度计算	1. 排地表水 2. 凿石 3. 回填 4. 运输

1. 工程量清单项目应用说明

（1）挖石应按自然地面测量标高至设计地坪标高的平均厚度确定。基础石方开挖深度应按基础垫层底表面标高至交付施工现场地标高确定，无交付施工场地标高时，应按自然地面标高确定。

（2）厚度 > ±300 mm 的竖向布置挖石或山坡凿石应按表 3-1-7 中挖一般石方项目编码列项。

（3）沟槽、基坑、一般石方的划分为：底宽≤7 m且底长＞3倍底宽为沟槽；底长≤3倍底宽且底面积≤150 m²为基坑；超出上述范围则为一般石方。

（4）弃碴运距可以不描述，但应注明由投标人根据施工现场实际情况自行考虑，决定报价。

（5）岩石的分类应按表3-1-8确定。

表3-1-8　岩石分类表

岩石分类		代表性岩石	开挖方法
极软岩		1. 全风化的各种岩石； 2. 各种半成岩	部分用手凿工具、部分用爆破法开挖
软质岩	软岩	1. 强风化的坚硬岩或较硬岩； 2. 中等风化—强风化的较软岩； 3. 未风化—微风化的页岩、泥岩、泥质砂岩等	用风镐和爆破法开挖
	较软岩	1. 中等风化—强风化的坚硬岩或较硬岩； 2. 未风化—微风化的凝灰岩、千枚岩、泥灰岩、砂质泥岩等	用爆破法开挖
硬质岩	较硬岩	1. 微风化的坚硬岩； 2. 未风化—微风化的大理岩、板岩、石灰岩、白云岩、钙质砂岩等	用爆破法开挖
	坚硬岩	未风化—微风化的花岗岩、闪长岩、辉绿岩、玄武岩、安山岩、片麻岩、石英岩、石英砂岩、硅质砾岩、硅质石灰岩等	用爆破法开挖
注：本表依据国家标准《工程岩体分级标准》（GB/T 50218—2014）和《岩土工程勘察规范（2009年版）》（GB 50021—2001）整理。			

（6）石方体积应按挖掘前的天然密实体积计算。非天然密石方应按表3-1-9折算。

表3-1-9　石方体积折算系数表

石方类别	天然密实度体积	虚方体积	松填体积	码方
石方	1.0	1.54	1.31	
块石	1.0	1.75	1.43	1.67
砂夹石	1.0	1.07	0.94	
注：本表按建设部颁发《爆破工程消耗量定额》（GYD-102-2008）整理。				

（7）管沟石方项目适用于管道（给水排水、工业、电力、通信）、光（电）缆沟［包括：人（手）孔、接口坑］及连接井（检查井）等。

2. 工程量清单编制实务注意事项

（1）挖一般石方：适用于人工凿平基、人工修整边坡、履带式液压破碎机破碎平基岩等，并包括指定范围内的石方清除运输。弃碴运输费包括在报价内。厚度＞±300 mm的竖向布置挖石或山坡凿石应按一般石方项目编码列项。

（2）挖沟槽（基坑）石方：适用于人工挖沟槽（基坑）、人工挖沟槽（基坑）摊座、履带式液压破碎机破碎沟槽（坑）岩等，并包括指定范围内的石方运输。弃碴运输费包括在报价内。

（3）挖管沟石方：适用于管道、电缆沟等，并包括指定范围内的石方运输。弃碴运输费包括在报价内。

（4）安装工程的管沟石方项目，按工程"计算规范""附录A石方工程"相应编码列项。石方爆破按爆破工程计量规范相关项目编码列项。

（5）石方体积应按挖掘前的天然密实体积计算。

（6）因地质情况变化或设计变更，引起的石方工程量的变更，由业主与承包人双方现场认证，依据合同条件进行调整。

（三）回填

石方工程工程量清单项目设置、项目特征描述的内容、计量单位及工程量计算规则，应按表3-1-10的规定执行。

表 3-1-10　回填（编码：010103）

项目编码	项目名称	项目特征	计量单位	工程量计算规则	工作内容
010103001	回填方	1. 密实度要求 2. 填方材料品种 3. 填方粒径要求 4. 填方来源、运距	m^3 m^3	按设计图示尺寸以体积计算。 1. 场地回填：回填面积乘平均回填厚度。 2. 室内回填：主墙间面积乘回填厚度，不扣除间隔墙。 3. 基础回填：按挖方清单项目工程量减去自然地坪以下埋设的基础体积（包括基础垫层及其他构筑物）	1. 运输 2. 回填 3. 压实
010103002	余方弃置	1. 废弃料品种 2. 运距		按挖方清单项目工程量减利用回填方体积（正数）计算	余方点装料运输至弃置点

1. 工程量清单项目应用说明

（1）填方密实度要求，在无特殊要求情况下，项目特征可描述为满足设计和规范的要求。

（2）填方材料品种可以不描述，但应注明由投标人根据设计要求验方后方可填入，并符合相关工程的质量规范要求。

（3）填方粒径要求，在无特殊要求情况下，项目特征可以不描述。

2. 工程量清单编制实务注意事项

（1）回填方：适用于场地回填、室内回填和基础回填，并包括借土回填方开挖和指定范围内的运输。在实际工作中，应结合工程实际情况确定基础回填土、室内回填土是否分开列项。

（2）填方密实度、填方材料粒径应按设计和规范要求描述，设计和规范无要求的，项目特征可以不描述。

（3）若"挖方总体积－回填方总体积＝负值体积"时，在编制工程量清单时应把挖方工作列入回填方清单项目中，增加"回填方"的特征描述；计价时把挖方工作考虑在回填方报价内。若买土回填，应在项目特征填方来源中描述，并注明买土方数量。

（4）"余方弃置"项目适用于场地、室内和基础回填后剩余的土方，并包括指定范围内的运输。若发生余方弃置场所收取渣土消纳费，结算时应按实办理签证计算。

三、工程量计算方法

1. 土石方工程量计算方法

大型土石工程工程量计算常用方法有方格网点计算法、横截面法、分块法。

横截面法是指根据地形图及总图或横截面图，将场地划分成若干个互相平行的横截面图，按横截面及与其相邻横截面的距离计算出挖、填土石方量的方法。横截面法适用于地形起伏变化较大或形状狭长地带。

2. 沟槽土方量计算方法

相同截面的沟槽比较常见，下面介绍几种沟槽工程量计算公式：

$$挖基础土方体积 = 垫层底面积 \times 挖土深度$$
$$= 沟槽计算长度 \times 垫层宽度 \times 挖土深度$$
$$= 沟槽计算长度 \times 沟槽断面面积$$

计算公式中数据说明：

（1）沟槽计算长度（$L_{中}$ 或 $L_{基底}$）。其中 $L_{中}$ 表示外墙沟槽及管道沟槽按图示中心线长度计算；$L_{垫底}$ 表示内墙沟槽按图示垫层（无垫层时按基础底面）之间的净长度计算。内外凸出部分（如墙垛、附墙烟囱等）体积并入沟槽工程量内。

（2）垫层宽度（B）：按垫层底宽计算（无垫层时，按基础底宽计算）。

（3）挖土深度（H）：以自然地坪到槽底的垂直深度计算。当自然地坪标高不明确时，可采用室外设计地坪标高计算；当地槽深度不同时，应分别计算。

管道沟的深度按分段间的平均自然地坪标高减去管底或基础底的平均标高计算。

在清单计量规则中，一般规定计算实体工程量，不考虑采取施工安全措施而产生的增加工作面和放坡超出的土方开挖量。由于各地区、各施工企业采用施工措施有差别，计算定额量时可按下列公式计算，但应注意以下几点：

1）沟槽宽度：按基底宽度（a）加工作面计算。

当基础垫层为混凝土原槽浇筑时，工作面取值由基础材料决定：

砖基：$(a + 0.2 \times 2)$

毛石基：$(a + 0.15 \times 2)$

混凝土基础：$(a + 0.3 \times 2)$

当混凝土垫层需要支模时，应以垫层宽度加上工作面取值作为沟槽的计算宽度。

2）在计算土方放坡时，交接处的重复工程量不予扣除；放坡起点为沟槽、基坑底（有垫层的为垫层底面）。

3）放坡工程量和支挡土板工程量不得重复计算，凡放坡部分不得再计算挡土板工程量，支挡土板部分不得再计算放坡工程量。

（4）垫层底面放坡如图 3-1-1 所示。

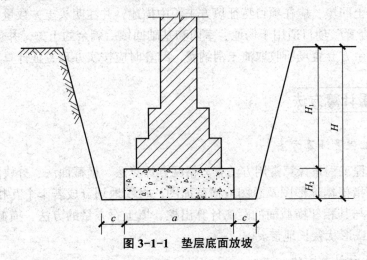

图 3-1-1 垫层底面放坡

清单量计算公式为

$$V = L \times a \times H$$

式中　V——挖沟槽土方清单量（m^3）；

　　　L——沟槽计算长度，外墙为中心线长（$L_{中}$），内墙为垫层净长（$L_{垫}$）；

　　　a——垫层底宽（m）；

　　　H——挖土深度（m）。

3. 基坑土方量计算方法

开挖对象为基坑时，其工程量计算公式可以表达为

挖基坑土方体积 = 垫层（坑底）面积 × 挖土深度

（1）方形基坑放坡如图 3-1-2 所示。

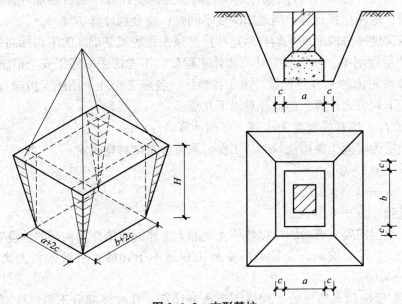

图 3-1-2　方形基坑

清单量计算公式为

$$V_{清} = a \times b \times H$$

式中 a——垫层底宽（m）；

b——垫层底宽（m）；

H——挖土深度（m）。

（2）挖孔桩工程量计算。人工挖孔桩按设计的截面面积乘挖孔深度以立方米计算。

（3）土方运输工程量计算。挖基础土方清单项目工作内容包含了土方运输，但土方运输工程量在清单量中体现不出来。沟槽、基坑挖出的土方是否全部运出，或只是运出回填后的余土，应根据施工组织设计计算确定。如无施工组织设计时，土方运输定额量可采用下列公式计算：

1）余土运输体积：

余土运输体积＝挖土体积－回填土体积 ×1.15

2）取土运输体积（是指挖土少于回填土）：

取土运输体积＝回填土体积 ×1.15 －挖土体积

3）土石方运输应按施工组织设计规定的运输距离及运输方式计算。

4）人工取已松动的土壤时，只计算取土的运输工程量；取未松动的土壤时，除计算运输工程量外，还需要计算挖土工程量。

5）挖管沟土方工程量计算。管沟土方清单量按设计图示尺寸以管道中心线长度计算。实际开挖时，定额量按挖沟槽的方法计算。

4. 回填土方量计算方法

回填土工程量按设计图示尺寸以体积计算。其中：

（1）场地回填土体积：

场地回填土体积＝回填面积 × 平均回填厚度

（2）基础回填土体积：

基础回填土体积＝挖基础土方体积－室外设计地坪以下埋入物体积

（3）室内回填土体积：

室内回填土体积＝室内主墙间净面积 × 回填土厚度

回填土厚度＝室内外设计标高差－垫层与面层厚度

四、计算实务

【例 3-1-1】 某基础平面及剖面如图 3-1-3 所示，其中②轴线上内墙基础剖面如图 3-1-3（b）所示，其余外墙基础剖面如图 3-1-3（a）所示。施工方案为：人工开挖三类土，内墙沟槽周边不能堆土，采用人力车在场地内运 100 m，余土采用人装自卸汽车外运 6 km。试编制挖基础土方工程的工程量。

解：（1）挖基础土方工程量计算公式为

$$V = L \cdot a \cdot H$$

式中，挖土深度：$H = 2.0 - 0.3 = 1.7$（m），混凝土基础底面宽度：$a = 0.8$（m）。

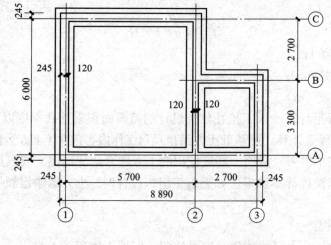

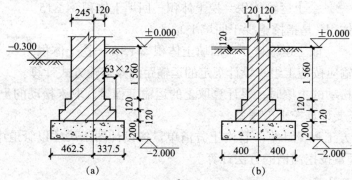

图 3-1-3　某基础平面及剖面图

（2）挖基槽长度 L 计算（外墙取中心线长度）。从图中 3-1-3 可看出，由于墙厚为 365 mm，外墙轴线都不在图形中心线上，所以应对外墙中心线进行调中处理。偏心距计算得：

$$\delta = 365 \div 2 - 120 = 62.5 \ (\text{mm}) = 0.062\ 5 \ \text{m}$$

则Ⓐ轴线①～③：$L_{\text{中}} = 8.4 + 0.062\ 5 \times 2 = 8.525 \ (\text{m})$

Ⓑ轴线（②～③）：$L_{\text{中}} = 2.7 + 0.062\ 5 = 2.762\ 5 \ (\text{m})$

Ⓒ轴线（①～③）：$L_{\text{中}} = 5.7 + 0.062\ 5 = 5.762\ 5 \ (\text{m})$

①轴线（Ⓐ～Ⓒ）：$L_{\text{中}} = 6.0 + 0.062\ 5 \times 2 = 6.125 \ (\text{m})$

②轴线（Ⓑ～Ⓒ）：$L_{\text{中}} = 2.7 + 0.062\ 5 = 2.762\ 5 \ (\text{m})$

③轴线（Ⓐ～Ⓑ）：$L_{\text{中}} = 3.3 + 0.062\ 5 = 3.362\ 5 \ (\text{m})$

总长度 $L_{\text{中}} = 8.525 + 2.762\ 5 + 5.762\ 5 + 6.125 + 2.762\ 5 + 3.362\ 5 = 29.3 \ (\text{m})$

注：外墙中心线长也可以这样计算更快捷：

外墙中心线长

$$L_{\text{中}} = (8.4 + 6.0) \times 2 + 0.062\ 5 \times 8 = 29.3 \ (\text{m})$$

式中，8 为偏心距的个数。只要是四边形平面，均有 $4 \times 2 = 8$。

（3）内墙取基础底面净长线计算

$$L_{\text{基底}} = 3.3 - 0.337\ 5 \times 2 = 2.625 \ (\text{m})$$

将数据代入公式，挖基础土方量为

$$V_{\text{清}} = (29.3 + 2.625) \times 0.8 \times 1.7 = 43.42 \ (\text{m}^3)$$

一、相关基础知识

1. 地下连续墙

地下连续墙应根据工程要求和施工条件划分单元槽段，应尽量减少槽段数量。墙体间接缝应避开拐角部位。

地下连续墙用作结构主体墙体时应符合下列规定：

（1）不宜用作防水等级为一级的地下工程墙体。

（2）墙的厚度宜大于 600 mm。

（3）选择合适的泥浆配合比或降低地下水水位等措施，以防止塌方；挖槽期间，泥浆面必须高于地下水水位 500 mm 以上，遇有地下水含盐或受污染时应采取措施不得影响泥浆性能指标。

（4）墙面垂直度的允许偏差应小于墙深的 1/250；墙面局部凸出不应大于 100 mm。

（5）浇筑混凝土前必须清槽、置换泥浆和清除沉渣，厚度不应大于 100 mm，并将接缝面的泥土、杂物用专用刷壁器清刷干净。

（6）钢筋笼浸泡泥浆时间不应超过 10 h，钢筋保护层厚度不应小于 70 mm。

（7）幅间接缝方式应优先选用工字钢或十字钢板接头，并应符合设计要求；使用的锁口管应能承受混凝土灌注时的侧压力，灌注混凝土时不得位移和发生混凝土绕管现象。

（8）混凝土用的水泥强度等级不应低于 32.5 MPa，水泥用量不应少于 370 kg/m³，采用碎石时不应小于 400 kg/m³，水胶比应小于 0.6，坍落度应为（200±20）mm，石子粒径不宜大于导管直径的 1/8；浇筑导管埋入混凝土深度宜为 1.56 m，在槽段端部的浇筑导管与端部的距离宜为 1 ~ 1.5 m，混凝土浇筑必须连续进行；冬期施工时应采取保温措施，墙顶混凝土未达到设计强度的 50% 时，不得受冻。

2. 地基强夯

强夯法是用起重机械将大吨位夯锤（一般不小于 8 t）起吊到很高处（一般不小于 6 m）自由落下以对土体进行强力夯击，以提高地基强度，降低地基压缩性。强夯法是在垂锤法的基础上发展起来的。强夯法是用很大的冲击波和应力，迫使土中孔隙压缩，土体局部液化，强夯点周围产生裂隙形成良好的排水通道，土体迅速固结。适用于黏性土和湿陷性黄土及人工填土地基的深层加固。

夯击能由夯锤和落距决定，设夯锤质量为 G，落距为 H，则每一击的夯击能为 $G \times H$，一般为 500 ~ 8 000 kN·m。

夯击遍数一般为 2 ~ 5 遍，对于细颗粒较多透水性土层，加固要求高的工程，夯击遍数可适当增加。

强夯加固范围一般取地基长度（L）和宽度（B）各加上一个加固厚度（H），即（$L+H$）×（$B+H$）。

强夯加固影响深度与土质情况和强夯工艺有密切关系，一般按法梅那氏公式估算：

$$H = k \cdot \sqrt{Gh}$$

式中　H——加固影响深度（m）；

　　　G——夯锤重（t）；

　　　h——落距（m）；

　　　K——系数，一般为 $0.4 \sim 0.7$。

3. 锚杆支护

（1）锚杆支护的分类及方式。锚杆作为深入地层的受拉构件，它一端与工程构筑物连接，另一端深入地层中，整根锚杆分为自由段和锚固段。自由段是指将锚杆头处的拉力传至锚固体区域，其功能是对锚杆施加预应力；锚固段是指水泥浆体将预应力筋与土层黏结的区域，其功能是将锚固体与土层的黏结摩擦作用增大，增加锚固体的承压作用，将自由段的拉力传至土体深处。

锚杆根据其使用的材料可分为木锚杆、钢锚杆、玻璃钢锚杆等。按锚固方式可分为端锚固、加长锚固和全长锚固。

（2）锚杆及土钉墙支护施工。

1）锚杆及土钉墙支护工程施工前应熟悉地质资料、设计图纸及周围环境，降水系统应确保正常工作，必需的施工设备如挖掘机、钻机、压浆泵、搅拌机等应能正常运转。

2）一般情况下，应遵循分段开挖、分段支护的原则，不宜按一次开挖就再行支护的方式施工。

3）施工中应对锚杆或土钉位置，钻孔直径、深度及角度，锚杆或土钉插入长度，注浆配比、压力及注浆量，喷锚墙面厚度及强度、锚杆或土钉应力等进行检查。

4）每段支护体施工完成后，应检查坡顶或坡面位移，坡顶沉降及周围环境变化，如有异常情况应采取措施，恢复正常后方可继续施工。

5）土钉墙一般适用于开挖深度不超过 5 m 的基坑，如措施合适也可再加深，但设计与施工均应有足够的经验。

6）尽管有了分段开挖、分段支护，仍要考虑土钉与锚杆均有一段养护时间，不能为抢进度而不顾及养护期。

二、工程量清单计价规范相关内容

（一）地基处理（工程量清单项目设置）

地基处理工程工程量清单项目设置、项目特征描述的内容、计量单位及工程量计算规则，应按表 3-2-1 的规定执行。

表 3-2-1　地基处理（编码：010201）

项目编码	项目名称	项目特征	计量单位	工程量计算规则	工作内容
010201001	换填垫层	1. 材料种类及配比 2. 压实系数 3. 掺加剂品种	m³	按设计图示尺寸以体积计算	1. 分层铺填 2. 碾压、振密或夯实 3. 材料运输
010201002	铺设土工合成材料	1. 部位 2. 品种 3. 规格		按设计图示尺寸以面积计算	1. 挖填锚固沟 2. 铺设 3. 固定 4. 运输
010201003	预压地基	1. 排水竖井种类、断面尺寸、排列方式、间距、深度 2. 预压方法 3. 预压荷载、时间 4. 砂垫层厚度	m²		1. 设置排水竖井、盲沟、滤水管 2. 铺设砂垫层、密封膜 3. 堆载、卸载或抽气设备安拆、抽真空 4. 材料运输
010201004	强夯地基	1. 夯击能量 2. 夯击遍数 3. 夯击点布置形式、间距 4. 地耐力要求 5. 夯填材料种类		按设计图示尺寸以加固面积计算	1. 铺设夯填材料 2. 强夯 3. 夯填材料运输
010201005	振冲密实（不填料）	1. 地层情况 2. 振密深度 3. 孔距			1. 振冲加密 2. 泥浆运输
010201006	振冲桩（填料）	1. 地层情况 2. 空桩长度、桩长 3. 桩径 4. 填充材料类	1. m 2. m³	1. 以米计量，按设计图示尺寸以桩长计算 2. 以立方米计量，按设计桩截面乘以桩长以体积计算	1. 振冲成孔、填料、振实 2. 材料运输 3. 泥浆运输
010201007	砂石桩	1. 地层情况 2. 空桩长度、桩长 3. 桩径 4. 成孔方法 5. 材料种类、级配		1. 以米计量，按设计图示尺寸以桩长（包括桩尖）计算 2. 以立方米计量，按设计桩截面乘以桩长（包括桩尖）以体积计算	1. 成孔 2. 填充、振实 3. 材料运输

项目编码	项目名称	项目特征	计量单位	工程量计算规则	工作内容
010201008	水泥粉煤灰碎石桩	1. 地层情况 2. 空桩长度、桩长 3. 桩径 4. 成孔方法 5. 混合料强度等级		按设计图示尺寸以桩长（包括桩尖）计算	1. 成孔 2. 混合料制作、灌注、养护 3. 材料运输
010201009	深层搅拌桩	1. 地层情况 2. 空桩长度、桩长 3. 桩截面尺寸 4. 水泥强度等级、掺量		按设计图示尺寸以桩长计算	1. 预搅下钻、水泥浆制作、喷浆搅拌提升成桩 2. 材料运输
010201010	粉喷桩	1. 地层情况 2. 空桩长度、桩长 3. 桩径 4. 粉体种类、掺量 5. 水泥强度等级、石灰粉要求			1. 预搅下钻、喷粉搅拌提升成桩 2. 材料运输
010201011	夯实水泥土桩	1. 地层情况 2. 空桩长度、桩长 3. 桩径 4. 成孔方法 5. 水泥强度等级 6. 混合料配比	m	按设计图示尺寸以桩长（包括桩尖）计算	1. 成孔、夯底 2. 水泥土拌和、填料、夯实 3. 材料运输
010201012	高压喷射注浆桩	1. 地层情况 2. 空桩长度、桩长 3. 桩截面 4. 注浆类型、方法 5. 水泥强度等级		按设计图示尺寸以桩长计算	1. 成孔 2. 水泥浆制作、高压喷射注浆 3. 材料运输
010201013	石灰桩	1. 地层情况 2. 空桩长度、桩长 3. 桩径 4. 成孔方法 5. 掺和料种类、配合比		按设计图示尺寸以桩长（包括桩尖）计算	1. 成孔 2. 混合料制作、运输、夯填
010201014	灰土（土）挤密桩	1. 地层情况 2. 空桩长度、桩长 3. 桩径 4. 成孔方法 5. 灰土级配			1. 成孔 2. 灰土拌和、运输、填充、夯实
010201015	柱锤冲扩桩	1. 地层情况 2. 空桩长度、桩长 3. 桩径 4. 成孔方法 5. 桩体材料种类、配合比		按设计图示尺寸以桩长计算	1. 安、拔套管 2. 冲孔、填料、夯实 3. 桩体材料制作、运输

项目编码	项目名称	项目特征	计量单位	工程量计算规则	工作内容
010201016	注浆地基	1. 地层情况 2. 空钻深度、注浆深度 3. 注浆间距 4. 浆液种类及配比 5. 注浆方法 6. 水泥强度等级	1. m 2. m³	1. 以米计量，按设计图示尺寸以钻孔深度计算 2. 以立方米计量，按设计图示尺寸以加固体积计算	1. 成孔 2. 注浆导管制作、安装 3. 浆液制作、压浆 4. 材料运输
010201017	褥垫层	1. 厚度 2. 材料品种及比例	1. m² 2. m³	1. 以平方米计量，按设计图示尺寸以铺设面积计算 2. 以立方米计量，按设计图示尺寸以体积计算	材料拌和、运输、铺设、压实

1. **工程量清单项目应用说明**

（1）地层情况按表 3-1-2 和表 3-1-8 的规定，并根据岩土工程勘察报告按单位工程各地层所占比例（包括范围值）进行描述。对无法准确描述的地层情况，可注明由投标人根据岩土工程勘察报告自行决定报价。

（2）项目特征中的桩长应包括桩尖，空桩长度＝孔深－桩长，孔深为自然地面至设计桩底的深度。

（3）高压喷射注浆类型包括旋喷、摆喷、定喷，高压喷射注浆方法包括单管法、双重管法、三重管法。

（4）复合地基的检测费用按国家相关取费标准单独计算，不在本清单项目中。

（5）如采用泥浆护壁成孔，工作内容包括土方、废泥浆外运，如采用沉管灌注成孔，工作内容包括桩尖制作、安装。

（6）弃土（不含泥浆）清理、运输按《房屋建筑与装饰工程工程量计算规范》（GB 50854—2013）附录 A 中相关项目编码列项。

2. **工程量清单编制实务注意事项**

本节各项目适用于工程实体，但仅作为深基础临时支护结构，其项目应列入分部分项工程和单价措施项目清单中。

（二）基坑与边坡支护（工程量清单项目设置）

基坑与边坡支护工程工程量清单项目设置、项目特征描述的内容、计量单位及工程量计算规则，应按表 3-2-2 的规定执行。

表 3-2-2　基坑与边坡支护（编码：010202）

项目编码	项目名称	项目特征	计量单位	工程量计算规则	工作内容
010202001	地下连续墙	1. 地层情况 2. 导墙类型、截面 3. 墙体厚度 4. 成槽深度 5. 混凝土种类、强度等级 6. 接头形式	m³	按设计图示墙中心线长乘以厚度乘以槽深以体积计算	1. 导墙挖填、制作、安装、拆除 2. 挖土成槽、固壁、清底置换 3. 混凝土制作、运输、灌注、养护 4. 接头处理 5. 土方、废泥浆外运 6. 打桩场地硬化及泥浆池、泥浆沟
010202002	咬合灌注桩	1. 地层情况 2. 桩长 3. 桩径 4. 混凝土种类、强度等级 5. 部位		1. 以米计量，按设计图示尺寸以桩长计算 2. 以根计量，按设计图示数量计算	1. 成孔、固壁 2. 混凝土制作、运输、灌注、养护 3. 套管压拔 4. 土方、废泥浆外运 5. 打桩场地硬化及泥浆池、泥浆沟
010202003	圆木桩	1. 地层情况 2. 桩长 3. 材质 4. 尾径 5. 桩倾斜度	1. m 2. 根	1. 以米计量，按设计图示尺寸以桩长（包括桩尖）计算 2. 以根计量，按设计图示数量计算	1. 工作平台搭拆 2. 桩机移位 3. 桩靴安装 4. 沉桩
010202004	预制钢筋混凝土板桩	1. 地层情况 2. 送桩深度、桩长 3. 桩截面 4. 沉桩方法 5. 连接方式 6. 混凝土强度等级			1. 工作平台搭拆 2. 桩机移位 3. 沉桩 4. 板桩连接
010202005	型钢桩	1. 地层情况或部位 2. 送桩深度、桩长 3. 规格型号 4. 桩倾斜度 5. 防护材料种类 6. 是否拔出	1. t 2. 根	1. 以吨计量，按设计图示尺寸以质量计算 2. 以根计量，按设计图示数量计算	1. 工作平台搭拆 2. 桩机移位 3. 打（拔）桩 4. 接桩 5. 刷防护材料
010202006	钢板桩	1. 地层情况 2. 桩长 3. 板桩厚度	1. t 2. m²	1. 以吨计量，按设计图示尺寸以质量计算 2. 以平方米计量，按设计图示墙中心线长乘以桩长以面积计算	1. 工作平台搭拆 2. 桩机移位 3. 打拔钢板桩

项目编码	项目名称	项目特征	计量单位	工程量计算规则	工作内容
010202007	锚杆（锚索）	1. 地层情况 2. 锚杆（索）类型、部位 3. 钻孔深度 4. 钻孔直径 5. 杆体材料品种、规格、数量 6. 预应力 7. 浆液种类、强度等级	1. m 2. 根	1. 以米计量，按设计图示尺寸以钻孔深度计算 2. 以根计量，按设计图示数量计算	1. 钻孔、浆液制作、运输、压浆 2. 锚杆（锚索）制作、安装 3. 张拉锚固 4. 锚杆（锚索）施工平台搭设、拆除
010202008	土钉	1. 地层情况 2. 钻孔深度 3. 钻孔直径 4. 置入方法 5. 杆体材料品种、规格、数量 6. 浆液种类、强度等级			1. 钻孔、浆液制作、运输、压浆 2. 土钉制作、安装 3. 土钉施工平台搭设、拆除
010202009	喷射混凝土、水泥砂浆	1. 部位 2. 厚度 3. 材料种类 4. 混凝土（砂浆）类别、强度等级	m²	按设计图示尺寸以面积计算	1. 修整边坡 2. 混凝土（砂浆）制作、运输、喷射、养护 3. 钻排水孔、安装排水管 4. 喷射施工平台搭设、拆除
010202010	钢筋混凝土支撑	1. 部位 2. 混凝土种类 3. 混凝土强度等级	m³	按设计图示尺寸以体积计算	1. 模板（支架或支撑）制作、安装、拆除、堆放、运输及清理模内杂物、刷隔离剂等 2. 混凝土制作、运输、浇筑、振捣、养护
010202011	钢支撑	1. 部位 2. 钢材品种、规格 3. 探伤要求	t	按设计图示尺寸以质量计算。不扣除孔眼质量，焊条、铆钉、螺栓等不另增加质量	1. 支撑、铁件制作（摊销、租赁） 2. 支撑、铁件安装 3. 探伤 4. 刷漆 5. 拆除 6. 运输

1. 工程量清单项目应用说明

（1）地层情况按表 3-1-2 和表 3-1-8 的规定，并根据岩土工程勘察报告按单位工程各地层所占比例（包括范围值）进行描述。对无法准确描述的地层情况，可注明由投标人根据岩土工程勘察报告自行决定报价。

（2）土钉置入方法包括钻孔置入、打入或射入等。

（3）基坑与边坡的检测、变形观测等费用按国家相关取费标准单独计算，不在本清单项目中。

（4）地下连续墙和喷射混凝土的钢筋网及咬合灌注桩的钢筋笼制作、安装，按"计算规范"附录E中相关项目编码列项。本分部未列的基坑与边坡支护的排桩按"计算规范"附录C中相关项目编码列项。水泥土墙、坑内加固按"计算规范"表B.1中相关项目编码列项。砖、石挡土墙、护坡按"计算规范"附录D中相关项目编码列项。混凝土挡土墙按"计算规范"附录E中相关项目编码列项。

2. 工程量清单编制实务注意事项

（1）地下连续墙：适用于各种导墙施工的复合型地下连续墙。

1）清单工作内容未包括场地硬化，如要求场地硬化应按相关项目编码列项。

2）地下连续墙的钢筋网应按"计算规范"附录E混凝土及钢筋混凝土相关项目编码列项。

（2）锚杆（锚索）：适用于岩石高削坡混凝土支护挡墙和风化岩石混凝土、砂浆护坡。锚杆（锚索）项目工作内容还包括布筋、灌浆。

（3）土钉：适用于土层的锚固。土钉项目工作内容还包括布筋、灌浆。

（4）本节各项目适用于工程实体，但仅作为深基础临时支护结构，其项目应列入分部分项工程和单价措施项目清单中。

三、工程量计算方法

1. 钢筋混凝土桩工程量计算方法

（1）预制钢筋混凝土桩工程量计算公式。

$$预制钢筋混凝土桩工程量 = 设计桩总长度 \times 桩断面面积$$

（2）灌注桩混凝土工程量计算公式。

$$灌注桩混凝土工程量 = (L + 0.5) \times \pi D^2 \div 4$$

或 $$灌注桩混凝土工程量 = D \times 0.785\,4 \times (L + 增加桩长)$$

式中　L——桩长（含桩尖）；

　　　　D——桩外直径。

（3）夯扩成孔灌注桩工程量计算公式。

$$夯扩成孔灌注桩工程量 = (L + 0.3) \times \pi D^2 \div 4 + 夯扩混凝土体积$$

2. 地基强夯工程量计算方法

（1）夯点密度计算公式。

$$夯点密度（夯点/100\,m^2） = 设计夯击范围内的夯点个数 / 夯击范围（m^2） \times 100$$

（2）强夯工程量计算公式。

$$地基强夯工程量 = 设计图示面积$$

或 $$地基强夯工程量 = S（轴包） + L（外轴） \times 4 + 64$$

$$低锤满拍工程量 = 设计夯击范围$$
$$1 台日 = 1 台抽水机 \times 24 \, h$$

四、计算实务

【例3-2-1】 某边坡工程采用土钉支护，根据岩土工程勘察报告，地层为带块石的碎石土，土钉成孔直径为90 mm，采用1根HRB400、直径为25的钢筋作为杆体，成孔深度均为10.0 m，土钉入射倾角为15°。杆筋送入钻孔后，灌注M30水泥砂浆。混凝土面板采用C20喷射混凝土，厚度为120 mm，如图3-2-1所示。试计算出该边坡工程量。

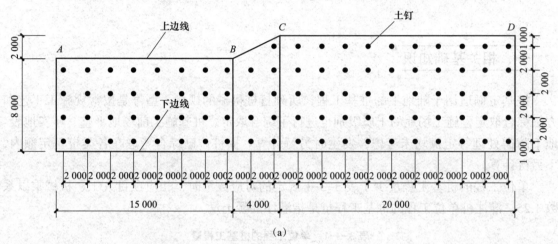

(a)

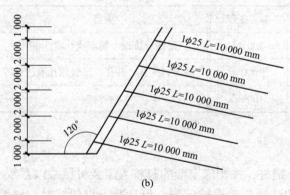

(b)

图3-2-1 某边坡工程土钉钉护

(a) AD段边坡立面图；(b) AD段边坡剖面图

分析：（1）坡面斜长，由图3-2-1（b），边坡坡面与水平面成60°角；由图3-2-1（a）可见，AB段坡面垂直高度为8 m，因此，由三角函数定义可知AB段坡面斜长为 [8/cos (30°)]。

（2）土壤类别由题目可知，地层为带块石的碎石土，由表3-1-2可知，该土层为四类土。

解： 土钉工程量：从立面图中数个数可知。

$$土钉工程量 = 91 根$$

喷射混凝土工程量：

（1）AB 段：$S_1 = 8/\cos 30° \times 15 = 138.56$

（2）BC 段：$S_2 = [(8 + 10)/\cos 30°] \times 4 \div 2 = 41.57$

（3）CD 段：$S_3 = 10/\cos 30° \times 20 = 230.94$

$$S = 138.56 + 41.57 + 230.94 = 411.07 （m^2）$$

任务三　桩基工程

一、相关基础知识

桩基定额适用于陆地上的桩基工程，所列打桩机械的规格、型号是按常规施工工艺和方法综合取定，施工场地的土质级别也进行了综合取定。桩基施工前场地平整、压实地表、地下障碍处理等定额均未考虑，发生时另行计算。探桩位已综合考虑在各类桩基定额内，不另行计算。

单位工程的桩基工程量少于表 3-3-1 规定的对应数量时，相应项目人工、机械乘以系数 1.25。灌注桩单位工程的桩基工程量是指灌注混凝土量。

表 3-3-1　单位工程的桩基工程量

项目	单位工程	项目	单位工程工程量
预制钢筋混凝土方桩	200 m³	回旋、旋挖、螺旋成孔灌注桩	1 500 m³
预应力钢筋混凝土管桩	1 000 m	冲击、扩孔、冲孔、沉管成孔灌注桩	100 m³
预制钢筋混凝土板桩	100 m³	钢管桩	50 t

（一）预制桩

（1）单独打试桩、锚桩，按相应定额的打桩人工及机械乘以系数 1.5。

（2）预制桩工程按陆地打垂直桩编制。设计要求打斜桩时，斜度＜1∶6 时，相应项目人工、机械乘以系数 1.25；斜度＞1∶6 时，相应项目人工、机械乘以系数 1.43。

（3）打桩工程以平地（坡度＜15°）打桩为准，坡度＞15° 打桩时，按相应项目人工、机械乘以系数 1.15，如在基坑内（基坑深度＞1.5 m，基坑面积为 500 m²）打桩或在地坪上打坑槽内（坑槽深度＞1 m）桩时，按相应项目人工、机械乘以系数 1.11。

（4）在桩间补桩或在强夯后的地基上打桩时，相应项目人工、机械乘以系数 1.15。

（5）预制工程，如遇送桩时，可按打桩相应项目人工、机械乘以表 3-3-2 中的系数。

（6）打、压预制钢筋混凝土桩、预应力钢筋混凝土管桩，定额按购入成品构件考虑。

（7）预应力钢筋混凝土管桩，如设计要求加注填充材料时，填充部分另按本任务钢管桩填芯相应项目执行。桩头灌芯部分按人工挖孔桩灌桩芯项目执行。

表 3-3-2　人工、机械乘以的系数表

送桩深度	系数
≤ 2	1.25
≤ 4	1.43
> 4	1.67

(二) 灌注桩

1. 泥浆护壁成孔灌注桩

泥浆护壁成孔灌注桩是通过桩机在泥浆护壁条件下慢速钻进，将钻渣利用泥浆带出，并保护孔壁不致坍塌，成孔后再使用水下混凝土浇筑的方法将泥浆置换出来而成的桩。

2. 沉管灌注桩

沉管灌注桩是指利用锤击打桩法或振动打桩法。其适用于有地下水、流砂、淤泥的情况。

3. 干作业成孔灌注桩

干作业成孔灌注桩是指不用泥浆和套管护壁情况下，用人工钻具或机械钻成孔，下钢筋笼、浇筑混凝土成桩。其适用于地下水水位以上的一般黏性土、粉土、黄土及密实的黏性土、砂土层中使用。

4. 人工挖孔灌注桩

人工挖孔灌注桩是指桩孔采用人工挖掘的方法进行成孔，然后安放钢筋笼，浇筑混凝土而成的桩。

5. 钻孔压注桩

钻孔压注桩又称钻孔压浆成桩，是指用长螺旋钻机钻至设计深度，在提升钻杆的同时通过设在钻头上的喷嘴，向孔内高压灌注已配制好的以水泥为主剂的浆液、至浆液达到没有塌孔危险，或地下水水位以上 0.5 ~ 1.0 m 处，待钻杆全部提出后，向孔内放置钢筋笼，并放入至少 1 根距孔底 1 m 的补浆管，然后投放粗骨料至设计标高以上 0.5 m 处；最后通过补浆管在水泥终凝之前多次重复地向孔内补浆，直至孔口返出纯水泥浆，浆面不再下降为止。

6. 桩底注浆

桩底注浆是指钻孔灌注桩在成桩通过预埋的注浆通道用一定的压力把水泥浆压入桩底，并在桩底形成扩大头，浆液对桩底附近的桩周土层起到渗透、填充、压密和固结等作用，从而来提高桩承载力，减少桩顶沉降量。

7. 灌注桩其他知识

（1）灌注桩回旋、旋挖、冲击、冲孔成孔等灌注桩设计要求进入岩石层时执行入岩项目，入岩指钻入岩石分类表中的较软岩、较硬岩或坚硬岩。

（2）旋挖成孔、冲孔桩机带冲抓锤成孔灌注桩项目按湿作业成孔考虑，如采用干作业成孔工艺时，则扣除定额项目中的黏土、水和机械中的泥浆泵。

（3）定额各种灌注桩的材料用量中，均已包括了充盈系数和材料损耗，见表 3-3-3。

表 3-3-3 充盈系数和材料损耗

项目名称	充盈系数	损耗率 /%
冲孔、扩孔桩机成孔灌注混凝土桩	1.30	1
旋挖、冲击钻机成孔灌注混凝土桩	1.25	1
回旋、螺旋钻机成孔灌注混凝土桩	1.20	1

（4）人工挖孔桩土石方项目中，已综合考虑了孔内照明、通风。

（5）人工清桩孔石渣项目，适用于岩石被松动后的挖除和清理。

（6）桩孔空钻部分回填应根据施工组织设计要求套用相应定额。

（7）旋挖桩、螺旋桩、人工挖孔桩等干作业成孔桩的土石方场内、场外运输，执行"石方工程"相应的土石方装车、运输项目。

（8）挤扩支盘钻孔未包括成孔项目，实际发生时按成孔方式执行相应定额项目。

（9）灌注桩后压浆注浆管、声测管埋设，注浆管、声测管如遇材质、规格不同时，材料可以换算，其余不变。

（10）注浆管埋设定额按桩底注浆考虑，如设计采用侧向注浆，则人工、机械乘以系数 1.2。

（11）桩底（侧）后压浆已综合考虑了桩长、桩径不同因素，若设计要求水泥品种、强度等级与定额不同时，按设计要求调整换算。

二、工程量清单计价规范相关内容

（一）打桩

打桩工程量清单项目设置、项目特征描述的内容、计量单位及工程量计算规则，应按表 3-3-4 的规定执行。

表 3-3-4 打桩（编码：010301）

项目编码	项目名称	项目特征	计量单位	工程量计算规则	工作内容
010301001	预制钢筋混凝土方桩	1. 地层情况 2. 送桩深度、桩长 3. 桩截面 4. 桩倾斜度 5. 沉桩方法 6. 接桩方式 7. 混凝土强度等级	1. m 2. m³ 3. 根	1. 以米计量，按设计图示尺寸以桩长（包括桩尖）计算 2. 以立方米计量，按设计图示截面积乘以桩长（包括桩尖）以实体积计算 3. 以根计量，按设计图示数量计算	1. 工作平台搭拆 2. 桩机竖拆、移位 3. 沉桩 4. 接桩 5. 送桩

项目编码	项目名称	项目特征	计量单位	工程量计算规则	工作内容
010301002	预制钢筋混凝土管桩	1. 地层情况 2. 送桩深度、桩长 3. 桩外径、壁厚 4. 桩倾斜度 5. 沉桩方法 6. 桩尖类型 7. 混凝土强度等级 8. 填充材料种类 9. 防护材料种类	1. m 2. m³ 3. 根	1. 以米计量，按设计图示尺寸以桩长（包括桩尖）计算 2. 以立方米计量，按设计图示截面积乘以桩长（包括桩尖）以实体积计算 3. 以根计量，按设计图示数量计算	1. 工作平台搭拆 2. 桩机竖拆、移位 3. 沉桩 4. 接桩 5. 送桩 6. 桩尖制作安装 7. 填充材料、刷防护材料
010301003	钢管桩	1. 地层情况 2. 送桩深度、桩长 3. 材质 4. 管径、壁厚 5. 桩倾斜度 6. 沉桩方法 7. 填充材料种类 8. 防护材料种类	1. t 2. 根	1. 以吨计量，按设计图示尺寸以质量计算 2. 以根计量，按设计图示数量计算	1. 工作平台搭拆 2. 桩机竖拆、移位 3. 沉桩 4. 接桩 5. 送桩 6. 切割钢管、精割盖帽 7. 管内取土 8. 填充材料、刷防护材料
010301004	截（凿）桩头	1. 桩类型 2. 桩头截面、高度 3. 混凝土强度等级 4. 有无钢筋	1. m³ 2. 根	1. 以立方米计量，按设计桩截面乘以桩头长度以体积计算 2. 以根计量，按设计图示数量计算	1. 截（切割）桩头 2. 凿平 3. 废料外运

工程量清单项目应用说明如下：

（1）地层情况按表3-1-1和表3-1-8的规定，并根据岩土工程勘察报告按单位工程各地层所占比例（包括范围值）进行描述。对无法准确描述的地层情况，可注明由投标人根据岩土工程勘察报告自行决定报价。

（2）项目特征中的桩截面、混凝土强度等级、桩类型等可直接用标准图代号或设计桩型进行描述。

（3）打桩项目包括成品桩购置费，如果用现场预制桩，应包括现场预制的所有费用。

（4）打试验桩和打斜桩应按相应项目编码单独列项，并应在项目特征中注明试验桩或斜桩（斜率）。

（5）桩基础的承载力检测、桩身完整性检测等费用按国家相关取费标准单独计算，不在本清单项目中。

（二）灌注桩

灌注桩工程量清单项目设置、项目特征描述的内容、计量单位及工程量计算规则，应按表3-3-5的规定执行。

表 3-3-5　灌注桩（编码：010302）

项目编码	项目名称	项目特征	计量单位	工程量计算规则	工作内容
010302001	泥浆护壁成孔灌注桩	1. 地层情况 2. 空桩长度、桩长 3. 桩径 4. 成孔方法 5. 护筒类型、长度 6. 混凝土种类、强度等级		1. 以米计量，按设计图示尺寸以桩长（包括桩尖）计算 2. 以立方米计量，按不同截面在桩上范围内以体积计算。 3. 以根计量，按设计图示数量计算	1. 护筒埋设 2. 成孔、固壁 3. 混凝土制作、运输、灌注、养护 4. 土方、废泥浆外运 5. 打桩场地硬化及泥浆池、泥浆沟
010302002	沉管灌注桩	1. 地层情况 2. 空桩长度、桩长 3. 复打长度 4. 桩径 5. 沉管方法 6. 桩尖类型 7. 混凝土种类、强度等级	1. m 2. m³ 3. 根		1. 打（沉）拔钢管 2. 桩尖制作、安装 3. 混凝土制作、运输、灌注、养护
010302003	干作业成孔灌注桩	1. 地层情况 2. 空桩长度、桩长 3. 桩径 4. 扩孔直径、高度 5. 成孔方法 6. 混凝土种类、强度等级			1. 成孔、扩孔 2. 混凝土制作、运输、灌注、振捣、养护
010302004	挖孔桩土（石）方	1. 地层情况 2. 挖孔深度 3. 弃土（石）运距	m³	按设计图示尺寸（含护壁）截面积乘以挖孔深度以立方米计算	1. 排地表水 2. 挖土、凿石 3. 基底钎探 4. 运输
010302005	人工挖孔灌注桩	1. 桩芯长度 2. 桩芯直径、扩底直径、扩底高度 3. 护壁厚度、高度 4. 护壁混凝土种类、强度等级 5. 桩芯混凝土类别、强度等级	1. m³ 2. 根	1. 以立方米计量，按桩芯混凝土体积计算 2. 以根计量，按设计图示数量计算	1. 护壁制作 2. 混凝土制作、运输、灌注、振捣、养护
010302006	钻孔压浆桩	1. 地层情况 2. 空钻长度、桩长 3. 钻孔直径 4. 水泥强度等级	1. m 2. 根	1. 以米计量，按设计图示尺寸以桩长计算 2. 以根计量，按设计图示数量计算	钻孔、下注浆管、投放骨料、浆液制作、运输、压浆
010302007	桩底注浆	1. 注浆导管材料、规格 2. 注浆导管长度 3. 单孔注浆量 4. 水泥强度等级	孔	按设计图示以注浆孔数计算	1. 注浆导管制作、安装 2. 浆液制作、运输、压浆

工程量清单项目应用说明如下：

（1）地层情况按表 3-1-1 和表 3-1-8 的规定，并根据岩土工程勘察报告按单位工程各地层所占比例（包括范围值）进行描述。对无法准确描述的地层情况，可注明由投标人根据岩土工程勘察报告自行决定报价。

（2）项目特征中的桩长应包括桩尖，空桩长度＝孔深－桩长，孔深为自然地面至设计桩底的深度。

（3）项目特征中的桩截面（桩径）、混凝土强度等级、桩类型等可直接用标准图代号或设计桩型进行描述。

（4）泥浆护壁成孔灌注桩是指在泥浆护壁条件下成孔，采用水下灌注混凝土的桩。其成孔方法包括冲击钻成孔、冲抓锥成孔、回旋钻成孔、潜水钻成孔、泥浆护壁的旋挖成孔等。

（5）沉管灌注桩的沉管方法包括捶击沉管法、振动沉管法、振动冲击沉管法、内夯沉管法等。

（6）干作业成孔灌注桩是指不用泥浆护壁和套管护壁的情况下，用钻机成孔后，下钢筋笼，灌注混凝土的桩，适用于地下水水位以上的土层使用。其成孔方法包括螺旋钻成孔、螺旋钻成孔扩底、干作业的旋挖成孔等。

（7）桩基础的承载力检测、桩身完整性检测等费用按国家相关取费标准单独计算，不在本清单项目中。

（8）混凝土灌注桩的钢筋笼制作、安装，按"计算规范"附录 E 中相关项目编码列项。

三、工程量计算方法

（一）预制桩工程量计算规则

1. 预制钢筋混凝土桩

打、压预制钢筋混凝土桩按设计桩长（包括桩尖）乘以桩截面面积，以体积计算。

2. 预应力钢筋混凝土管桩

（1）打、压预应力钢筋混凝土管桩按设计桩长（不包括桩尖），以长度计算。

（2）预应力钢筋混凝土管桩钢桩尖按设计图示尺寸，以质量计算。

（3）桩头灌芯按设计尺寸以灌注体积计算。

3. 钢管桩

（1）钢管桩按设计尺寸以桩体质量计算。

（2）钢管桩内切割、精割盖帽按设计要求的数量计算。

（3）钢管桩管内钻孔取土、填芯，按设计桩长（包括桩尖）乘以填芯截面面积，以体积计算。

（4）打桩工程的送桩均按设计顶标高至打桩前的自然地坪标高另加 0.5 m 算相应的送桩工程量。

（5）预制混凝土桩、钢管桩电焊接桩，按设计尺寸以接桩头的数量计算。

（6）预制混凝土桩截桩按设计要求截桩的数量计算。截桩长度＜1 m时，不扣减相应桩的打桩工程量；截桩长度＞1 m时，其超过部分按实扣减打桩工程量。

（7）预制混凝土桩截桩按设计要求截桩的数量计算。截桩长度＜1 m时，不扣减相应桩的打桩工程量；截桩长度＞1 m时，其超过部分按实扣减打桩工程量。

（8）预制混凝土桩凿桩头按设计图示桩截面面积乘以凿桩头长度，以体积计算。凿桩头长度设计无规定时，桩头长度按桩体高 $40d$（d 为桩体主筋直径，主筋直径不同时取大者）计算；回旋桩、旋挖桩、冲击桩、冲孔桩、扩孔桩灌注混凝土桩凿桩头按设计超灌高度（设计有规定的按设计要求，设计无规定的按 1 m）乘以桩身设计截面以体积计算；沉管、螺旋桩灌注混凝土桩凿桩头按设计超灌高度（设计有规定的按设计要求，设计无规定的按 0.5 m）乘以桩身设计截面以体积计算。

（9）桩头钢筋整理，按所整理的桩的数量计算。

（二）灌注桩工程量计算规则

（1）回旋桩、旋挖桩、冲击桩、扩孔桩、螺旋桩成孔工程量按打桩前自然地坪标高至设计桩底标高的成孔长度乘以设计桩径截面面积，以体积计算。入岩项目工程量按实际入岩深度乘以设计桩径截面面积，以体积计算。

（2）冲孔桩机带冲击（抓）锤冲孔工程量分别按进入土层、岩石层的成孔长度乘以设计桩径截面面积，以体积计算。

（3）回旋桩、旋挖桩、冲击桩、冲孔桩、扩孔桩、螺旋桩灌注混凝土工程量按设计桩径截面面积乘以设计桩长（包括桩尖）另加加灌长度，以体积计算。回旋桩、旋挖桩、冲击桩、冲孔桩、扩孔桩加灌长度设计有规定者，按设计要求计算，无规定者，按 1 m 计算。螺旋桩加灌长度设计有规定者，按设计要求计算，无规定者，按 0.5 m 计算。

（4）沉管成孔工程量按打桩前自然地坪标高至设计桩底标高（不包括预制桩尖）的成孔长度乘以钢管外径截面面积，以体积计算。

（5）沉管桩灌注混凝土工程量按钢管外径截面面积乘以设计桩长（不包括预制桩尖）另加加灌长度，以体积计算。加灌长度设计有规定者，按设计要求计算，无规定者，按 0.5 m 计算。

（6）人工挖孔桩挖孔工程量分别按进入土层、岩石层的成孔长度乘以设计护壁外围截面面积，以体积计算。

（7）人工挖孔桩模板工程量，按现浇混凝土护壁与模板的接触面积计算。

（8）人工挖孔桩灌注混凝土护壁和桩芯工程量分别按设计图示截面面积乘以设计长另加加灌长度，以体积计算。加灌长度设计有规定者，按设计要求计算，无规定者，按 0.25 m 计算。

（9）钻（冲）孔灌注桩、人工挖孔桩，设计要求扩底时，其扩底工程量按设计尺寸，以体积计算，并入相应的工程量内。

（10）桩孔回填工程量按打桩前自然地坪标高至桩加灌长度的顶面乘以桩孔截面面积，以体积计算。

（11）钻孔压浆桩工程量按设计桩长，以长度计算。

（12）注浆管、声测管埋设工程量按打桩前的自然地坪标高至设计桩底标高另加 0.5 m，以长度计算。

（13）桩底（侧）后压浆工程量按设计注入水泥用量，以质量计算。

四、计算实务

【例 3-3-1】 某工程需用如图 3-3-1 所示的预制钢筋混凝土方桩 5 根，钢筋混凝土管桩 4 根，已知混凝土强度等级为 C40，土壤类别为四类土，计算该工程钢筋混凝土方桩及管桩工程量。

解：（1）预制混凝土方桩工程量有两种计算方法：

以米计量：钢筋混凝土预制桩工程量 $= 12.7 \times 5 = 63.5$（m）

以根计量：钢筋混凝土预制桩工程量 $= 5$ 根

（2）预制混凝土管桩工程量有两种计算方法：

以米计量：预制混凝土管桩工程量 $= 20.6 \times 4 = 82.4$（m）

以根计量：钢筋混凝土预制桩工程量 $= 5$ 根

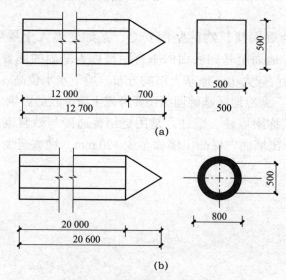

图 3-3-1　预制混凝土桩示意

（a）预制混凝土方柱示意；（b）预制混凝土管桩示意

任务四 砌筑工程

一、相关基础知识

砌筑工程除砖砌体、砌块砌体、石砌体、主要砌筑工程量外，还包括垫层部分。其中，砖砌体部分包括砖基础，砖砌挖孔桩护壁，砖检查井，砖地沟，明沟，砖散水、地坪，砖柱、各类型墙体及零星砌体；砌块砌体部分包括砌块墙和砌块柱；石砌体部分包括石基础、石勒脚、石墙、石挡土墙、石柱、石栏杆、石护坡、石台阶和其他石砌体及附属。

（1）砌筑工程。砌筑工程是指建筑工程中使用普通黏土砖、承重黏土空心砖、蒸压灰砂砖、粉煤灰砖、各种中小型砌块和石材等材料进行砌筑的工程。

（2）砖石结构。砖石结构是指用胶结材料做砂浆，将砖石、砌块等砌筑成一体的结构，可以用于基础、墙体、柱子、烟囱、水池等。

（3）砖砌体。砖砌体是用砂浆为胶结材料将砖黏结在一起形成墙体、柱体、堤坝、桥涵等的工程。

（4）砖基础。砖基础俗称大放脚，其各部分的尺寸应符合砖的模数。砌筑方式有两皮一收和二一间隔收两种（又称两皮一收与一皮一收相间）。砖基础的基础墙与墙身同厚。大放脚是墙基下面的扩大部分，分为等高和不等高两种。等高式大放脚是两皮砖一收，每次两边各收进（退台）1/4砖长；不等高式大放脚是两皮一收与一皮一收相间，每收一次两边各收进1/4砖长。大放脚的底宽应根据设计确定，按图施工，大放脚各皮的宽度应为半砖长的整倍数（包括灰缝）。撂底也称排砖，是在砌筑基础前，先用干砖试撂，以确定排砖方法和错缝位置。

（5）基础深度。为确保建筑物的坚固安全，基础要埋入土层中一定的深度，称为基础深度。从室外设计地面至基础底面的垂直距离称为基础的埋置深度，简称埋深，如图3-4-1所示。建筑物荷载大小，地基土层的分布，地下水水位高、低及与相邻建筑的关系都影响着基础的埋深。寒冷地区基础埋深还要考虑土壤冻胀的影响。

（6）砖垛。砖垛又称附墙柱、壁柱，是用烧结普通砖与砂浆砌筑而成。截面形式一般采用矩形截面，垛凸出墙面。垛凸出墙面至少120 mm，垛宽至少240 mm，如图3-4-1所示。

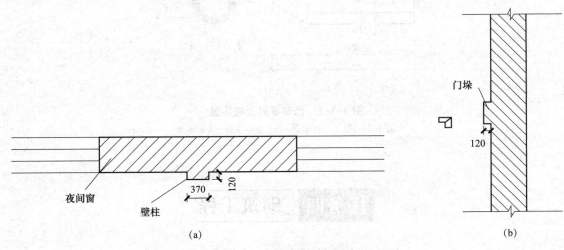

图3-4-1 壁柱和门垛示意

（7）砖砌大放脚。砖砌大放脚是指砖基础断面成阶梯状逐层放宽的部分，借以将墙的荷载逐层分散传递到地基上，有等高式和间歇式两种砌法。等高式每两皮砖收一次；间歇式是两皮一收和一皮一收间隔进行，如图3-4-2所示。

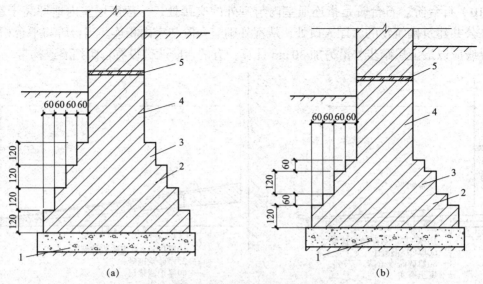

图 3-4-2 砖基础形式示意

1—混凝土或砂垫层；2—砖基础；3—大放脚；4—基础墙；5—防潮

（a）等高式；（b）间隔式

（8）砖砌女儿墙。砖砌女儿墙是指在建筑物立面和某种构造需要面砌筑的高出屋顶的砖矮墙，也是作为屋顶上的栏墙或屋顶外形处理的一种形式，如图 3-4-3 所示。

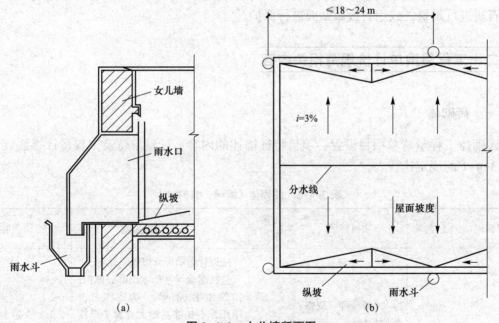

图 3-4-3 女儿墙断面图

（a）女儿墙断面图；（b）屋顶平面图

（9）砖散水。为保护墙基础不受雨水的侵蚀，常在外墙四周将地面做成向外倾斜的坡面，以便将屋面雨水排放至远处，这一坡面称为散水或护坡。散水所用材料与明沟相同，如图 3-4-4 所示。散水坡度约为 5%，宽度一般为 600～1 000 mm。当屋面排水方式为自由落水时，要求其宽度较屋顶出檐多 200 mm。

（10）石台阶。石台阶是指连通室内与室外的交接处，一般底层室内地坪高于室外地面。在公共建筑砌筑物的大厅入口处，从室外砌筑台阶与室内相连。当台阶与平台相连时，其分界线应以最上层踏步外沿另加 30 cm 计算，有的台阶两旁设有台阶挡墙或梯带。

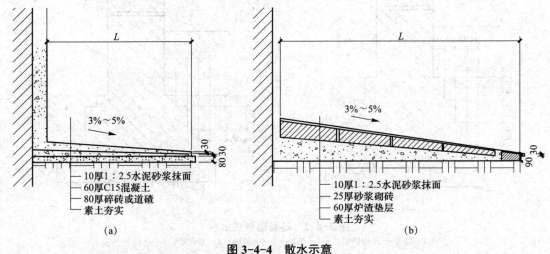

图 3-4-4　散水示意
(a) 混凝土散水；(b) 砖铺散水

（11）石勒脚。石勒脚是指墙身接近室外地面的部分。其高度一般是指室内地坪与室外地面的高差部分，也有将底层窗台至室外地面的高度视为勒脚。对勒脚容易遭到破坏部分采用石块进行砌筑，或用石板做贴面进行保护。

二、工程量清单计价规范相关内容

（一）砖砌体

砖砌体工程量清单项目设置、项目特征描述的内容、计量单位及工程量计算规则，应按表 3-4-1 的规定执行。

表 3-4-1　砖砌体（编码：010401）

项目编码	项目名称	项目特征	计量单位	工程量计算规则	工作内容
010401001	砖基础	1. 砖品种、规格、强度等级 2. 基础类型 3. 砂浆强度等级 4. 防潮层材料种类	m^3	按设计图示尺寸以体积计算。 包括附墙垛基础宽出部分体积，扣除地梁（圈梁）、构造柱所占体积，不扣除基础大放脚 T 形接头处的重叠部分及嵌入基础内的钢筋、铁件、管道、基础砂浆防潮层和单个面积 ≤ 0.3 m^2 的孔洞所占体积，靠墙暖气沟的挑檐不增加。 基础长度：外墙按外墙中心线，内墙按内墙净长线计算	1. 砂浆制作、运输 2. 砌砖 3. 防潮层铺设 4. 材料运输

项目编码	项目名称	项目特征	计量单位	工程量计算规则	工作内容
010401002	砖砌挖孔桩护壁	1. 砖品种、规格、强度等级 2. 砂浆强度等级		按设计图示尺寸以立方米计算	1. 砂浆制作、运输 2. 砌砖 3. 材料运输
010401003	实心砖墙	1. 砖品种、规格、强度等级 2. 墙体类型 3. 砂浆强度等级、配合比	m³	按设计图示尺寸以体积计算。 扣除门窗、洞口、嵌入墙内的钢筋混凝土柱、梁、圈梁、挑梁、过梁及凹进墙内的壁龛、管槽、暖气槽、消火栓箱所占体积，不扣除梁头、板头、檩头、垫木、木楞头、沿缘木、木砖、门窗走头、砖墙内加固钢筋、木筋、铁件、钢管及单个面积≤0.3 m²的孔洞所占的体积。凸出墙面的腰线、挑檐、压顶、窗台线、虎头砖、门窗套的体积也不增加。凸出墙面的砖垛并入墙体体积内计算。 1. 墙长度：外墙按中心线、内墙按净长计算。 2. 墙高度： （1）外墙：斜（坡）屋面无檐口天棚者算至屋面板底；有屋架且室内外均有天棚者算至屋架下弦底另加200 mm；无天棚者算至屋架下弦底另加300 mm，出檐宽度超过600 mm时按实砌高度计算；与钢筋混凝土楼板隔层者算至板顶。平屋顶算至钢筋混凝土板底。 （2）内墙：位于屋架下弦者，算至屋架下弦底；无屋架者算至天棚底另加100 mm；有钢筋混凝土楼板隔层者算至楼板顶；有框架梁时算至梁底。 （3）女儿墙：从屋面板上表面算至女儿墙顶面（如有混凝土压顶时算至压顶下表面）。 （4）内、外山墙：按其平均高度计算。 3. 框架间墙：不分内外墙按墙体净尺寸以体积计算。 4. 围墙：高度算至压顶上表面（如有混凝土压顶时算至压顶下表面），围墙柱并入围墙体积内	1. 砂浆制作、运输 2. 砌砖 3. 刮缝 4. 砖压顶砌筑 5. 材料运输
010401004	多孔砖墙				
010401005	空心砖墙				

项目编码	项目名称	项目特征	计量单位	工程量计算规则	工作内容
010401006	空斗墙	1. 砖品种、规格、强度等级 2. 墙体类型 3. 砂浆强度等级、配合比	m³	按设计图示尺寸以空斗墙外形体积计算。墙角、内外墙交接处、门窗洞口立边、窗台砖、屋檐处的实砌部分体积并入空斗墙体积内	1. 砂浆制作、运输 2. 砌砖 3. 装填充料 4. 刮缝 5. 材料运输
010401007	空花墙			按设计图示尺寸以空花部分外形体积计算，不扣除空洞部分体积	
010404008	填充墙	1. 砖品种、规格、强度等级 2. 墙体类型 3. 填充材料种类及厚度 4. 砂浆强度等级、配合比		按设计图示尺寸以填充墙外形体积计算	
010401009	实心砖柱	1. 砖品种、规格、强度等级 2. 柱类型 3. 砂浆强度等级、配合比		按设计图示尺寸以体积计算。扣除混凝土及钢筋混凝土梁垫、梁头、板头所占体积	1. 砂浆制作、运输 2. 砌砖 3. 刮缝 4. 材料运输
010404010	多孔砖柱				
010404011	砖检查井	1. 井截面、深度 2. 砖品种、规格、强度等级 3. 垫层材料种类、厚度 4. 底板厚度 5. 井盖安装 6. 混凝土强度等级 7. 砂浆强度等级 8. 防潮层材料种类	座	按设计图示数量计算	1. 砂浆制作、运输 2. 铺设垫层 3. 底板混凝土制作、运输、浇筑、振捣、养护 4. 砌砖 5. 刮缝 6. 井池底、壁抹灰 7. 抹防潮层 8. 材料运输
010404012	零星砌砖	1. 零星砌砖名称、部位 2. 砖品种、规格、强度等级 3. 砂浆强度等级、配合比	1. m³ 2. m² 3. m 4. 个	1. 以立方米计量，按设计图示尺寸截面积乘以长度计算。 2. 以平方米计量，按设计图示尺寸水平投影面积计算。 3. 以米计量，按设计图示尺寸长度计算。 4. 以个计量，按设计图示数量计算	1. 砂浆制作、运输 2. 砌砖 3. 刮缝 4. 材料运输

项目编码	项目名称	项目特征	计量单位	工程量计算规则	工作内容
010404013	砖散水、地坪	1. 砖品种、规格、强度等级 2. 垫层材料种类、厚度 3. 散水、地坪厚度 4. 面层种类、厚度 5. 砂浆强度等级	m²	按设计图示尺寸以面积计算	1. 土方挖、运填 2. 地基找平、夯实 3. 铺设垫层 4. 砌砖散水、地坪 5. 抹砂浆面层
010404014	砖地沟、明沟	1. 砖品种、规格、强度等级 2. 沟截面尺寸 3. 垫层材料种类、厚度 4. 混凝土强度等级 5. 砂浆强度等级	m	以米计量，按设计图示以中心线长度计算	1. 土方挖、运填 2. 铺设垫层 3. 底板混凝土制作、运输、浇筑、振捣、养护 4. 砌砖 5. 刮缝、抹灰 6. 材料运输

工程量清单项目应用说明如下：

（1）"砖基础"项目适用于各种类型砖基础、柱基础、墙基础、管道基础等。

（2）基础与墙（柱）身使用同一种材料时，以设计室内地面为界（有地下室者，以地下室室内设计地面为界），以下为基础，以上为墙（柱）身。基础与墙身使用不同材料时，位于设计室内地面高度≤±300 mm 时，以不同材料为分界线，高度>±300 mm 时，以设计室内地面为分界线。

（3）砖围墙以设计室外地坪为界，以下为基础，以上为墙身。

（4）框架外表面的镶贴砖部分，按零星项目编码列项。

（5）附墙烟囱、通风道、垃圾道应按设计图示尺寸以体积（扣除孔洞所占体积）计算并入所依附的墙体体积内。当设计规定孔洞内需抹灰时，应按"计算规范"附录 M 中零星抹灰项目编码列项。

（6）空斗墙的窗间墙、窗台下、楼板下、梁头下等的实砌部分，按零星砌砖项目编码列项。

（7）"空花墙"项目适用于各种类型的空花墙，使用混凝土花格砌筑的空花墙，实砌墙体与混凝土花格应分别计算，混凝土花格按混凝土及钢筋混凝土中预制构件相关项目编码列项。

（8）台阶、台阶挡墙、梯带、锅台、炉灶、蹲台、池槽、池槽腿、砖胎模、花台、花池、楼梯栏板、阳台栏板、地垄墙、≤0.3 m² 的孔洞填塞等，应按零星砌砖项目编码列项。砖砌锅台与炉灶可按外形尺寸以个计算，砖砌台阶可按水平投影面积以平方米计算，小便槽、地垄墙可按长度计算，其他工程按立方米计算。

（9）砖砌体内钢筋加固，应按"计算规范"附录 E 中相关项目编码列项。

（10）砖砌体勾缝按"计算规范"附录 M 中相关项目编码列项。

（11）检查井内的爬梯按"计算规范"附录 E 中相关项目编码列项；井、池内的混凝土构件按附录 E 中混凝土及钢筋混凝土预制构件编码列项。

（12）如施工图设计标注做法见标准图集时，应注明标注图集的编码、页号及节点大样。

（二）砌块砌体

砌块砌体工程量清单项目设置、项目特征描述的内容、计量单位及工程量计算规则，应按表 3-4-2 的规定执行。

表 3-4-2　砌块砌体（编码：010402）

项目编码	项目名称	项目特征	计量单位	工程量计算规则	工作内容
010402001	砌块墙	1. 砌块品种、规格、强度等级 2. 墙体类型 3. 砂浆强度等级	m³	按设计图示尺寸以体积计算。 扣除门窗、洞口、嵌入墙内的钢筋混凝土柱、梁、圈梁、挑梁、过梁及凹进墙内的壁龛、管槽、暖气槽、消火栓箱所占体积，不扣除梁头、板头、檩头、垫木、木楞头、沿缘木、木砖、门窗走头、砌块墙内加固钢筋、木筋、铁件、钢管及单个面积 ≤ 0.3 m² 的孔洞所占的体积。凸出墙面的腰线、挑檐、压顶、窗台线、虎头砖、门窗套的体积也不增加。凸出墙面的砖垛并入墙体体积内计算。 1. 墙长度：外墙按中心线、内墙按净长计算。 2. 墙高度： （1）外墙：斜（坡）屋面无檐口天棚者算至屋面板底；有屋架且室内外均有天棚者算至屋架下弦底另加 200 mm；无天棚者算至屋架下弦底另加 300 mm，出檐宽度超过 600 mm 时按实砌高度计算；与钢筋混凝土楼板隔层者算至板顶；平屋面算至钢筋混凝土板底。 （2）内墙：位于屋架下弦者，算至屋架下弦底；无屋架者算至天棚底另加 100 mm；有钢筋混凝土楼板隔层者算至楼板顶；有框架梁时算至梁底。 （3）女儿墙：从屋面板上表面算至女儿墙顶面（如有混凝土压顶时算至压顶下表面）。 （4）内、外山墙：按其平均高度计算。 3. 框架间墙：不分内外墙按墙体净尺寸以体积计算。 4. 围墙：高度算至压顶上表面（如有混凝土压顶时算至压顶下表面），围墙柱并入围墙体积内	1. 砂浆制作、运输 2. 砌砖、砌块 3. 勾缝 4. 材料运输
010402002	砌块柱			按设计图示尺寸以体积计算。 扣除混凝土及钢筋混凝土梁垫、梁头、板头所占体积	

工程量清单项目应用说明如下：

（1）砌体内加筋、墙体拉结的制作、安装，应按"计算规范"附录 E 中相关项目编码列项。

（2）砌块排列应上、下错缝搭砌，如果搭错缝长度满足不了规定的压搭要求，应采取压砌钢筋网片的措施，具体构造要求按设计规定。若设计无规定时，应注明由投标人根据工程实际情况自行考虑。

（3）砌体垂直灰缝宽 > 30 mm 时，采用 C20 细石混凝土灌实。灌注的混凝土应按"计算规范"附录 E 相关项目编码列项。

（三）石砌体

石砌体工程量清单项目设置、项目特征描述的内容、计量单位及工程量计算规则，应按表 3-4-3 的规定执行。

表 3-4-3　石砌体（编码：010403）

项目编码	项目名称	项目特征	计量单位	工程量计算规则	工作内容
010403001	石基础	1. 石料种类、规格 2. 基础类型 3. 砂浆强度等级	m^3	按设计图示尺寸以体积计算。 包括附墙垛基础宽出部分体积，不扣除基础砂浆防潮层及单个面积 ≤ 0.3 m² 的孔洞所占体积，靠墙暖气沟的挑檐不增加体积。基础长度：外墙按中心线，内墙按净长计算	1. 砂浆制作、运输 2. 吊装 3. 砌石 4. 防潮层铺设 5. 材料运输
010403002	石勒脚			按设计图示尺寸以体积计算，扣除单个面积 > 0.3 m² 的孔洞所占的体积	
010403003	石墙	1. 石料种类、规格 2. 石表面加工要求 3. 勾缝要求 4. 砂浆强度等级、配合比	m^3	按设计图示尺寸以体积计算。 扣除门窗、洞口、嵌入墙内的钢筋混凝土柱、梁、圈梁、挑梁、过梁及凹进墙内的壁龛、管槽、暖气槽、消火栓箱所占体积，不扣除梁头、板头、檩头、垫木、木楞头、沿缘木、木砖、门窗走头、石墙内加固钢筋、木筋、铁件、钢管及单个面积 ≤ 0.3 m² 的孔洞所占的体积。凸出墙面的腰线、挑檐、压顶、窗台线、虎头砖、门窗套的体积亦不增加。凸出墙面的砖垛并入墙体体积内计算。 1. 墙长度：外墙按中心线、内墙按净长计算。 2. 墙高度： （1）外墙：斜（坡）屋面无檐口天棚者算至屋面板底；有屋架且室内外均有天棚者算至屋架下弦底另加 200 mm；无天棚者算至屋架下弦底另加 300 mm，出檐宽度超过 600 mm 时按实砌高度计算；有钢筋混凝土楼板隔层者算至板顶；平屋顶算至钢筋混凝土板底	1. 砂浆制作、运输 2. 吊装 3. 砌石 4. 石表面加工 5. 勾缝 6. 材料运输

项目编码	项目名称	项目特征	计量单位	工程量计算规则	工作内容
010403003	石墙	1. 石料种类、规格 2. 石表面加工要求 3. 勾缝要求 4. 砂浆强度等级、配合比	m³	（2）内墙：位于屋架下弦者，算至屋架下弦底；无屋架者算至天棚底另加 100 mm；有钢筋混凝土楼板隔层者算至楼板顶；有框架梁时算至梁底。 （3）女儿墙：从屋面板上表面算至女儿墙顶面（如有混凝土压顶时算至压顶下表面）。 （4）内、外山墙：按其平均高度计算。 3. 围墙：高度算至压顶上表面（如有混凝土压顶时算至压顶下表面），围墙柱并入围墙体积内	1. 砂浆制作、运输 2. 吊装 3. 砌石 4. 石表面加工 5. 勾缝 6. 材料运输
010403004	石挡土墙			按设计图示尺寸以体积计算	1. 砂浆制作、运输 2. 吊装 3. 砌石 4. 变形缝、泄水孔、压顶抹灰 5. 滤水层 6. 勾缝 7. 材料运输
010403005	石柱				1. 砂浆制作、运输 2. 吊装 3. 砌石 4. 石表面加工 5. 勾缝 6. 材料运输
010403006	石栏杆		m	按设计图示以长度计算	
010403007	石护坡	1. 垫层材料种类、厚度 2. 石料种类、规格 3. 护坡厚度、高度 4. 石表面加工要求 5. 勾缝要求 6. 砂浆强度等级、配合比	m³	按设计图示尺寸以体积计算	1. 铺设垫层 2. 石料加工 3. 砂浆制作、运输 4. 砌石 5. 石表面加工 6. 勾缝 7. 材料运输
010403008	石台阶		m³		
010403009	石坡道		m²	按设计图示以水平投影面积计算	

项目编码	项目名称	项目特征	计量单位	工程量计算规则	工作内容
010403010	石地沟、明沟	1. 沟截面尺寸 2. 土壤类别、运距 3. 垫层材料种类、厚度 4. 石料种类、规格 5. 石表面加工要求 6. 勾缝要求 7. 砂浆强度等级、配合比	m	按设计图示以中心线长度计算	1. 土方挖、运 2. 砂浆制作、运输 3. 铺设垫层 4. 砌石 5. 石表面加工 6. 勾缝 7. 回填 8. 材料运输

工程量清单项目应用说明如下：

（1）石基础、石勒脚、石墙的划分：基础与勒脚应以设计室外地坪为界。勒脚与墙身应以设计室内地面为界。石围墙内外地坪标高不同时，应以较低地坪标高为界，以下为基础；内外标高之差为挡土墙时，挡土墙以上为墙身。

（2）"石基础"项目适用于各种规格（粗料石、细料石等）、各种材质（砂石、青石等）和各种类型（柱基、墙基、直形、弧形等）基础。

（3）"石勒脚""石墙"项目适用于各种规格（粗料石、细料石等）、各种材质（砂石、青石、大理石、花岗石等）和各种类型（直形、弧形等）勒脚和墙体。

（4）"石挡土墙"项目适用于各种规格（粗料石、细料石、块石、毛石、卵石等）、各种材质（砂石、青石、石灰石等）和各种类型（直形、弧形、台阶形等）挡土墙。

（5）"石柱"项目适用于各种规格、各种石质、各种类型的石柱。

（6）"石栏杆"项目适用于无雕饰的一般石栏杆。

（7）"石护坡"项目适用于各种石质和各种石料（粗料石、细料石、片石、块石、毛石、卵石等）。

（8）"石台阶"项目包括石梯带（垂带），不包括石梯膀，石梯膀应按"计算规范"附录C石挡土墙项目编码列项。

（9）如施工图设计标注做法见标准图集时，应注明标注图集的编码、页号及节点大样。

（四）垫层

垫层工程量清单项目设置、项目特征描述的内容、计量单位及工程量计算规则，应按表3-4-4的规定执行。

表3-4-4　垫层（编码：010404）

项目编码	项目名称	项目特征	计量单位	工程量计算规则	工作内容
010404001	垫层	垫层材料种类、配合比、厚度	m³	按设计图示尺寸以立方米计算	1. 垫层材料的拌制 2. 垫层铺设 3. 材料运输

三、工程量计算方法

1. 标准砖尺寸

标准砖尺寸应为 240 mm×115 mm×53 mm。

2. 标准砖墙厚度

标准砖墙厚度应按表 3-4-5 的规定计算。

表 3-4-5 标准墙计算厚度表

砖数（厚度）	1/4	1/2	3/4	1	$1\frac{1}{2}$	2	$2\frac{1}{2}$	3
计算厚度 /mm	53	115	180	240	365	490	615	740

3. 砖墙体工程量

（1）计算公式。

$$外墙毛面积 = 墙长（L_{中}）\times 墙高（H）(m^2)$$
$$外墙净面积 = 外墙毛面积 - 门窗洞口面积 - 0.3\ m^2\ 以上其他洞口面积（m^2）$$

扣除墙体内部：柱体积（来自钢筋混凝土柱的体积工程量）、圈梁体积（来自钢筋混凝土圈梁的体积工程量）、过梁体积（来自钢筋混凝土过梁的体积工程量）。

增加下列体积：女儿墙、垃圾道、砖垛、三皮以上砖挑檐、腰线体积。即

$$V = 外墙净面积 \times 墙厚 - 扣除墙体内部的体积 + 需增加的体积$$

式中　墙长（$L_{中}$）——外墙中心线的长度（m）。

（2）计算规则。

1）墙长度。外墙长度按外墙中心线计算，内墙长度按内墙净长计算。

①内墙与外墙丁字相交时［图 3-4-5（a）］，计算内墙长度时算至外墙里边线。

②内墙与内墙 L 形相交时［图 3-4-5（b）］，两面内墙的长度均算至中心线。

③内墙与内墙十字相加时［图 3-4-5（c）］，按较厚墙体的内墙长度计算，较薄墙体的内墙的长度算至较厚墙体的外边线处。

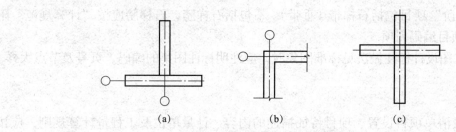

图 3-4-5 内墙与内、外墙相交

2）墙高度。

①外墙：按设计图示尺寸计算，斜（坡）屋面无檐口天棚者算至屋面板底，如图 3-4-6（a）所示；有屋架且室内外均有天棚者算至屋架下弦底另加 200 mm，如图 3-4-6（b）所示；无天棚者算至屋架下弦底另加 300 mm，出檐宽度超过 600 mm 时按实砌高度计算，如图 3-4-6（c）所示；有钢筋混凝土楼板隔层算至板顶，如图 3-4-7（a）所示；平屋顶算至

钢筋混凝土板底，如图 3-4-7（b）所示；有框架梁时算至梁底，如图 3-4-7（c）所示。

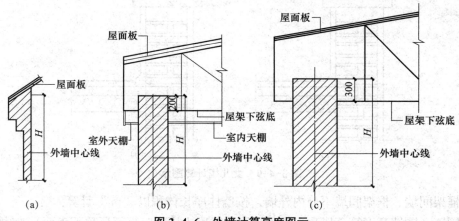

图 3-4-6 外墙计算高度图示

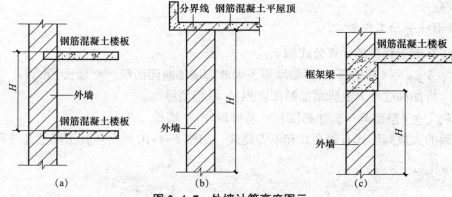

图 3-4-7 外墙计算高度图示

②内墙：位于屋架下弦者，算至屋架下弦底，如图 3-4-8（a）所示；无屋架者算至天棚底另加 100 mm，如图 3-4-8（b）所示；有钢筋混凝土楼板隔层者算至楼板顶；有框架梁时算至梁底。

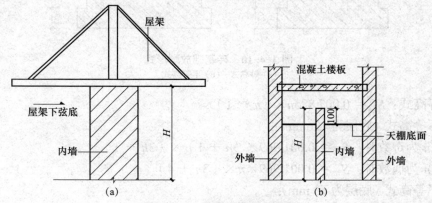

图 3-4-8 内墙计算高度图示

③女儿墙：从屋面板上表面算至女儿墙顶面，如图 3-4-9（a）所示；如有钢筋混凝土压顶时，算至压顶下表面，如图 3-4-9（b）所示。

④内、外山墙：按其平均高度计算。

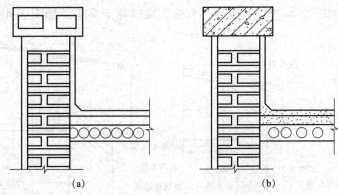

图 3-4-9 女儿墙计算图示

3）框架间墙，框架间墙不分内外墙，按墙体净长体积以"m³"计算。

4）围墙，围墙高度算至压顶上表面（如有混凝土压顶时算至压顶下表面），围墙柱并入围墙体积内。

4. 条形砖基础工程量

条形砖基础工程量的计算公式如下：

$$V_{砖基}＝（基础高 × 基础墙厚＋大放脚增加断面面积）× 墙长 （m^3）$$

若设 折加高度＝大放脚增加断面面积 ÷ 基础墙厚

则 $V_{砖基}＝（基础高＋折加高度）× 基础墙厚 × 墙长$

砖基础的大放脚形式有等高式和不等高式，如图 3-4-10 所示。其工程量合并到砖基础计算。

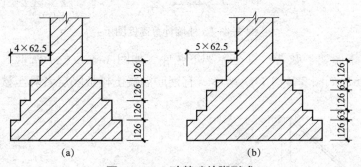

图 3-4-10 砖基础放脚形式
(a) 等高式；(b) 不等高式

（1）等高式：$S_{墙}＝ 0.007\,875n×（n＋1）$

（2）不等高式（底层为 126 mm）：

1）当 n 为奇数时：$S_{墙}＝ 0.001\,969×（n＋1）×（3n＋1）$

2）当 n 为偶数时：$S_{墙}＝ 0.001\,969×n×（3n＋4）$

（3）不等高式（底层为 63 mm）：

1）当 n 为奇数时：$S_{墙}＝ 0.001\,969×（n＋1）×（3n－1）$

2）当 n 为偶数时：$S_{墙}＝ 0.001\,969×n×（3n＋2）$

式中 $S_{墙}$——砖基础大放脚折加的截面增加面积；

n——砖基础大放脚的层数。

大放脚的折加高度或大放脚增加面积可根据砖基础的大放脚形式、大放脚错台层数从表 3-4-6、表 3-4-7 中查得。

表 3-4-6　标准砖等高式砖墙基大放脚折加高度表

放脚层数	折加高度 /m						增加断面面积 /m²
	1/2 砖（0.115）	2 砖（0.24）	1（1/2）砖（0.365）	2 砖（0.49）	2（1/2）砖（0.615）	3 砖（0.74）	
一	0.137	0.063	0.043	0.032	0.026	0.021	0.015 75
二	0.411	0.197	0.129	0.096	0.077	0.064	0.047 25
三	0.822	0.394	0.259	0.193	0.154	0.128	0.094 5
四	1.369	0.656	0.432	0.321	0.259	0.213	0.157 5
五	2.054	0.984	0.647	0.482	0.384	0.319	0.236 3
六	2.876	1.378	0.906	0.675	0.538	0.447	0.330 8
七	—	1.838	1.208	0.900	0.717	0.596	0.441 0
八	—	2.363	1.553	1.157	0.922	0.766	0.567 0
九	—	2.953	1.942	1.447	1.153	0.958	0.708 8
十	—	3.609	2.373	1.768	1.409	1.717	0.866 3

注：1. 本表按标准砖双面放脚，每层等高 12.6 cm（二皮砖，二灰缝）砌出 6.25 cm 计算。
　　2. 本表折加墙基高度的计算，以 240×115×53（mm）标准砖，1 cm 灰缝及双面大放脚为准。
　　3. 折加高度（m）=放脚断面面积（m²）/墙厚（m）。
　　4. 采用折加高度数字时，取两位小数，第三位以后四舍五入。采用增加断面数字时，取三位小数，第四位以后四舍五入。

表 3-4-7　标准砖间隔式墙基大放脚折加高度表

放脚层数	折加高度 /m						增加断面面积 /m²
	1/2 砖（0.115）	2 砖（0.24）	1（1/2）砖（0.365）	2 砖（0.49）	2（1/2）砖（0.615）	3 砖（0.74）	
一	0.137	0.066	0.043	0.032	0.026	0.021	0.015 8
二	0.343	0.164	0.108	0.080	0.064	0.053	0.039 4
三	0.685	0.320	0.216	0.161	0.128	0.106	0.078 8
四	1.096	0.525	0.345	0.257	0.205	0.170	0.126 0
五	1.643	0.788	0.518	0.386	0.307	0.255	0.189 0
六	2.260	1.083	0.712	0.530	0.423	0.331	0.259 7
七	—	1.444	0.949	0.707	0.563	0.468	0.346 5
八	—	—	1.208	0.900	0.717	0.596	0.441 0
九	—	—	—	1.125	0.896	0.745	0.551 3
十	—	—	—	1.088	0.905		0.669 4

注：1. 本表适用于间隔式砖墙基大放脚（即底层为二皮砖高 12.6 cm，上层为一皮砖高 6.3 cm，每边每层砌出 6.25 cm）。
　　2. 本表折加墙基高度的计算，以 240×115×53（mm）标准砖，1 cm 灰缝及双面大放脚为准。
　　3. 本表砖墙基础体积计算公式与表 3-4-6（等高式砖墙基）同。

四、计算实例

【例 3-4-1】 根据图 3-4-11 所示的基础施工图有关尺寸，计算砖基础的长度（基础墙厚均为 240 mm）。

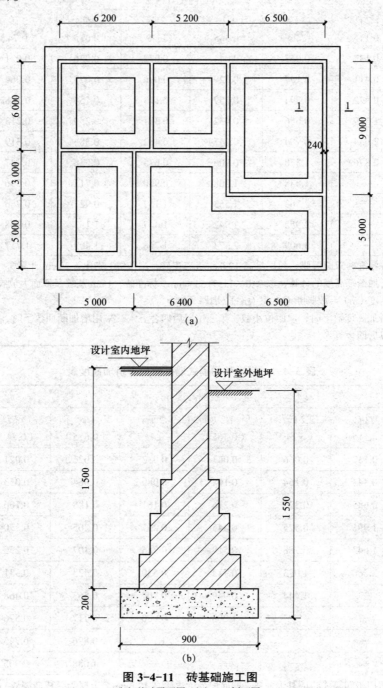

图 3-4-11 砖基础施工图
(a) 基础平面图；(b) 1-1 剖面图

解：（1）外墙砖基础长（$L_{中}$）。

$$L_{中} = [(5 + 3 + 6) + (5 + 6.4 + 6.5)] \times 2 = 63.8 \, (m)$$

（2）内墙砖基础净长（$L_内$）。

$$L_内=（6-0.24）+（9-0.24）+（5+3-0.24）+（6.2+5.2-0.24）+6.5=39.94（m）$$

【例 3-4-2】 某建筑采用 M5 水泥砂浆砌砖基础，如图 3-4-12 所示，试计算其工程量（墙厚均为 240 mm）。

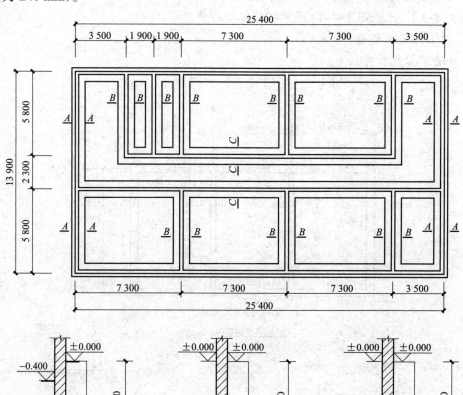

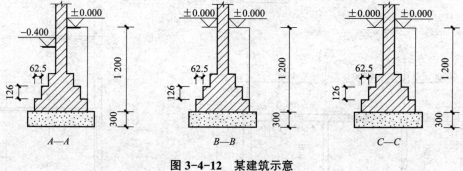

图 3-4-12 某建筑示意

解：（1）外墙中心线长。

$$（25.4+13.9）×2=78.6（m）$$

（2）内墙净长。

$$（5.8-0.24）×8=44.48（m）$$

（3）C—C 基础长。

$$（25.4-0.24）+（7.3+1.9）×2=43.56（m）$$

（4）砖基础体积。

1）A—A 基础：

$$0.24×（1.2+0.394）×78.6=30.07（m^3）$$

2）B—B 基础：

$$0.24×（1.2+0.656）×44.48=19.81（m^3）$$

3）C—C基础：

$$0.24 \times (1.2 + 0.394) \times 43.56 = 16.66 \, (\text{m}^3)$$

$V = [$墙长（$L_{中}$）$\times$墙高（H）$-$门窗洞口面积$-0.3 \, \text{m}^2$以上其他洞口面积$] \times$墙厚

$\quad = 30.07 + 19.81 + 16.66 = 66.54 \, (\text{m}^3)$

【例3-4-3】 计算图3-4-13所示的墙体工程量。

解：（1）外墙工程量。

1）外墙中心线长度：

$$L_{外} = (4 \times 3 + 6.5) \times 2 = 37 \, (\text{m})$$

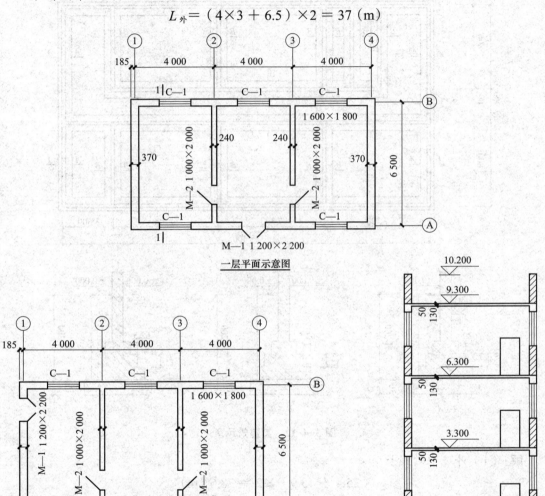

图3-4-13 某工程平、剖面示意

2）外墙面积：

$$S_{外} = 37 \times (3.3 + 3 \times 2 + 0.9) - 1.2 \times 2.2 \times 3 - 1.6 \times 1.8 \times 17 = 320.52 \, (\text{m}^2)$$

（2）内墙工程量。

1）内墙净长度：

$$L_{内} = (6.5 - 0.365) \times 2 = 12.27 \, (\text{m})$$

2）内墙面积：
$$S_{内墙} = 12.27 \times (9.3 - 0.13 \times 3) - 1 \times 2 \times 6 = 97.33 \ (m^2)$$

（3）墙体总工程量：

$$
\begin{aligned}
V &= (320.52 \times 0.365 + 97.33 \times 0.24) - [(4 \times 3 + 6.5) \times 2 \times 0.365 \times \\
&\quad 0.18 + (6.5 - 0.365) \times 2 \times 0.24 \times 0.18] \\
&= 137.39 \ (m^3)
\end{aligned}
$$

任务五 混凝土及钢筋混凝土工程

一、混凝土工程清单项目

（一）混凝土工程清单项目设置及计算规则

混凝土工程各分部分项工程量清单项目编码、项目名称、项目特征描述的内容、计量单位、工程量计算规则及工作内容见表 3-5-1～表 3-5-14。

1. 现浇混凝土基础

现浇混凝土基础工程量清单项目设置、项目特征描述的内容、计量单位、工程量计算规则，应按表 3-5-1 的规定执行。

表 3-5-1 现浇混凝土基础（编码：010501）

项目编码	项目名称	项目特征	计量单位	工程量计算规则	工作内容
010501001	垫层				
010501002	带形基础	1. 混凝土种类 2. 混凝土强度等级	m³	按设计图示尺寸以体积计算。不扣除伸入承台基础的桩头所占体积	1. 模板及支撑制作、安装、拆除、堆放、运输及清理模内杂物、刷隔离剂等 2. 混凝土制作、运输、浇筑、振捣、养护
010501003	独立基础				
010501004	满堂基础				
010501005	桩承台基础				
010501006	设备基础	1. 混凝土种类 2. 混凝土强度等级 3. 灌浆材料及其强度等级			

2. 现浇混凝土柱

现浇混凝土柱工程量清单项目设置、项目特征描述的内容、计量单位、工程量计算规则，应按表 3-5-2 的规定执行。

表 3-5-2　现浇混凝土柱（编码：010502）

项目编码	项目名称	项目特征	计量单位	工程量计算规则	工作内容
010502001	矩形柱	1. 混凝土种类 2. 混凝土强度等级	m³	按设计图示尺寸以体积计算。柱高： 1. 有梁板的柱高，应自柱基上表面（或楼板上表面）至上一层楼板上表面之间的高度计算。 2. 无梁板的柱高，应自柱基上表面（或楼板上表面）至柱帽下表面之间的高度计算。 3. 框架柱的柱高：应自柱基上表面至柱顶高度计算。 4. 构造柱按全高计算，嵌接墙体部（马牙槎）并入柱身体积。 5. 依附柱上的牛腿和升板的柱帽，并入柱身体积计算	1. 模板及支架（撑）制作、安装、拆除、堆放、运输及清理模内杂物、刷隔离剂等 2. 混凝土制作、运输、浇筑、振捣、养护
010502002	构造柱				
010502003	异形柱	1. 柱形状 2. 混凝土种类 3. 混凝土强度等级			

3. 现浇混凝土梁

现浇混凝土梁工程量清单项目设置、项目特征描述的内容、计量单位、工程量计算规则，应按表 3-5-3 的规定执行。

表 3-5-3　现浇混凝土梁（编码：010503）

项目编码	项目名称	项目特征	计量单位	工程量计算规则	工作内容
010503001	基础梁	1. 混凝土种类 2. 混凝土强度等级	m³	按设计图示尺寸以体积计算。伸入墙内的梁头、梁垫并入梁体积内。 梁长： 1. 梁与柱连接时，梁长算至柱侧面。 2. 主梁与次梁连接时，次梁长算至主梁侧面	1. 模板及支架（撑）制作、安装、拆除、堆放、运输及清理模内杂物、刷隔离剂等 2. 混凝土制作、运输、浇筑、振捣、养护
010503002	矩形梁				
010503003	异形梁				
010503004	圈梁				
010503005	过梁				
010503006	弧形、拱形梁				

4. 现浇混凝土墙

现浇混凝土墙工程量清单项目设置、项目特征描述的内容、计量单位、工程量计算规则，应按表 3-5-4 的规定执行。

表 3-5-4　现浇混凝土墙（编码：010504）

项目编码	项目名称	项目特征	计量单位	工程量计算规则	工作内容
010504001	直形墙	1. 混凝土种类 2. 混凝土强度等级	m³	按设计图示尺寸以体积计算。 扣除门窗洞口及单个面积>0.3 m² 的孔洞所占体积，墙垛及凸出墙面部分并入墙体体积内计算	1. 模板及支架（撑）制作、安装、拆除、堆放、运输及清理模内杂物、刷隔离剂等 2. 混凝土制作、运输、浇筑、振捣、养护
010504002	弧形墙				
010504003	短肢剪力墙				
010504004	挡土墙				

5. 现浇混凝土板

现浇混凝土板工程量清单项目设置、项目特征描述的内容、计量单位、工程量计算规则，应按表 3-5-5 的规定执行。

表 3-5-5　现浇混凝土板（编码：010505）

项目编码	项目名称	项目特征	计量单位	工程量计算规则	工作内容
010505001	有梁板	1. 混凝土种类 2. 混凝土强度等级	m³	按设计图示尺寸以体积计算，不扣除单个面积≤0.3 m² 的柱、垛以及孔洞所占体积。 压形钢板混凝土楼板扣除构件内压形钢板所占体积。 有梁板（包括主、次梁与板）按梁、板体积之和计算，无梁板按板和柱帽体积之和计算，各类板伸入墙内的板头并入板体积内，薄壳板的肋、基梁并入薄壳体积内计算	1. 模板及支架（撑）制作、安装、拆除、堆放、运输及清理模内杂物、刷隔离剂等 2. 混凝土制作、运输、浇筑、振捣、养护
010505002	无梁板				
010505003	平板				
010505004	拱板				
010505005	薄壳板				
010505006	栏板				
010505007	天沟（檐沟）、挑檐板			按设计图示尺寸以体积计算	
010505008	雨篷、悬挑板、阳台板			按设计图示尺寸以墙外部分体积计算。包括伸出墙外的牛腿和雨篷反挑檐的体积	
010505009	空心板			按设计图示尺寸以体积计算。空心板（GBF 高强薄壁蜂巢芯板等）应扣除空心部分体积	
010505010	其他板			按设计图示尺寸以体积计算	

6. 现浇混凝土楼梯

现浇混凝土楼梯工程量清单项目设置、项目特征描述的内容、计量单位、工程量计算规则，应按表 3-5-6 的规定执行。

表 3-5-6　现浇混凝土楼梯（编码：010506）

项目编码	项目名称	项目特征	计量单位	工程量计算规则	工作内容
010506001	直形楼梯	1. 混凝土种类 2. 混凝土强度等级	1. m² 2. m³	1. 以平方米计量，按设计图示尺寸以水平投影面积计算。不扣除宽度≤500 mm 的楼梯井，伸入墙内部分不计算。 2. 以立方米计量，按设计图示尺寸以体积计算	1. 模板及支架（撑）制作、安装、拆除、堆放、运输及清理模内杂物、刷隔离剂等 2. 混凝土制作、运输、浇筑、振捣、养护
010506002	弧形楼梯				

7. 现浇混凝土其他构件

现浇混凝土其他构件工程量清单项目设置、项目特征描述的内容、计量单位、工程量计算规则，应按表 3-5-7 的规定执行。

表 3-5-7　现浇混凝土其他构件（编码：010507）

项目编码	项目名称	项目特征	计量单位	工程量计算规则	工作内容
010507004	台阶	1. 踏步高、宽 2. 混凝土种类 3. 混凝土强度等级	1. m² 2. m³	1. 以平方米计量，按设计图示尺寸水平投影面积计算 2. 以立方米计量，按设计图示尺寸以体积计算	1. 模板及支撑制作、安装、拆除、堆放、运输及清理模内杂物、刷隔离剂等 2. 混凝土制作、运输、浇筑、振捣、养护
010507005	扶手、压顶	1. 断面尺寸 2. 混凝土种类 3. 混凝土强度等级	1. m 2. m³	1. 以米计量，按设计图示的中心线延长米计算 2. 以立方米计量，按设计图示尺寸以体积计算	1. 模板及支架（撑）制作、安装、拆除、堆放、运输及清理模内杂物、刷隔离剂等 2. 混凝土制作、运输、浇筑、振捣、养护
010507006	化粪池、检查井	1. 部位 2. 混凝土强度等级 3. 防水、抗渗要求	1. m³ 2. 座	1. 按设计图示尺寸以体积计算 2. 以座计量，按设计图示数量计算	
010507007	其他构件	1. 构件的类型 2. 构件规格 3. 部位 4. 混凝土种类 5. 混凝土强度等级	m³		

8. 现浇混凝土后浇带

现浇混凝土后浇带工程量清单项目设置、项目特征描述的内容、计量单位、工程量计算规则，应按表 3-5-8 的规定执行。

表 3-5-8　后浇带（编码：010508）

项目编码	项目名称	项目特征	计量单位	工程量计算规则	工作内容
010508001	后浇带	1. 混凝土种类 2. 混凝土强度等级	m³	按设计图示尺寸以体积计算	1. 模板及支架（撑）制作、安装、拆除、堆放、运输及清理模内杂物、刷隔离剂等 2. 混凝土制作、运输、浇筑、振捣、养护及混凝土交接面、钢筋等的清理

9. 预制混凝土柱

预制混凝土柱工程量清单项目设置、项目特征描述的内容、计量单位、工程量计算规则，应按表 3-5-9 的规定执行。

表 3-5-9　预制混凝土柱（编码：010509）

项目编码	项目名称	项目特征	计量单位	工程量计算规则	工作内容
010509001	矩形柱	1. 图代号 2. 单件体积 3. 安装高度 4. 混凝土强度等级 5. 砂浆（细石混凝土）强度等级、配合比	1. m³ 2. 根	1. 以立方米计量，按设计图示尺寸以体积计算 2. 以根计量，按设计图示尺寸以数量计算	1. 模板制作、安装、拆除、堆放、运输及清理模内杂物、刷隔离剂等 2. 混凝土制作、运输、浇筑、振捣、养护 3. 构件运输、安装 4. 砂浆制作、运输 5. 接头灌缝、养护
010509002	异形柱				

10. 预制混凝土梁

预制混凝土梁工程量清单项目设置、项目特征描述的内容、计量单位、工程量计算规则，应按表 3-5-10 的规定执行。

表 3-5-10　预制混凝土梁（编码：010510）

项目编码	项目名称	项目特征	计量单位	工程量计算规则	工作内容
010510001	矩形梁	1. 图代号 2. 单件体积 3. 安装高度 4. 混凝土强度等级 5. 砂浆（细石混凝土）强度等级、配合比	1. m³ 2. 根	1. 以立方米计量，按设计图示尺寸以体积计算 2. 以根计量，按设计图示尺寸以数量计算	1. 模板制作、安装、拆除、堆放、运输及清理模内杂物、刷隔离剂等 2. 混凝土制作、运输、浇筑、振捣、养护 3. 构件运输、安装 4. 砂浆制作、运输 5. 接头灌缝、养护
010510002	异形梁				
010510003	过梁				
010510004	拱形梁				
010510005	鱼腹式吊车梁				
010510006	其他梁				

11. 预制混凝土屋架

预制混凝土屋架工程量清单项目设置、项目特征描述的内容、计量单位、工程量计算规则，应按表 3-5-11 的规定执行。

表 3-5-11　预制混凝土屋架（编码：010511）

项目编码	项目名称	项目特征	计量单位	工程量计算规则	工作内容
010511001	折线型	1. 图代号 2. 单件体积 3. 安装高度 4. 混凝土强度等级 5. 砂浆（细石混凝土）强度等级、配合比	1. m³ 2. 榀	1. 以立方米计量，按设计图示尺寸以体积计算 2. 以榀计量，按设计图示尺寸以数量计算	1. 模板制作、安装、拆除、堆放、运输及清理模内杂物、刷隔离剂等 2. 混凝土制作、运输、浇筑、振捣、养护 3. 构件运输、安装 4. 砂浆制作、运输 5. 接头灌缝、养护
010511002	组合				
010511003	薄腹				
010511004	门式刚架				
010511005	天窗架				

12. 预制混凝土板

预制混凝土板工程量清单项目设置、项目特征描述的内容、计量单位、工程量计算规则，应按表 3-5-12 的规定执行。

表 3-5-12　预制混凝土板（编码：010512）

项目编码	项目名称	项目特征	计量单位	工程量计算规则	工作内容
010512001	平板	1. 图代号 2. 单件体积 3. 安装高度 4. 混凝土强度等级 5. 砂浆（细石混凝土）强度等级、配合比	1. m³ 2. 块	1. 以立方米计量，按设计图示尺寸以体积计算。不扣除单个面积 ≤ 300 mm×300 mm 的孔洞所占体积，扣除空心板空洞体积。 2. 以块计量，按设计图示尺寸以数量计算	1. 模板制作、安装、拆除、堆放、运输及清理模内杂物、刷隔离剂等 2. 混凝土制作、运输、浇筑、振捣、养护 3. 构件运输、安装 4. 砂浆制作、运输 5. 接头灌缝、养护
010512002	空心板				
010512003	槽形板				
010512004	网架板				
010512005	折线板				
010512006	带肋板				
010512007	大型板				
010512008	沟盖板、井盖板、井圈	1. 单件体积 2. 安装高度 3. 混凝土强度等级 4. 砂浆强度等级、配合比	1. m³ 2. 块（套）	1. 以立方米计量，按设计图示尺寸以体积计算。 2. 以块计量，按设计图示尺寸以数量计算	

13. 预制混凝土楼梯

预制混凝土楼梯工程量清单项目设置、项目特征描述的内容、计量单位、工程量计算规则，应按的规表 3-5-13 的规定执行。

表 3-5-13　预制混凝土楼梯（编码：010513）

项目编码	项目名称	项目特征	计量单位	工程量计算规则	工作内容
010513001	楼梯	1. 楼梯类型 2. 单件体积 3. 混凝土强度等级 4. 砂浆（细石混凝土）强度等级	1. m³ 2. 段	1. 以立方米计量，按设计图示尺寸以体积计算。扣除空心踏步板空洞体积。 2. 以段计量，按设计图示数量计算	1. 模板制作、安装、拆除、堆放、运输及清理模内杂物、刷隔离剂等 2. 混凝土制作、运输、浇筑、振捣、养护 3. 构件运输、安装 4. 砂浆制作、运输 5. 接头灌缝、养护

14. 其他预制构件

工程量清单项目设置、项目特征描述的内容、计量单位、工程量计算规则应按表 3-5-14 的规定执行。

表 3-5-14　其他预制构件（编码：010514）

项目编码	项目名称	项目特征	计量单位	工程量计算规则	工作内容
010514001	垃圾道、通风道、烟道	1. 单件体积 2. 混凝土强度等级 3. 砂浆强度等级	1. m³ 2. m² 3. 根（块、套）	1. 以立方米计量，按设计图示尺寸以体积计算。不扣除单个面积≤300 mm×300 mm的孔洞所占体积，扣除烟道、垃圾道、通风道的孔洞所占体积。 2. 以平方米计量，按设计图示尺寸以面积计算。不扣除单个面积≤300 mm×300 mm的孔洞所占面积。 3. 以根计量，按设计图示尺寸以数量计算	1. 模板制作、安装、拆除、堆放、运输及清理模内杂物、刷隔离剂等 2. 混凝土制作、运输、浇筑、振捣、养护 3. 构件运输、安装 4. 砂浆制作、运输 5. 接头灌缝、养护
010514002	其他构件	1. 单件体积 2. 构件的类型 3. 混凝土强度等级 4. 砂浆强度等级			

（二）混凝土工程计量相关规定

1. 现浇混凝土基础计量相关规定

（1）有肋带形基础、无肋带形基础应按表 3-5-1 现浇混凝土基础中相关项目列项，并注明肋高。

（2）箱式满堂基础中柱、梁、墙、板按表 3-5-2 现浇混凝土柱、表 3-5-3 现浇混凝土梁、表 3-5-4 现浇混凝土墙、表 3-5-5 现浇混凝土板相关项目分别编码列项；箱式满堂基础底板按现浇混凝土基础中的满堂基础项目列项。

（3）框架式设备基础中柱、梁、墙、板分别按表 3-5-2 现浇混凝土柱、表 3-5-3 现浇混凝土梁、表 3-5-4 现浇混凝土墙、表 3-5-5 现浇混凝土板相关项目编码列项；基础部分按 3-5-1 相关项目编码列项。

（4）如为毛石混凝土基础，项目特征应描述毛石所占比例。

2. 现浇混凝土柱计量相关规定

混凝土种类是指清水混凝土、彩色混凝土等，如在同一地区既使用预拌（商品）混凝土，又允许现场搅拌混凝土时，也应注明。

3. 现浇混凝土墙计量相关规定

短肢剪力墙是指截面厚度不大于 300 mm、各肢截面高度与厚度之比的最大值大于 4 但不大于 8 的剪力墙；各肢截面高度与厚度之比的最大值不大于 4 的剪力墙按柱项目编码列项。

4. 现浇混凝土板计量相关规定

现浇挑檐、天沟板、雨篷、阳台与板（包括屋面板、楼板）连接时，以外墙外边线为分界线；与圈梁（包括其他梁）连接时，以梁外边线为分界如图 3-5-1、图 3-5-2 所示。

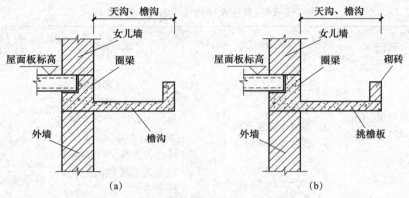

图 3-5-1 现浇挑檐天沟与板、梁划分

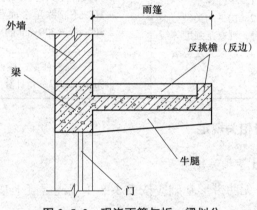

图 3-5-2 现浇雨篷与板、梁划分

5. 现浇混凝土楼梯计量相关规定

整体楼梯（包括直形楼梯、弧形楼梯）水平投影面积包括休息平台、平台梁、斜梁和楼梯的连接梁。当整体楼梯与现浇楼板无梯梁连接时，以楼梯的最后一个踏步边缘加 300 mm 为界。

6. 现浇混凝土其他构件计量相关规定

（1）现浇混凝土小型池槽、垫块、门框等，应按表 3-5-7 中其他构件（010507007）项目编码列项。

（2）架空式混凝土台阶，按现浇楼梯计算。

7. 预制混凝土构件计量相关规定

（1）预制混凝土柱以根计量，必须描述单件体积。

（2）预制混凝土梁以根计量，必须描述单件体积。

（3）预制混凝土屋架。

1）以榀计量，必须描述单件体积。

2）三角形屋架应按表 3-5-11 中折线型屋架项目编码列项。

（4）预制混凝土板。

1）以块、套计量，必须描述单件体积。

2）不带肋的预制遮阳板、雨篷板、挑檐板、拦板等，应按表 3-5-12 预制混凝土板中平板项目编码列项。

3）预制 F 形板、双 T 形板、单肋板和带反挑檐的雨篷板、挑檐板、遮阳板等，应按表 3-5-12 预制混凝土板中带肋板项目编码列项。

4）预制大型墙板、大型楼板、大型屋面板等，应按表 3-5-12 预制混凝土板中大型板项目编码列项。

（5）预制混凝土楼梯以段计量，必须描述单件体积。

（6）其他预制构件。

1）以块、根计量，必须描述单件体积。

2）预制钢筋混凝土小型池槽、压顶、扶手、垫块、隔热板、花格等，按表 3-5-14 中其他构件（010514002）项目编码列项。

（三）混凝土工程量计算

1. 垫层

基础下的混凝土垫层及楼地面下的混凝土垫层均按表 3-5-1 中垫层项目编码列项，如垫层为其他材料（灰土、三合土等）按表 3-4-4 编码列项。

垫层的形式按照基础的类型分为线式垫层和面式垫层。一般条形基础下的垫层为线式；独立基础、满堂基础下的垫层为面式垫层。垫层工程量按设计图示尺寸以体积计算，不扣除伸入承台基础的桩头所占体积。

（1）条形基础垫层工程量 $=\left(\sum L_{中}+\sum L_{净}\right)\times$ 垫层宽 × 垫层厚度，$\sum L_{中}$ 为外墙下条形基础中心线之和；$\sum L_{净}$ 为内墙下条形基础垫层净长线之和。

（2）独立基础、桩承台基础及满堂基础垫层工程量 = 设计长度 × 设计宽度 × 厚度。

注意：一般垫层的长度与宽度比基础的长度与宽度宽 100 mm。

2. 现浇混凝土基础

常见的混凝土基础有独立基础、杯形基础、带形基础、桩承台基础、无梁式满堂基础、箱形基础、设备基础等。

（1）独立基础（图 3-5-3）。

1）特点：独立基础在框架柱下，其特点是柱子和基础整浇为一体。

2）基础与柱子划分：独立基础与柱子的划分以柱基上表面为分界线，以上为柱子，以下为柱基。

3）独立基础工程量计算按图示尺寸以体积计算，其形式有阶梯形独立基础及四棱锥台形独立基础，如图 3-5-4（a）、（b）所示。

①阶梯形独立基础的体积 $=a\times b\times h_1+a_1\times b_1\times h_2$。

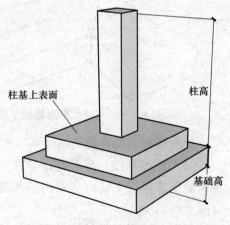

图 3-5-3 基础与柱子划分三维立体图

柱基上表面

柱高

基础高

②四棱锥台形独立基础体积＝$h_{2/6}[a_1b_1+(a_1+a)\times(b_1+b)+ab]+a\times b\times h_1$。

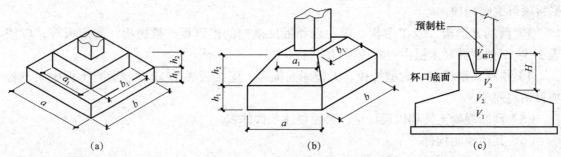

图 3-5-4　独立基础示意图

(a) 阶梯形基础；(b) 四棱锥台形基础；(c) 杯形基础

（2）带形基础。按设计图示尺寸以体积计算，有肋式带形基础图如图 3-5-5 所示。其计算公式如下：

$$V=S\times L+V_{搭接}$$

式中　S——带形基础断面面积。

L——带形基础长度，取定如下：

1）外墙基础：按外墙中心线 $L_{中}$ 计算；

2）内墙基础：按基底净长线 $L_{净}$ 计算；

3）独立基础间带基：按基底净长线 $L_{基净}$ 计算；

$V_{搭接}$——基础搭接体积按图示尺寸计算。常见的两搭接基础各截面部位高度一致时，则搭接体积如图 3-5-6 所示。

$$V_{搭接}=b\times H\times L_{搭接}+[(B+2b)/6]\times h_1\times L_{搭接}$$

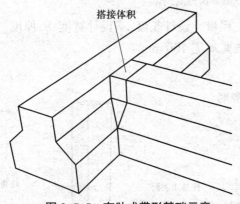

图 3-5-5　有肋式带形基础示意

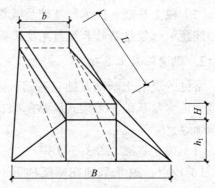

图 3-5-6　搭接体积示意

如两搭接基础各截面高度不一致时，则应按图示设计尺寸结合搭接形体计算体积。

（3）杯形基础。杯形基础是在天然地基上浅埋的预制钢筋混凝土柱下单独基础，它是预制装配式单层工业厂房常用的基础形式（图 3-5-7）。基础的顶部做成杯口，以便于钢筋混凝土柱的插入。

杯形基础工程量计算按图示尺寸以体积计算，计算时应扣除杯芯所占体积。其计算公式为

$$V=下部立方体+中部棱台体+上部立方体-杯口空心棱台体$$

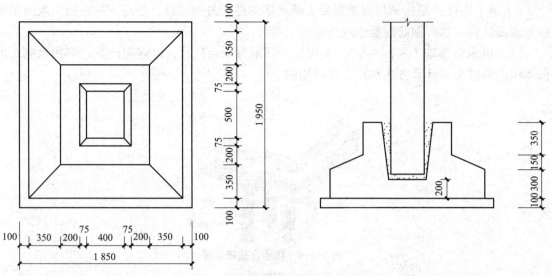

图 3-5-7　杯形基础平面图及剖面图

（4）满堂基础（又称筏形基础）。当独立基础、带形基础不能满足设计要求时，将基础连成一个整体，称为满堂基础。这种基础适用于设有地下室或软弱地基及有特殊要求的建筑。满堂基础分为有梁式和无梁式两种。

工程量按设计图示尺寸以体积计算，计算体积时，应将满堂基础上下凸出的翻梁、边肋、柱墩并入。

1）有梁式满堂基础［图 3-5-8（a）］：$V=$ 底板体积 + 凸出板面肋体积；

2）无梁式满堂基础［图 3-5-8（b）］：$V=$ 底板体积。

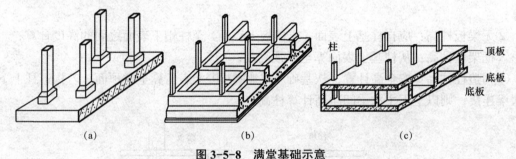

图 3-5-8　满堂基础示意
（a）无梁式满堂基础；（b）有梁式满堂基础；（c）箱式满堂基础

满堂基础、地下室底板施工缝设有止水带，应根据其做法按"计算规范"附录 J.2 屋面变形缝项目（010902008）编码列项，设有后浇带，后浇带应单独列项计算。

（5）箱形基础。箱形基础是指由顶板、底板、纵横墙及柱子连成整体的基础，如图 3-5-8（c）所示。箱形基础多用于天然地基上 8 ～ 20 层或建筑物高度不超过 60 m 的框架结构与现浇剪力墙结构的高层民用建筑基础。

1）箱形基础顶板：按板项目列项计算。

2）箱形基础底板：按满堂基础项目列项计算。

3）箱形基础内外墙：执行钢筋混凝土墙项目。计算工程量时，镶入钢筋混凝土墙中的暗柱、暗梁等部分混凝土体积并入墙体工程量内计算。

4）地下室柱：是指未与钢筋混凝土墙连接的柱应另列项目，柱高按从底板上表面至顶板上表面计算，执行钢筋混凝土现浇柱相应项目。

（6）桩承台基础（图3-5-9）。工程量按图示桩承台尺寸，以体积计算，不扣除浇入承台体积内的桩头，计算方法与独立基础相同。

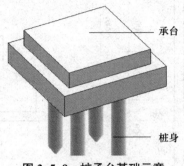

图3-5-9　桩承台基础示意

3. 现浇混凝土柱

（1）项目划分：现浇混凝土柱划分为矩形柱、构造柱和异形柱。异形柱项目需要描述形状特征。

（2）工程量计算按设计图示尺寸以体积计算，依附柱上的牛腿、升板的柱帽及嵌接墙体部分（马牙槎）并入柱身体积计算。其计算公式为

$$V = 柱高 \times 设计柱断面面积 + 牛腿所占体积 + 柱帽体积 + 马牙槎体积$$

1）柱高（图3-5-10）：

①有梁板柱高：应自柱基上表面（或楼板上表面）至上一层楼板上表面之间的高度计算；

②无梁板柱高：应自柱基上表面（或楼板上表面）至柱帽下表面之间的高度计算；

③框架柱柱高：从柱基上表面算至柱顶高度；

④构造柱柱高：按全高计算，从基础（或地圈梁）上表面算至柱顶面。若构造柱上下与主次梁连接，则以上下主次梁间净高计算柱高。

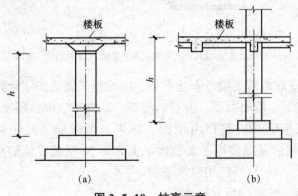

图3-5-10　柱高示意
(a) 无梁板柱高；(b) 有梁板柱高

2）设计柱断面面积：均以设计图示断面面积尺寸计算，构造柱按设计图示尺寸（包括与砖墙咬接的马牙槎）计算，如图3-5-11所示。

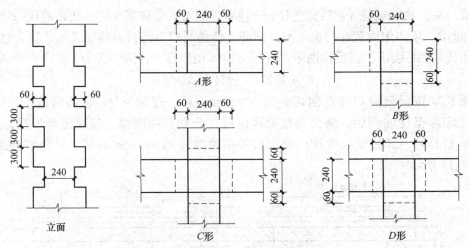

图 3-5-11　构造柱立面及断面示意

4. 现浇混凝土梁

（1）现浇混凝土梁项目划分：基础梁、矩形梁、异形梁、圈梁、过梁、弧形拱形梁。

（2）工程量计算按设计图示尺寸以体积计算，伸入墙内的梁头、梁垫并入梁体积内，型钢混凝土梁扣除构件内型钢所占体积。

1）矩形梁：$V =$ 梁长 × 梁设计断面面积。

梁长的计算规定（图 3-5-12）：梁与柱（不包括构造柱）交接时，梁长算至柱侧面；主次梁交接时，次梁长算至主梁侧面；梁与钢筋混凝土墙连接时，梁长算至墙侧面。梁与砌体墙交接时，伸入墙的梁头、梁垫体积包括在梁的体积内计算。

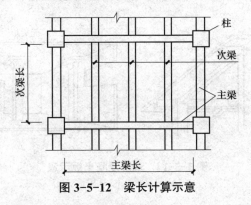

图 3-5-12　梁长计算示意

2）基础梁。建筑物采用独立基础承重时，独立基础之间常用基础梁连接，墙直接砌在基础梁上，这样可以省去墙基础。

基础梁工程量计算按基础梁图示尺寸以体积计算，基础梁与柱相交时，算至柱侧面。

3）圈梁。砌体结构中的房屋檐口、窗顶、楼层、吊车梁标高或基础顶面处，沿砌体墙水平方向设置封闭状的按构造配筋的梁式构件。因为是连续围合的梁，所以称为圈梁。设置在基础位置圈梁也称为地圈梁。圈梁通常用代号 QL 表示。

$$V = (\sum L_{中} + \sum L_{净}) × 设计断面面积$$

式中　$\sum L_{中}$——外墙圈梁中心线长度之和；

　　　$\sum L_{净}$——内墙圈梁净长线长度之和。

圈梁与主、次梁或柱（包括构造柱）交接者，圈梁长度应算至主、次梁或柱的侧面。

4）过梁。墙体中设置在门窗等洞口顶部，传递洞口上部荷载的梁式构件称为过梁，过梁通常用代号 GL 表示。过梁按图示设计尺寸以体积计算，计算公式为

$$V = 梁长 \times 设计断面面积$$

过梁长度按门窗洞口宽度两端共加 500 mm 计算。过梁与柱（包括构造柱）交接者，过梁长度应算至柱的侧面。圈梁与过梁连接时，分别套用圈梁、过梁清单项目，圈梁与过梁不易划分时，其过梁长度按门窗洞口外围两端共加 500 mm 计算，其他按圈梁计算，如图 3-5-13 所示。

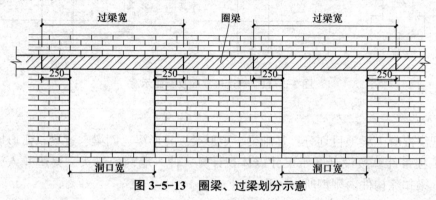

图 3-5-13　圈梁、过梁划分示意

5. 现浇混凝土板

（1）现浇混凝土板项目划分为有梁板 [图 3-5-14（a）]、无梁板 [图 3-5-14（b）]、平板、拱板、薄壳板、栏板、天沟板（檐沟）、挑檐板、雨篷板、悬挑板、阳台板、空心板、其他板。

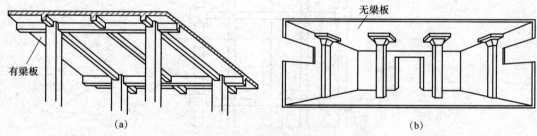

图 3-5-14　现浇混凝土板示意
(a) 有梁板；(b) 无梁板

（2）工程量计算。按设计图示尺寸以体积计算，不扣除单个面积 ≤ 0.3 m² 的柱、垛及孔洞所占体积。压形钢板混凝土楼板扣除构件内压形钢板所占体积。各类板伸入砌体墙内的板头并入板体积内计算。

1）有梁板：是指梁（包括主梁、次梁）与板整浇构成的一体板，有梁板（包括主、次梁与板）按梁、板体积之和计算。其计算公式为

有梁板混凝土工程量＝板图示长度 × 板图示宽度 × 板厚＋主梁及次梁体积

主梁及次梁体积＝主梁长度 × 主梁宽度 × 梁高＋次梁净长度 × 次梁宽度 × 梁高

2）无梁板：是指不带梁而直接用柱头支承的板，无梁板按板和柱帽体积之和计算。其计算公式为

$$现浇无梁板混凝土工程量＝图示长度 \times 图示宽度 \times 板厚＋柱帽体积$$

3）平板：是指无梁无柱，四边直接搁在圈梁或承重墙上的板，如图 3-5-15 所示。现浇混凝土板工程量不扣除单个面积 $\leqslant 0.3 \ m^2$ 的柱、垛及孔洞所占体积。

$$V_{现浇平板混凝土工程量}＝图示长度 \times 图示宽度 \times 板厚$$

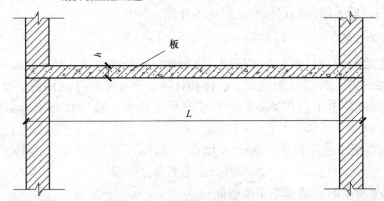

图 3-5-15　现浇混凝土平板示意

4）现浇天沟（檐沟）、挑檐板。按设计图示尺寸以体积计算。现浇挑檐、天沟板与板（包括屋面板、楼板）连接时，以外墙外边线为分界线；与圈梁（包括其他梁）连接时，以梁外边线为分界线。外边线以外为挑檐、天沟，如图 3-5-16 所示。

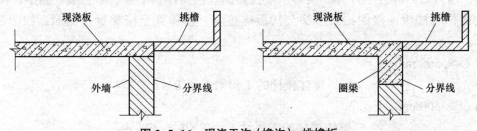

图 3-5-16　现浇天沟（檐沟）、挑檐板

矩形檐沟、挑檐板计算公式为

$$V_{檐沟}＝檐沟底板截面面积 \times 檐沟底板中心线长度之和＋$$
$$檐沟翻沿截面面积 \times 翻沿中心线长度之和$$
$$V_{挑檐}＝挑檐板截面面积 \times 挑檐板板中心线长度之和$$
$$檐沟底板中心线长度＝\sum L_{外}＋8 \times 檐沟外挑长度$$
$$翻沿中心线长度＝\sum L_{外}＋8 \times （檐沟外挑长度－翻沿宽度/2）$$

式中　$\sum L_{外}$——外墙外边线周长。

注意：整体现浇梁板组成的跨中排水沟按梁板规则列项，挑檐板因按外挑尺寸、平挑还是带翻沿，予以区分列项。

5）空心板。按设计图示尺寸以体积计算。空心板（GBF 高强度薄壁蜂巢芯板等）应扣除空心部分体积。

6）现浇混凝土雨篷、悬挑板、阳台板。

①雨篷（悬挑板）阳台板：按设计图示尺寸以墙外部分体积计算。包括伸出墙外的牛腿和雨篷反挑檐的体积。现浇雨篷、阳台与板（包括屋面板、楼板）及梁连接时，以外墙外

边线为分界线；与圈梁（包括其他梁）连接时，以梁外边线为分界线，外边线以外为雨篷、阳台。

②非悬挑雨篷、阳台按梁板相应项目分别编码列项。

7）现浇混凝土栏板。按设计图示尺寸以体积计算，不扣除单个面积≤ 0.3 m² 的柱、垛及孔洞所占体积。伸入墙内的栏板并入栏板内计算。

6. 现浇混凝土墙

（1）现浇混凝土墙项目划分为直形墙、弧形墙、短肢剪力墙、挡土墙。

（2）工程量计算。按设计图示尺寸以体积计算，不扣除构件内钢筋、预埋铁件所占体积，扣除门窗洞口及单个面积> 0.3 m² 的孔洞所占体积，墙垛及凸出墙面部分并入墙体积内。

$$现浇混凝土墙工程量＝墙长 \times 墙高 \times 墙厚－大于 0.3 \ m^2 \ 孔洞体积＋$$
$$墙垛及凸出墙面部分体积$$

1）墙在框架梁下时，墙高算至梁底面；

2）墙与板相交，墙高算至板底面。

7. 现浇混凝土楼梯

（1）以平方米计量，按设计图示尺寸以水平投影面积计算。不扣除宽度≤ 500 mm 的楼梯井，伸入墙内部分不计算。楼梯水平投影面积包括休息平台、平台梁、斜梁、楼梯板、踏步及楼梯与楼板连接的梁。楼梯与楼板连接时，楼梯算至楼梯梁外侧面，如图 3-5-17 所示。

当 $C ≤ 500$ mm 时

$$整体楼梯的工程量 \ S ＝ B \times L$$

当 $C > 500$ mm 时

$$整体楼梯的工程量 \ S ＝ B \times L － C \times Z$$

式中　B——楼梯间的净宽；

　　　L——楼梯间的净长；

　　　C——楼梯井的宽度；

　　　Z——楼梯井的水平投影长度。

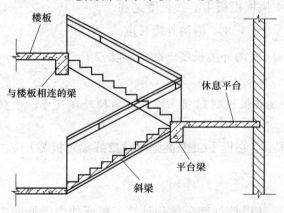
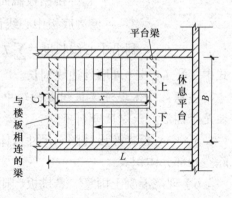

图 3-5-17　有楼梯与楼板相连梁的整体楼梯

当整体楼梯与现浇楼板无梯梁连接时，以楼梯的最后一个踏步边缘加 300 mm 为界，如图 3-5-18 所示。

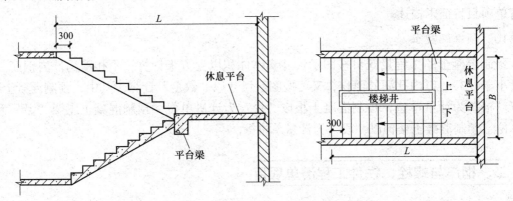

图 3-5-18　无楼梯与楼板相连梁的整体楼梯

（2）以立方米计量，按设计图示尺寸以体积计算。

8. 现浇混凝土其他构件

（1）散水、坡道。适用于结构层为混凝土的散水、坡道，工程量按设计图示尺寸以水平投影面积计算，不扣除单个 ≤ 0.3 m² 的孔洞所占面积。

（2）室外地坪。按设计图示尺寸以水平投影面积计算，不扣除单个 ≤ 0.3 m² 的孔洞所占面积。室外地坪需描述地坪厚度。

（3）电缆沟、地沟。适用于沟壁为混凝土的地沟、电缆沟，工程量按设计图示以中心线长计算，项目特征需描述沟截面净空尺寸。

（4）现浇混凝土台阶。

1）以平方米计量，按设计图示尺寸水平投影面积计算。台阶与平台连接时，其分界线以最上层踏步外沿加 300 mm 计算，台阶宽以外部分并入地面工程量计算，如图 3-5-19 所示。

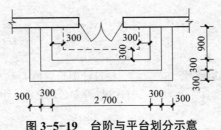

图 3-5-19　台阶与平台划分示意

2）以立方米计量，按设计图示尺寸以体积计算。

（5）扶手、压顶。

1）以米计量，按设计图示的中心线延长米计算。

2）以立方米计量，按设计图示尺寸以体积计算。

9. 现浇混凝土后浇带

现浇混凝土后浇带适用于基础梁、墙、板的后浇带，工程量按设计图示尺寸以体积计算。

梁、墙、板的后浇带应分别编码列项计算，地下室及基础底板后浇带按相应基础项目编码列项计算。如设计对后浇带按有关构造要求，如进行接缝处理、止水带的埋设等，应在清单项目特征中描述。

10. 预制混凝土

预制混凝土的工程量既可按图示尺寸实体体积以立方米计算，不扣除构件内钢筋、铁件及小于 0.3 m² 以内孔洞的面积，又可按图示尺寸以"数量"计算。其中，预制混凝土柱、梁以"根"为计量单位，预制混凝土板以"块"为计量单位，预制混凝土屋架"榀"为计量单位，预制混凝土楼梯以"段"为计量单位等。

二、钢筋与螺栓、铁件工程清单项目

钢筋工程按构件制作工艺和钢筋种类等划分为现浇构件钢筋、预制构件钢筋、钢筋网片、钢筋笼、先张法预应力钢筋、后张法预应力钢筋等 10 个项目清单。螺栓铁件包括螺栓、预埋铁件和机械连接 3 个清单项目。各分部分项工程量清单项目编码、项目名称、项目特征描述的内容、计量单位、工程量计算规则及工作内容见表 3-5-15、表 3-5-16。

1. 钢筋工程

钢筋工程工程量清单项目设置、项目特征描述的内容、计量单位、工程量计算规则，应按表 3-5-15 的规定执行。

表 3-5-15　钢筋工程（编码：010515）

项目编码	项目名称	项目特征	计量单位	工程量计算规则	工作内容
010515001	现浇构件钢筋	钢筋种类、规格	t	按设计图示钢筋（网）长度（面积）乘单位理论质量计算	1. 钢筋制作、运输 2. 钢筋安装 3. 焊接（绑扎）
010515002	预制构件钢筋				
010515003	钢筋网片				1. 钢筋网制作、运输 2. 钢筋网安装 3. 焊接（绑扎）
010515004	钢筋笼				1. 钢筋笼制作、运输 2. 钢筋笼安装 3. 焊接（绑扎）
010515005	先张法预应力钢筋	1. 钢筋种类、规格 2. 锚具种类		按设计图示钢筋长度乘单位理论质量计算	1. 钢筋制作、运输 2. 钢筋张拉

项目编码	项目名称	项目特征	计量单位	工程量计算规则	工作内容
010515006	后张法预应力钢筋			按设计图示钢筋(丝束、绞线)长度乘单位理论质量计算。 1. 低合金钢筋两端均采用螺杆锚具时,钢筋长度按孔道长度减 0.35 m 计算,螺杆另行计算 2. 低合金钢筋一端采用镦头插片、另一端采用螺杆锚具时,钢筋长度按孔道长度计算,螺杆另行计算 3. 低合金钢筋一端采用镦头插片、另一端采用帮条锚具时,钢筋增加 0.15 m 计算;两端均采用帮条锚具时,钢筋长度按孔道长度增加 0.3 m 计算 4. 低合金钢筋采用后张混凝土自锚时,钢筋长度按孔道长度增加 0.35 m 计算 5. 低合金钢筋(钢铰线)采用 JM、XM、QM 型锚具,孔道长度 ≤20 m 时,钢筋长度增加 1 m 计算,孔道长度 >20 m 时,钢筋长度增加 1.8 m 计算 6. 碳素钢丝采用锥形锚具,孔道长度 ≤20 m 时,钢丝束长度按孔道长度增加 1 m 计算,孔道长度 >20 m 时,钢丝束长度按孔道长度增加 1.8 m 计算 7. 碳素钢丝采用镦头锚具时,钢丝束长度按孔道长度增加 0.35 m 计算	1. 钢筋、钢丝、钢绞线制作、运输 2. 钢筋、钢丝、钢绞线安装 3. 预埋管孔道铺设 4. 锚具安装 5. 砂浆制作、运输 6. 孔道压浆、养护
010515007	预应力钢丝	1. 钢筋种类、规格 2. 钢丝种类、规格 3. 钢铰线种类、规格 4. 锚具种类 5. 砂浆强度等级	t		
010515008	预应力钢绞线				
010515009	支撑钢筋(铁马)	1. 钢筋种类 2. 规格	t	按钢筋长度乘单位理论质量计算	钢筋制作、焊接、安装
010515010	声测管	1. 材质 2. 规格型号		按设计图示尺寸质量计算	1. 检测管截断、封头 2. 套管制作、焊接 3. 定位、固定

2. 螺栓、铁件

螺栓、铁件工程量清单项目设置、项目特征描述的内容、计量单位、工程量计算规则,应按表 3-5-16 的规定执行。

表 3-5-16　螺栓、铁件（编码：010516）

项目编码	项目名称	项目特征	计量单位	工程量计算规则	工作内容
010516001	螺栓	1. 螺栓种类 2. 规格	t	按设计图示尺寸以质量计算	1. 螺栓、铁件制作、运输 2. 螺栓、铁件安装
010516002	预埋铁件	1. 钢材种类 2. 规格 3. 铁件尺寸			
010516003	机械连接	1. 连接方式 2. 螺纹套筒种类 3. 规格	个	按数量计算	1. 钢筋套丝 2. 套筒连接

三、计算实例

【**例 3-5-1**】 某现浇 C30 钢筋混凝土带形基础，长 $L = 50$ m，其断面如图 3-5-20 所示，基础垫层为 C10 现浇混凝土。试分别计算其垫层、基础的工程量。

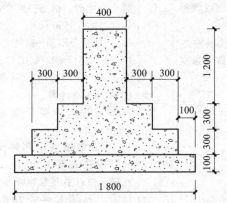

图 3-5-20　某现浇 C30 钢筋混凝土带形基础断面图

解：垫层工程量计算：基础垫层的清单计算规则，其工程量按设计图示尺寸以体积计算。

$$V = L（垫层长）\times B（垫层宽）\times h（垫层厚）= 50 \times 1.8 \times 0.1 = 9（m^3）$$

带形基础工程量计算：根据带形基础的工程量计算规则，其工程量按设计图示尺寸以体积计算，不扣除构件内钢筋、预埋铁件和伸入承台基础的桩头所占体积。

带形基础 H（肋高）：B（肋宽）$= 1\,200 : 400 = 3 : 1 < 4 : 1$，应按有肋带形基础计算与列项，其现浇混凝土工程量 $V = V_{底板} + V_{肋}$。

断面 $S = （0.6 \times 2 + 0.4）\times 0.3 + （0.3 \times 2 + 0.4）\times 0.3 + 0.4 \times 1.2 = 1.26（m^2）$

$$带形基础工程量 \ V = 1.26 \times 50 = 63（m^3）$$

【**例 3-5-2**】 某建筑基础梁平面配筋图如图 3-5-21 所示，已知 KZ1 的截面尺寸为 400 mm×400 mm，基础梁采用 C30 砾 40 现浇混凝土，墙厚为 240 mm，试分别计算 Ⓐ × ①～④轴基础梁（JL3）的现浇混凝土的工程量。

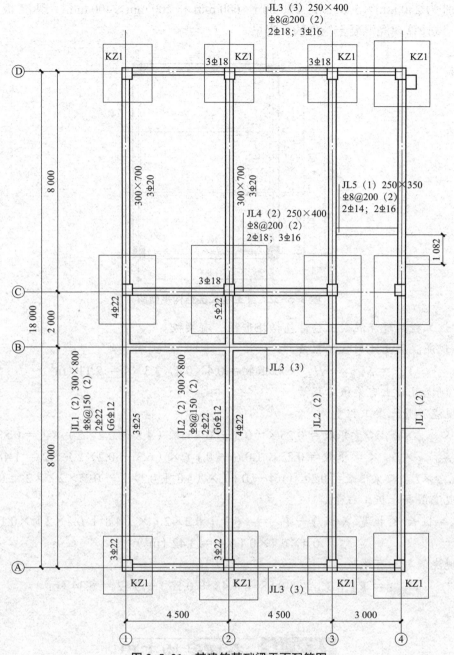

图 3-5-21　某建筑基础梁平面配筋图

解： 工程量计算。

Ⓐ×①~④轴基础梁（JL3）长

$$L = 4.5×2 + 3 - (0.28×2 + 0.4×2)(柱宽) = 10.64 （m）$$

基础梁（JL3）的现浇混凝土工程量

$$V = 10.64×0.25×0.4 = 1.06 （m^3）$$

【例 3-5-3】　某框架结构二层结构平面如图 3-5-22 所示，楼层结构标高为 3.3 m，现浇混凝土强度等级为 C30，已知 KZ 截面尺寸为 400 mm×400 mm，KL1、KL2 和 L1 的截面分别为 250 mm×500 mm、250 mm×600 mm 和 200 mm×400 mm，现浇板厚度为 100 mm，试计算现浇混凝土构件的工程量。

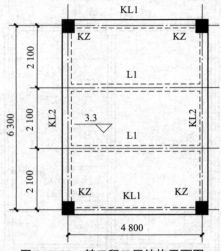

图 3-5-22 某工程二层结构平面图

解：该工程的现浇混凝土构件包括矩形柱、有梁板。

（1）现浇混凝土矩形柱工程量。

$$V_{KZ} = S_{柱截面} \times H_{柱} \times 柱根数 = 0.4 \times 0.4 \times 3.3 \times 4 = 2.11 \ (\text{m}^3)$$

（2）现浇混凝土有梁板工程量。

1）现浇混凝土梁工程量。

$$V_{KL1} = S_{梁断面} \times L_{梁} \times 梁根数 = 0.25 \times (0.5 - 0.1) \times (4.8 - 0.2 \times 2) \times 2 = 0.88 \ (\text{m}^3)$$

$$V_{KL2} = S_{梁断面} \times L_{梁} \times 梁根数 = 0.25 \times (0.6 - 0.1) \times (6.3 - 0.2 \times 2) \times 2 = 1.48 \ (\text{m}^3)$$

$$V_{L1} = S_{梁断面} \times L_{梁} \times 梁根数 = 0.2 \times (0.4 - 0.1) \times (4.8 + 0.2 \times 2 - 0.25 \times 2) \times 2 = 0.56 \ (\text{m}^3)$$

2）现浇混凝土板工程量。

$$V_{平板} = 板长 \times 板宽 \times 板厚 - V_{Kz} = (6.3 + 0.2 \times 2) \times (4.8 + 0.2 \times 2) \times 0.1 - 0.4 \times 0.4 \times 0.1 \times 4 = 3.42 \ (\text{m}^3)$$

3）现浇混凝土有梁板。

$$V_{有梁板} = V_{梁} + V_{板} = (0.88 + 1.48 + 0.56) + 3.42 = 6.34 \ (\text{m}^3)$$

任务六 金属结构工程

一、相关基础知识

金属构件的制作工程量按设计图示尺寸计算的理论质量以"t"计算。

（1）各种规格型钢的计算：各种型钢包括等边角钢、不等边角钢、槽钢、工字钢、热轧 H 型钢、C 型钢、Z 型钢等，每米理论质量均可从相应标准、五金手册等型钢表中查得。

（2）可按设计材料规格直接计算单位质量，钢材的密度为 7 850 kg/m³ 或 7.85 g/cm³。

1）钢板的计算。

$$1 \text{ mm 厚钢板每平方米质量} = 7 850 \times （1 \times 1 \times 0.001）= 7.85 （\text{kg/m}^2）$$

2）扁钢、钢带计算。

$$\text{扁钢、钢带每米理论质量} = 0.007 85 \text{ kg/m} \times a \times \delta$$

式中　a——扁钢宽度（mm）；

　　　δ——扁钢厚度（mm）。

3）方钢计算。

$$\text{方钢每米理论质量} = 0.007 85 \text{ kg/m} \times a^2$$

式中　a——方钢边长（mm）。

4）圆钢计算。

$$\text{圆钢每米理论质量} = 0.006 165 \text{ kg/m} \times d^2$$

式中　d——圆钢直径（mm）。

5）钢管计算。

$$\text{圆管每米理论质量} = 0.024 66 \text{ kg/m} \times \delta \times （D \times \delta）$$

式中　δ——钢管的壁厚（mm）；

　　　D——钢管外径（mm）。

$$\text{方管每米理论质量} = 0.007 85 \text{ kg/m} \times 4 \times （a - \delta）\times \delta$$

式中　δ——方管的壁厚（mm）；

　　　a——方管边长（mm）。

6）H 型钢的计算。

钢板焊接的 H 型钢的计算公式为

$$\text{每米理论质量 } G = [t_1 \times （H - 2t_2）+ 2B \times t_2] \times 0.007 85$$

定型 H 型钢按照《热轧 H 型钢和剖分 T 型钢》（GB/T 11263—2017）的截面面积公式，单位质量计算公式为

$$\text{每米理论质量} = [t_1 \times （H - 2t_2）+ 2B \times t_2 + 0.858r^2] \times 0.007 85$$

上面两个公式中各参数不一定是同一数值，各参数值应按国家标准提供的有关表格数据进行计算，如图 3-6-1 所示。

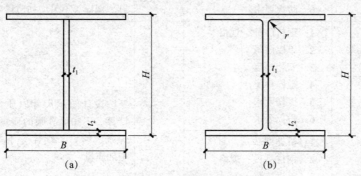

图 3-6-1　H 型钢示意

二、工程量清单计价规范相关内容

（一）钢网架

钢网架工程量清单项目设置、项目特征描述、计量单位及工程量计算规则，应按表 3-6-1 的规定执行。

表 3-6-1　钢网架（编码：010601）

项目编码	项目名称	项目特征	计量单位	工程量计算规则	工作内容
010601001	钢网架	1. 钢材品种、规格 2. 网架节点形式、连接方式 3. 网架跨度、安装高度 4. 探伤要求 5. 防火要求	t	按设计图示尺寸以质量计算。不扣除孔眼的质量，焊条、铆钉等不另增加质量	1. 拼装 2. 安装 3. 探伤 4. 补刷油漆

（二）钢屋架、钢托架、钢桁架、钢架桥

钢屋架、钢托架、钢桁架、钢架桥工程量清单项目设置、项目特征描述、计量单位及工程量计算规则，应按表 3-6-2 的规定执行。

表 3-6-2　钢屋架、钢托架、钢桁架、钢架桥（编码：010602）

项目编码	项目名称	项目特征	计量单位	工程量计算规则	工作内容
010602001	钢屋架	1. 钢材品种、规格 2. 单榀质量 3. 屋架跨度、安装高度 4. 螺栓种类 5. 探伤要求 6. 防火要求	1. 榀 2. t	1. 以榀计量，按设计图示数量计算 2. 以吨计量，按设计图示尺寸以质量计算。不扣除孔眼的质量，焊条、铆钉、螺栓等不另增加质量	1. 拼装 2. 安装 3. 探伤 4. 补刷油漆
010602002	钢托架	1. 钢材品种、规格 2. 单榀质量 3. 安装高度 4. 螺栓种类 5. 探伤要求 6. 防火要求	t	按设计图示尺寸以质量计算。不扣除孔眼的质量，焊条、铆钉、螺栓等不另增加质量	
010602003	钢桁架				
010602004	钢架桥	1. 桥类型 2. 钢材品种、规格 3. 单榀质量 4. 安装高度 5. 螺栓种类 6. 探伤要求			

工程量清单项目应用说明如下:

（1）螺栓种类是指普通或高强。

（2）以榀计量，按标准图设计的应注明标准图代号，按非标准图设计的项目特征必须描述单榀屋架的质量。

（三）钢柱

钢柱工程量清单项目设置、项目特征描述、计量单位及工程量计算规则，应按表3-6-3的规定执行。

表3-6-3 钢柱（编码：010603）

项目编码	项目名称	项目特征	计量单位	工程量计算规则	工作内容
010603001	实腹钢柱	1. 柱类型 2. 钢材品种、规格 3. 单根柱质量 4. 螺栓种类 5. 探伤要求 6. 防火要求	t	按设计图示尺寸以质量计算。不扣除孔眼的质量，焊条、铆钉、螺栓等不另增加质量，依附在钢柱上的牛腿及悬臂梁等并入钢柱工程量内	1. 拼装 2. 安装 3. 探伤 4. 补刷油漆
010603002	空腹钢柱				
010603003	钢管柱	1. 钢材品种、规格 2. 单根柱质量 3. 螺栓种类 4. 探伤要求 5. 防火要求		按设计图示尺寸以质量计算。不扣除孔眼的质量，焊条、铆钉、螺栓等不另增加质量，钢管柱上的节点板、加强环、内衬管、牛腿等并入钢管柱工程量内	

工程量清单项目应用说明如下:

（1）螺栓种类是指普通或高强。

（2）实腹钢柱类型是指十字、T、L、H形等。

（3）空腹钢柱类型是指箱形、格构等。

（4）型钢混凝土柱浇筑钢筋混凝土，其混凝土和钢筋应按"计算规范"附录E混凝土及钢筋混凝土工程中相关项目编码列项。

（四）钢梁

钢梁工程量清单项目设置、项目特征描述、计量单位及工程量计算规则，应按表3-6-4的规定执行。

表 3-6-4　钢梁（编码：010604）

项目编码	项目名称	项目特征	计量单位	工程量计算规则	工作内容
010604001	钢梁	1. 梁类型 2. 钢材品种、规格 3. 单根质量 4. 螺栓种类 5. 安装高度 6. 探伤要求 7. 防火要求	t	按设计图示尺寸以质量计算。不扣除孔眼的质量，焊条、铆钉、螺栓等不另增加质量，制动梁、制动板、制动桁架、车挡并入钢吊车梁工程量内	1. 拼装 2. 安装 3. 探伤 4. 补刷油漆
010504002	钢吊车梁	1. 钢材品种、规格 2. 单根质量 3. 螺栓种类 4. 安装高度 5. 探伤要求 6. 防火要求			

工程量清单项目应用说明如下：

（1）螺栓种类是指普通或高强。

（2）梁类型是指 H、L、T 形、箱形、格构式等。

（3）型钢混凝土梁浇筑钢筋混凝土，其混凝土和钢筋应按"计算规范"附录 E 混凝土及钢筋混凝土工程中相关项目编码列项。

（五）钢板楼板、墙板

钢板楼板、墙板工程量清单项目设置、项目特征描述、计量单位及工程量计算规则，应按表 3-6-5 的规定执行。

表 3-6-5　钢板楼板、墙板（编码：010605）

项目编码	项目名称	项目特征	计量单位	工程量计算规则	工作内容
010605001	钢板楼板	1. 钢材品种、规格 2. 钢板厚度 3. 螺栓种类 4. 防火要求	m²	按设计图示尺寸以铺设水平投影面积计算。不扣除单个面积≤0.3 m²柱、垛及孔洞所占面积	1. 拼装 2. 安装 3. 探伤 4. 补刷油漆
010605002	钢板墙板	1. 钢材品种、规格 2. 钢板厚度、复合板厚度 3. 螺栓种类 4. 复合板夹芯材料种类、层数、型号、规格 5. 防火要求		按设计图示尺寸以铺挂展开面积计算。不扣除单个面积≤0.3 m²的梁、孔洞所占面积，包角、包边、窗台泛水等不另加面积	

工程量清单项目应用说明如下：

（1）螺栓种类是指普通或高强。

（2）钢板楼板上浇筑钢筋混凝土，其混凝土和钢筋应按"计算规范"附录 E 混凝土及钢筋混凝土工程中相关项目编码列项。

（3）压型钢楼板按钢楼板项目编码列项。

（六）钢构件

钢构件工程量清单项目设置、项目特征描述、计量单位及工程量计算规则，应按表 3-6-6 的规定执行。

表 3-6-6　钢构件（编码：010606）

项目编码	项目名称	项目特征	计量单位	工程量计算规则	工作内容
010606001	钢支撑、钢拉条	1. 钢材品种、规格 2. 构件类型 3. 安装高度 4. 螺栓种类 5. 探伤要求 6. 防火要求			
010606002	钢檩条	1. 钢材品种、规格 2. 构件类型 3. 单根质量 4. 安装高度 5. 螺栓种类 6. 探伤要求 7. 防火要求			
010606003	钢天窗架	1. 钢材品种、规格 2. 单榀质量 3. 安装高度 4. 螺栓种类 5. 探伤要求 6. 防火要求	t	按设计图示尺寸以质量计算。不扣除孔眼的质量，焊条、铆钉、螺栓等不另增加质量	1. 拼装 2. 安装 3. 探伤 4. 补刷油漆
010606004	钢挡风架	1. 钢材品种、规格 2. 单榀质量 3. 螺栓种类 4. 探伤要求 5. 防火要求			
010606005	钢墙架				
010606006	钢平台	1. 钢材品种、规格 2. 螺栓种类 3. 防火要求			
010606007	钢走道				
010606008	钢梯	1. 钢材品种、规格 2. 钢梯形式 3. 螺栓种类 4. 防火要求			
010606009	钢护栏	1. 钢材品种、规格 2. 防火要求			

角钢质量（合计）：433.63 + 427.56 = 861.19（kg）

钢板质量（合计）：26.38 + 58.20 + 59.38 = 143.96（kg）

钢材质量（合计）：861.19 + 143.96 = 1 005.15（kg）

任务七　木结构工程

一、相关基础知识

（1）木屋架：是指受拉杆件和受压杆件均采用方木或圆木组成的屋架，且为三角形（配式），由上弦、斜杆和下弦、竖杆等杆材组成，如图 3-7-1 所示。

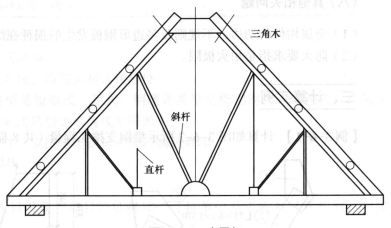

图 3-7-1　木屋架

（2）檩木：又叫作檩条，也叫作桁条，它是横搁在屋架或山墙上用来承受屋顶荷载的构件。它可以像单梁一样，沿着房屋的长度方向，一间一间搁置，这样称它为简支檩条；也可按房长拼接成为通长的连续檩条。

（3）有檩体系：在屋架上弦（或屋面梁上翼缘）搁置檩条，在檩条上铺小型屋面板（或瓦材），如图 3-7-2（a）所示。

（4）无檩体系：是在屋架上弦（或屋面架上翼缘）直接铺设大型屋面板，如图 3-7-2（b）所示。

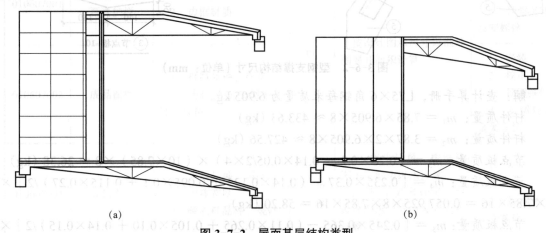

(a)　　　　　　　　　　　　　(b)

图 3-7-2　屋面基层结构类型
(a) 有檩体系；(b) 无檩体系

（5）封檐板：是指檐口天棚，檐头平顶，如图 3-7-3 所示。

（6）博风板：又称为顺风板，是山墙封檐板。大刀头是指博风板端部的刀形头，又称勾对板，如图 3-7-3 所示。

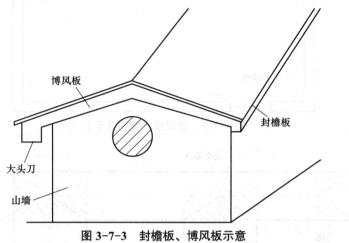

图 3-7-3　封檐板、博风板示意

（7）屋面木基层：是指瓦防水层以下的层次，包括木屋面板、挂瓦条、椽子等，如图 3-7-4 所示。

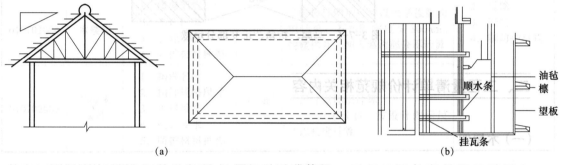

(a)

(b)

图 3-7-4　木基层
(a) 屋面；(b) 斜面

（8）钢木屋架：三角形（豪式），由上弦、斜杆和下弦、竖杆等杆件组成。屋架的中柱，由圆钢组成，斜杆与竖杆一般用木材做成。钢木屋架下弦用钢材（如圆钢、角钢等）组成。

（9）圆木钢屋架：屋架主要由圆木与钢材制成。圆木钢屋架的端节点正抵结合承压面与上弦轴线垂直，上弦端头与槽钢接触，上、下弦与墙身轴线交汇于一点，中央接点的三轴线要汇交于一点，两上弦接触面应平整紧密。

（10）方木钢屋架：由方木与钢材制成的屋架。方木是指横截面方形的木材，钢材此处多用槽钢制成。

（11）挂镜线：也称画镜线，是指围绕墙壁装设与窗顶或门顶平齐，用以挂镜框和图片、字画用的，上留槽，用以固定吊钩，如图 3-7-5 所示。

（12）木隔断：是指用木结构将房间隔开，多用于客厅、厕所、浴室等的分隔。

（13）气楼：是指屋顶上或屋架上用作通风换气的凸出部分。

（14）马尾：是指四坡水屋顶建筑物的两端屋面的端头坡面部位。

（15）折角：是指构成 L 形的坡屋顶建筑横向和竖向相交的部位（图 3-7-6）。

三、计算实例

【**例 3-7-1**】 某厂房，方木屋架如图 3-7-7 所示，共 4 榀，现场制作，不抛光，拉杆为 ϕ10 的圆钢，铁件刷防锈漆一遍，轮胎式起重机安装，安装高度为 6 m。试计算该工程方木屋架工程量。

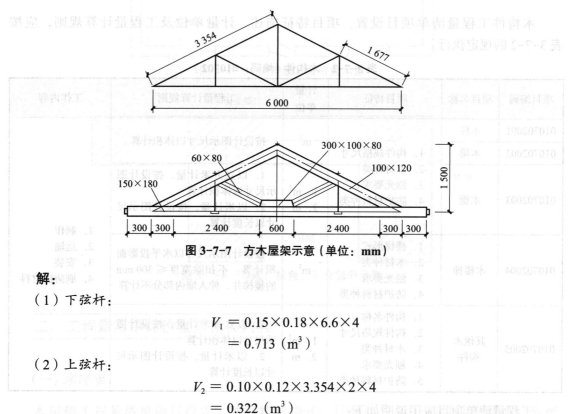

图 3-7-7 方木屋架示意（单位：mm）

解：

（1）下弦杆：

$$V_1 = 0.15 \times 0.18 \times 6.6 \times 4$$
$$= 0.713 \ (\text{m}^3)$$

（2）上弦杆：

$$V_2 = 0.10 \times 0.12 \times 3.354 \times 2 \times 4$$
$$= 0.322 \ (\text{m}^3)$$

（3）斜撑：

$$V_3 = 0.06 \times 0.08 \times 1.677 \times 2 \times 4$$
$$= 0.064 \ (\text{m}^3)$$

（4）元宝垫木：

$$V_4 = 0.30 \times 0.10 \times 0.08 \times 4 = 0.010 \ (\text{m}^3)$$

（5）方木屋架工程量：

$$V = V_1 + V_2 + V_3 + V_4$$
$$= 0.713 + 0.322 + 0.064 + 0.010$$
$$= 1.11 \ (\text{m}^3)$$

任务八　门窗工程

一、相关基础知识

（1）普通门。普通门是指没有特殊要求的常用门。

（2）特种门。特种门是指有特殊要求，必须满足特定功能的门，如有保温、隔热、隔声、防火、防射线等特种作用要求。

（3）平开门。平开门是指水平开启的门，铰链安在侧边，有单扇、双扇，向内开、向外开之分。

（4）弹簧门。弹簧门形式同平开门，唯侧边用弹簧铰链或下面用地弹簧传动，开启后能自动关闭。多数为双扇玻璃门，能内外弹动；少数为单扇或单向弹动的，如纱门。

（5）推拉门。推拉门也称扯门，在上下轨道上左右滑行。推拉门有单扇或双扇，可以藏在夹墙内或贴在墙面外，占用面积较少。推拉门构造较为复杂，一般用于两个空间扩大联系的门。在人流众多的地方，还可以采用光电管或触动式设施使推拉门自动启闭。

（6）折叠门。折叠门为多扇折叠，可拼合折叠推移到侧边。传动方式简单者可以同平开门一样，只在门的侧边装铰链；复杂者在门的上边或下边需要安装轨道及转动五金配件，一般用于两个空间需要扩大联系的门。

（7）镶板门。镶板门是指门扇由边梃、上帽头、中帽头、下帽头等组成的骨架框，在框内镶嵌门心板而成，如图 3-8-1（a）所示。

（8）胶合板门。胶合板门又叫作夹板门，它的门扇是采用尺寸较小的方木做格子骨架，然后在骨架两边粘贴薄板（如胶合板、硬质纤维板等），四周用小木条封边而成，如图 3-8-1（c）、（d）所示。

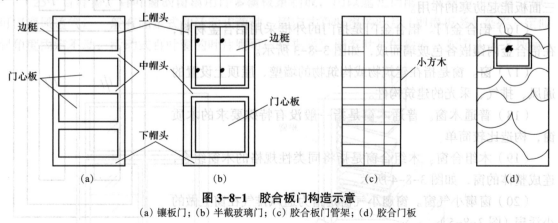

图 3-8-1　胶合板门构造示意
（a）镶板门；（b）半截玻璃门；（c）胶合板门管架；（d）胶合门板

（9）自由门。自由门是全玻门的一种类型。门扇无中冒头或玻璃棂，全部安装玻璃的为"全玻璃门扇"，可以内外开启。预算定额中分为半玻自由门（采用双面弹簧铰链）

（26）彩板组角钢门窗。彩板组角钢门窗采用 0.7～1.0 mm 厚的彩色涂层钢板在液压自动轧机上轧制而成的型材，经组角而制成的各种规格型号的钢门窗。在框、扇、玻璃间的缝隙，都是采用特制的胶条为介质的软接触层，有着很好的隔声保温性能，是近几年发展起来的一种中高档钢质门窗。

（27）门框。门框亦称门樘，是墙与门相互连接的构件，如图 3-8-9 所示。

（28）门窗贴脸。门窗贴脸是指在门窗框上紧密地固定贴脸板。门窗贴脸所用的材料为方木和钉子，贴脸板紧密地固定在门窗框上，贴脸板用的木方先刨大面，后刨小面，然后顺纹起线，线条清秀，深浅一致，刨光面平直光滑，装钉的钉子钉帽要求砸扁，钉入板内 3 mm。

（29）窗帘盒。窗帘盒是为了装饰整洁，用来安装窗帘棍、滑轮、拉线的木盒子，如图 3-8-10 所示。

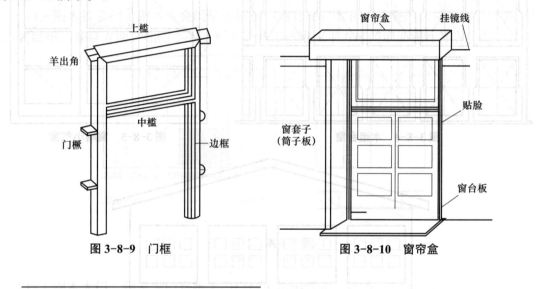

图 3-8-9　门框　　　　　　　图 3-8-10　窗帘盒

二、工程量清单计算规范相关内容

（一）木门

木门工程量清单项目设置、项目特征描述、计量单位及工程量计算规则，应按表 3-8-1 的规定执行。

表 3-8-1　木门（编码：010801）

项目编码	项目名称	项目特征	计量单位	工程量计算规则	工作内容
010801001	木质门	1. 门代号及洞口尺寸 2. 镶嵌玻璃品种、厚度	1. 樘 2. m²	1. 以樘计量，按设计图示数量计算 2. 以平方米计量，按设计图示洞口尺寸以面积计算	1. 门安装 2. 玻璃安装 3. 五金安装
010801002	木质门带套				
010801003	木质连窗门				
010801004	木质防火门				

项目编码	项目名称	项目特征	计量单位	工程量计算规则	工作内容
010801005	木门框	1. 门代号及洞口尺寸 2. 框截面尺寸 3. 防护材料种类	1. 樘 2. m	1. 以樘计量，按设计图示数量计算 2. 以米计量，按设计图示框的中心线以延长米计算	1. 木门框制作、安装 2. 运输 3. 刷防护材料
010801006	门锁安装	1. 锁品种 2. 锁规格	1. 个 2. (套)	按设计图示数量计算	安装

工程量清单项目应用说明如下：

（1）木质门应区分镶板木门、企口木板门、实木装饰门、胶合板门、夹板装饰门、木纱门、全玻门（带木质扇框）、木质半玻门（带木质扇框）等项目，分别编码列项。

（2）木门五金应包括：折页、插销、门碰珠、弓背拉手、搭机、木螺钉、弹簧折页（自动门）、管子拉手（自由门、地弹门）、地弹簧（地弹门）、角铁、门轧头（地弹门、自由门）等。

（3）木质门带套计量按洞口尺寸以面积计算，不包括门套的面积。

（4）以樘计量，项目特征必须描述洞口尺寸，以平方米计量，项目特征可不描述洞口尺寸。

（5）单独制作安装木门框按木门框项目编码列项。

（二）金属门

金属门工程量清单项目设置、项目特征描述、计量单位及工程量计算规则，应按表3-8-2的规定执行。

表3-8-2　金属门（编码：010802）

项目编码	项目名称	项目特征	计量单位	工程量计算规则	工作内容
010802001	金属（塑钢）门	1. 门代号及洞口尺寸 2. 门框或扇外围尺寸 3. 门框、扇材质 4. 玻璃品种、厚度	1. 樘 2. m²	1. 以樘计量，按设计图示数量计算 2. 以平方米计量，按设计图示洞口尺寸以面积计算	1. 门安装 2. 五金安装 3. 玻璃安装
010802002	彩板门	1. 门代号及洞口尺寸 2. 门框或扇外围尺寸			
010802003	钢质防火门	1. 门代号及洞口尺寸 2. 门框或扇外围尺寸 3. 门框、扇材质			1. 门安装 2. 五金安装
010702004	防盗门				

工程量清单项目应用说明如下：

（1）金属门应区分金属平开门、金属推拉门、金属地弹门、全玻门（带金属扇框）、金属半玻门（带扇框）等项目，分别编码列项。

项目编码	项目名称	项目特征	计量单位	工程量计算规则	工作内容
010805003	电子对讲门	1. 门代号及洞口尺寸 2. 门框或扇外围尺寸 3. 门材质 4. 玻璃品种、厚度 5. 启动装置的品种、规格 6. 电子配件品种、规格	1. 樘 2. m²	1. 以樘计量，按设计图示数量计算 2. 以平方米计量，按设计图示洞口尺寸以面积计算	1. 门安装 2. 启动装置、五金、电子配件安装
010805004	电动伸缩门				
010805005	全玻自由门	1. 门代号及洞口尺寸 2. 门框或扇外围尺寸 3. 框材质 4. 玻璃品种、厚度			1. 门安装 2. 五金安装
010805006	镜面不锈钢饰面门	1. 门代号及洞口尺寸 2. 门框或扇外围尺寸 3. 框、扇材质 4. 玻璃品种、厚度			
010805007	复合材料门				

工程量清单项目应用说明如下：

（1）以樘计量，项目特征必须描述洞口尺寸，没有洞口尺寸必须描述门框或扇外围尺寸，以平方米计量，项目特征可不描述洞口尺寸及框、扇的外围尺寸。

（2）以平方米计量，无设计图示洞口尺寸，按门框、扇外围以面积计算。

（六）木窗

木窗工程量清单项目设置、项目特征描述、计量单位及工程量计算规则，应按表3-8-6的规定执行。

表3-8-6　木窗（编码：010806）

项目编码	项目名称	项目特征	计量单位	工程量计算规则	工作内容
010806001	木质窗	1. 窗代号及洞口尺寸 2. 玻璃品种、厚度	1. 樘 2. m²	1. 以樘计量，按设计图示数量计算 2. 以平方米计量，按设计图示洞口尺寸以面积计算	1. 窗安装 2. 五金、玻璃安装
010806002	木飘（凸）窗			1. 以樘计量，按设计图示数量计算 2. 以平方米计量，按设计图示尺寸以框外围展开面积计算	1. 窗制作、运输、安装 2. 五金、玻璃安装
010806003	木橱窗	1. 窗代号 2. 框截面及外围展开面积 3. 玻璃品种、厚度 4. 防护材料种类			1. 窗制作、运输、安装 2. 五金、玻璃安装 3. 刷防护材料

项目编码	项目名称	项目特征	计量单位	工程量计算规则	工作内容
010806004	木纱窗	1. 窗代号及框的外围尺寸 2. 窗纱材料品种、规格	1. 樘 2. m²	1. 以樘计量，按设计图示数量计算 2. 以平方米计量，按框的外围尺寸以面积计算	1. 窗安装 2. 五金安装

工程量清单项目应用说明如下：

（1）木质窗应区分木百叶窗、木组合窗、木天窗、木固定窗、木装饰空花窗等项目，分别编码列项。

（2）以樘计量，项目特征必须描述洞口尺寸，没有洞口尺寸必须描述窗框外围尺寸；以平方米计量，项目特征可不描述洞口尺寸及框的外围尺寸。

（3）以平方米计量，无设计图示洞口尺寸，按窗框外围以面积计算。

（4）木橱窗、木飘（凸）窗以樘计量，项目特征必须描述框截面及外围展开面积。

（5）木窗五金包括折页、插销、风钩、木螺钉、滑楞滑轨（推拉窗）等。

（6）窗开启方式是指平开、推拉、上或中悬。

（7）窗形状是指矩形或异形。

（七）金属窗

金属窗工程量清单项目设置、项目特征描述、计量单位及工程量计算规则，应按表3-8-7的规定执行。

表3-8-7 金属窗（编码：010807）

项目编码	项目名称	项目特征	计量单位	工程量计算规则	工作内容
010807001	金属（塑钢、断桥）窗	1. 窗代号及洞口尺寸 2. 框、扇材质 3. 玻璃品种、厚度	1. 樘 2. m²	1. 以樘计量，按设计图示数量计算 2. 以平方米计量，按设计图示洞口尺寸以面积计算	1. 窗安装 2. 五金、玻璃安装
010807002	金属防火窗				
010807003	金属百叶窗				
010807004	金属纱窗	1. 窗代号及框的外围尺寸 2. 框材质 3. 窗纱材料品种、规格	1. 樘 2. m²	1. 以樘计量，按设计图示数量计算 2. 以平方米计量，按框的外围尺寸以面积计算	1. 窗安装 2. 五金安装
010807005	金属格栅窗	1. 窗代号及洞口尺寸 2. 框外围尺寸 3. 框、扇材质	1. 樘 2. m²	1. 以樘计量，按设计图示数量计算 2. 以平方米计量，按设计图示洞口尺寸以面积计算	1. 窗安装 2. 五金安装

（九）窗台板

窗台板工程量清单项目设置、项目特征描述、计量单位及工程量计算规则，应按表 3-8-9 的规定执行。

表 3-8-9　窗台板（编码：010809）

项目编码	项目名称	项目特征	计量单位	工程量计算规则	工作内容
010809001	木窗台板	1. 基层材料种类 2. 窗台面板材质、规格、颜色 3. 防护材料种类	m²	按设计图示尺寸以展开面积计算	1. 基层清理 2. 基层制作、安装 3. 窗台板制作、安装 4. 刷防护材料
010809002	铝塑窗台板				
010809003	金属窗台板				
010809004	石材窗台板	1. 粘结层厚度、砂浆配合比 2. 窗台板材质、规格、颜色			1. 基层清理 2. 抹找平层 3. 窗台板制作、安装

（十）窗帘、窗帘盒、轨

窗帘、窗帘盒、轨工程量清单项目设置、项目特征描述、计量单位及工程量计算规则，应按表 3-8-10 的规定执行。

表 3-8-10　窗帘、窗帘盒、轨（编码：010810）

项目编码	项目名称	项目特征	计量单位	工程量计算规则	工作内容
010810001	窗帘	1. 窗帘材质 2. 窗帘高度、宽度 3. 窗帘层数 4. 带幔要求	1. m 2. m²	1. 以米计量，按设计图示尺寸以成活后长度计算 2. 以平方米计量，按图示尺寸以成活后展开面积计算	1. 制作、运输 2. 安装
010810002	木窗帘盒	1. 窗帘盒材质、规格 2. 防护材料种类	m	按设计图示尺寸以长度计算	1. 制作、运输、安装 2. 刷防护材料
010810003	饰面夹板、塑料窗帘盒				
010810004	铝合金窗帘盒				
010810005	窗帘轨	1. 窗帘轨材质、规格 2. 轨的数量 3. 防护材料种类			

工程量清单项目应用说明如下：

（1）窗帘若是双层，项目特征必须描述每层材质。

（2）窗帘以米计量，项目特征必须描述窗帘高度和宽度。

三、计算实例

【例 3-8-1】 计算如图 3-8-11 所示的木门工程量，其中 M1521 为木制半玻门，数量为 10 樘；M0921 为全玻门（带木制杉框），数量为 12 樘。

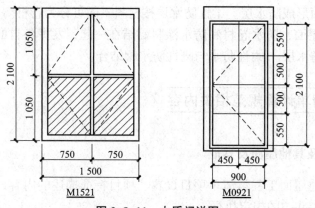

图 3-8-11　木质门详图

解： 木制半玻门（M1251）面积：$1.5 \times 2.1 \times 10 = 31.5$（m²）

全玻门（M0921）面积：$0.9 \times 2.1 \times 12 = 22.68$（m²）

任务九　屋面及防水工程

一、屋面工程基础知识

屋面及防水工程主要包括瓦、型材屋面及其他屋面，屋面防水及其他，墙面防水、防潮，楼（地）面防水、防潮等工程项目。

（一）屋面分类

屋面是指建筑物屋顶的表面，也是指屋脊与屋檐之间的部分。这一部分占据屋顶的较大面积，或者屋面是屋顶中面积较大的部分。一般包含混凝土现浇楼面、水泥砂浆找平层、保温隔热层、防水层、水泥砂浆保护层、排水系统、女儿墙及避雷措施等，特殊工程时还有瓦面的施工（挂瓦条）。

平屋面，屋面坡度小于或等于 5% 的屋面，一般常用坡度为 2%～3%，可分为上人屋面和不上人屋面两种，上人屋面坡度通常为 1%～2%。平面屋通常形式有挑檐式、女儿墙和挑檐女儿墙等。

坡屋面是指坡度 10% 以上的屋面。坡屋面由一些相同坡度的倾斜面交接而成，通常形式有单坡式、硬山式、悬山式、四坡式和卷棚式等。其他屋面种类较多，如双曲拱式、砖石拱式、筒壳式、球形网壳式、V 形网壳式扁壳式、车轮形悬索式和鞍形悬索式等。

（二）防水、防潮

（1）刚性防水，是指依靠结构构件自身的密实性或采用刚性材料作防水层以达到建筑物的防水目的。

（2）柔性防水，是以沥青、油毡等柔性材料铺设和黏结或将以高分子合成材料为主体的材料涂布于防水面形成防水层。柔性防水层按材料不同可分为卷材防水和涂膜防水。

（3）复合防水屋面，防水卷材和防水涂料黏结在一起，发挥各自的优势，共同作用形成一个有效的复合防水层。柔性防水与刚性防水相结合。

二、工程量清单计算规范相关内容

（一）瓦、型材及其他屋面及其他

瓦、型材及其他屋面工程量清单项目设置、项目特征描述的内容、计量单位及工程量计算规则，应按表 3-9-1 的规定执行。

表 3-9-1　瓦、型材及其他屋面（编码：010901）

项目编码	项目名称	项目特征	计量单位	工程量计算规则	工作内容
010901001	瓦屋面	1. 瓦品种、规格 2. 粘结层砂浆的配合比	m^2	按设计图示尺寸以斜面积计算 不扣除房上烟囱、风帽底座、风道、小气窗、斜沟等所占面积。小气窗的出檐部分不增加面积	1. 砂浆制作、运输、摊铺、养护 2. 安瓦、作瓦脊
010901002	型材屋面	1. 型材品种、规格 2. 金属檩条材料品种、规格 3. 接缝、嵌缝材料种类			1. 檩条制作、运输、安装 2. 屋面型材安装 3. 接缝、嵌缝
010901003	阳光板屋面	1. 阳光板品种、规格 2. 骨架材料品种、规格 3. 接缝、嵌缝材料种类 4. 油漆品种、刷漆遍数		按设计图示尺寸以斜面积计算 不扣除屋面面积 ≤ 0.3 m^2 孔洞所占面积	1. 骨架制作、运输、安装、刷防护材料、油漆 2. 阳光板安装 3. 接缝、嵌缝
010901004	玻璃钢屋面	1. 玻璃钢品种、规格 2. 骨架材料品种、规格 3. 玻璃钢固定方式 4. 接缝、嵌缝材料种类 5. 油漆品种、刷漆遍数			1. 骨架制作、运输、安装、刷防护材料、油漆 2. 玻璃钢制作、安装 3. 接缝、嵌缝
010901005	膜结构屋面	1. 膜布品种、规格 2. 支柱（网架）钢材品种、规格 3. 钢丝绳品种、规格 4. 锚固基座做法 5. 油漆品种、刷漆遍数		按设计图示尺寸以需要覆盖的水平投影面积计算	1. 膜布热压胶接 2. 支柱（网架）制作、安装 3. 膜布安装 4. 穿钢丝绳、锚头锚固 5. 锚固基座、挖土、回填 6. 刷防护材料，油漆

1. 工程量清单项目应用说明

（1）瓦屋面若是在木基层上铺瓦，项目特征不必描述粘结层砂浆的配合比；瓦屋面铺防水层，按"计算规范"中"屋面防水及其他"中的相关项目编码列项。

（2）型材屋面、阳光板屋面、玻璃钢屋面的柱、梁、屋架，按"计算规范"中金属结构工程、木结构工程中相关项目编码列项。

2. 与坡屋顶相关的参数

（1）屋顶斜面积。四坡水屋面斜面积为屋面水平投影面积乘以延长系数 C。

（2）屋面斜脊长度。屋面斜脊长度 $= A \times D$（图 3-9-1 中 $S = A$），D 为隅延长系数。

（3）沿山墙泛水长度。沿山墙泛水长度 $= A \times C$。

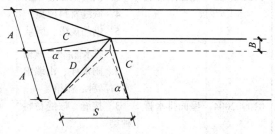

图 3-9-1　屋面坡度系数各字母释义图

不同屋面坡度的延长系数 C 和隅延长系数 D 见表 3-9-2。

表 3-9-2　屋面坡度延长米系数表

坡度比例 B/A	角度	延长系数 C	隅延长系数 D
1：1	45°	1.414 2	1.732 1
1：1.5	33°40′	1.201 5	1.562 0
1：2	26°34′	1.118	1.500 0
1：2.5	21°48′	1.077 0	1.469 70
1：3	18°26′	1.054 1	1.453 0

（二）屋面防水及其他

屋面防水及其他工程量清单项目设置、项目特征描述的内容、计量单位及工程量计算规则，应按表 3-9-3 的规定执行。

表 3-9-3　屋面防水及其他（编码：010902）

项目编码	项目名称	项目特征	计量单位	工程量计算规则	工作内容
010902001	屋面卷材防水	1. 卷材品种、规格、厚度 2. 防水层数 3. 防水层做法	m²	按设计图示尺寸以面积计算。 1. 斜屋顶（不包括平屋顶找坡）按斜面积计算，平屋顶按水平投影面积计算 2. 不扣除房上烟囱、风帽底座、风道、屋面小气窗和斜沟所占面积 3. 屋面的女儿墙、伸缩缝和天窗等处的弯起部分，并入屋面工程量内	1. 基层处理 2. 刷底油 3. 铺油毡卷材、接缝
010902002	屋面涂膜防水	1. 防水膜品种 2. 涂膜厚度、遍数 3. 增强材料种类			1. 基层处理 2. 刷基层处理剂 3. 铺布、喷涂防水层

项目编码	项目名称	项目特征	计量单位	工程量计算规则	工作内容
010902003	屋面刚性层	1. 刚性层厚度 2. 混凝土种类 3. 混凝土强度等级 4. 嵌缝材料种类 5. 钢筋规格、型号		按设计图示尺寸以面积计算。不扣除房上烟囱、风帽底座、风道等所占面积	1. 基层处理 2. 混凝土制作、运输、铺筑、养护 3. 钢筋制作安装
010902004	屋面排水管	1. 排水管品种、规格 2. 雨水斗、山墙出水口品种、规格 3. 接缝、嵌缝材料种类 4. 油漆品种、刷漆遍数	m	按设计图示尺寸以长度计算。如设计未标注尺寸，以檐口至设计室外散水上表面垂直距离计算	1. 排水管及配件安装、固定 2. 雨水斗、山墙出水口、雨水箅子安装 3. 接缝、嵌缝 4. 刷漆
010902007	屋面天沟、檐沟	1. 材料品种、规格 2. 接缝、嵌缝材料种类	m²	按设计图示尺寸以展开面积计算	1. 天沟材料铺设 2. 天沟配件安装 3. 接缝、嵌缝 4. 刷防护材料

工程量清单项目应用说明如下：

（1）屋面刚性层防水，按屋面卷材防水、屋面涂膜防水项目编码列项；屋面刚性层无钢筋，其钢筋项目特征不必描述。

（2）屋面找平层按"计算规范"中楼地面装饰工程"平面砂浆找平层"项目编码列项。

（3）屋面防水搭接及附加层用量不另行计算，在综合单价中考虑。

（三）墙面防水、防潮

墙面防水、防潮工程量清单项目设置、项目特征描述的内容、计量单位及工程量计算规则，应按表3-9-4的规定执行。

表3-9-4　墙面防水及其他（编码：010903）

项目编码	项目名称	项目特征	计量单位	工程量计算规则	工作内容
010903001	墙面卷材防水	1. 卷材品种、规格、厚度 2. 防水层数 3. 防水层做法			1. 基层处理 2. 刷粘结剂 3. 铺防水卷材 4. 接缝、嵌缝
010903002	墙面涂膜防水	1. 防水膜品种 2. 涂膜厚度、遍数 3. 增强材料种类	m²	按设计图示尺寸以面积计算	1. 基层处理 2. 刷基层处理剂 3. 铺布、喷涂防水层
010903003	墙面砂浆防水（防潮）	1. 防水层做法 2. 砂浆厚度、配合比 3. 钢丝网规格			1. 基层处理 2. 挂钢丝网片 3. 设置分格缝 4. 砂浆制作、运输、摊铺、养护

项目编码	项目名称	项目特征	计量单位	工程量计算规则	工作内容
010903004	墙面变形缝	1. 嵌缝材料种类 2. 止水带材料准备 3. 盖缝材料 4. 防护材料种类	m	按设计图示尺寸以长度计算	1. 清缝 2. 填塞防水材料 3. 止水带安装 4. 盖缝制作、安装 5. 刷防护材料

1. 工程量清单项目应用说明

（1）墙面防水搭接及附加层用量不另行计算，在综合单价中考虑。

（2）墙面变形缝，若做双面，工程量乘以系数2。

2. 工程量清单编制实务注意事项

（1）墙面卷材防水、墙面涂膜防水，仅适用于墙面部位的防水。

1）基层处理、刷胶粘剂、铺防水卷材应包括在报价内。

2）搭接、嵌缝材料、附加层卷材用量不另行计算，应包括在报价内。

3）墙面的找平层、保护层应按相关项目编码列项。

（2）墙面砂浆防水（防潮），仅适用于墙面部位的防水防潮。挂钢丝网片、防水和防潮层的外加剂应包括在报价内。

（3）墙面变形缝，仅适用于墙体部位的抗震缝、温度缝（伸缩缝）、沉降缝。止水带安装和盖板制作，安装应包括在报价内。

三、计算实例

【例3-9-1】 如图3-9-2所示的坡屋面，屋面坡度 $B/2A = 1/4$，计算该屋面斜面积、斜脊及平脊长度。

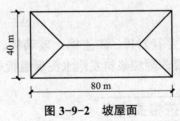

图3-9-2　坡屋面

解： 查屋面坡度延长米系数表得 $C = 1.118\,0$，$D = 1.500\,0$。

屋面斜面积：$80 \times 40 \times 1.118\,0 = 3\,577.6$（$m^2$）。

斜脊长度：$(40 \div 2) \times 1.500\,0 \times 4 = 120$（m）。

平脊长度：$80 - 20 \times 2 = 40$（m）。

【例3-9-2】 某厂房屋面如图3-9-3所示。设计要求：水泥珍珠岩块保温层80 mm厚，1∶3水泥砂浆，找平层20 mm厚，三元乙丙橡胶卷材防水层（满铺），计算屋面防水清单工程量。

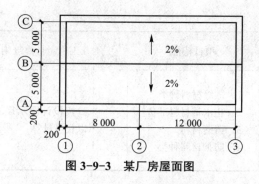

图 3-9-3　某厂房屋面图

解： 查"计算规范"，屋面卷材防水层项目编码为 010902001。

工程量＝（20＋0.2×2）×（10＋0.2×2）＝212.16（m²）

任务十　防腐、隔热及保温工程

一、防腐、隔热、保温工程基础知识

（一）防腐

防腐工程的常见做法有刷油防腐和耐酸防腐。刷油防腐，刷油是一种经济有效的防腐措施。常用的防腐材料有沥青漆、酚树脂漆、氯磺化聚乙烯漆、聚氨酯漆等。耐酸防腐，是运用人工或机械方法，将具有耐腐蚀性能的材料浇筑、涂刷、喷涂、粘贴或铺砌在应防腐的工程构件表面，以达到防腐蚀的效果。常用的防腐蚀材料有水玻璃耐酸砂浆、混凝土，耐酸沥青砂浆、混凝土，环氧砂浆、混凝土及各类玻璃钢等。

（二）隔热、保温

建筑用保温、隔热材料主要有岩棉、矿渣棉、玻璃棉、聚苯乙烯泡沫、膨胀珍珠岩、膨胀蛭石、加气混凝土及胶粉聚苯颗粒浆料发泡水泥保温板等。

二、工程量清单计算规范相关内容

（一）隔热、保温

防腐面层工程量清单项目设置、项目特征描述的内容、计量单位及工程量计算规则，按表 3-10-1 的规定执行。

表 3-10-1　防腐面层（编码：011002）

项目编码	项目名称	项目特征	计量单位	工程量计算规则	工作内容
011002001	防腐混凝土面层	1. 防腐部位 2. 面层厚度 3. 混凝土种类 4. 胶泥种类、配合比	m²	按设计图示尺寸以面积计算。 1. 平面防腐：扣除凸出地面的构筑物、设备基础等以及构筑物、设备基础等以及面积 > 0.3 m² 孔洞、柱、垛等所占面积，门洞、空圈、暖气包槽、壁龛的开口部分不增加面积。 2. 立面防腐：扣除门、窗、洞口以及面积 > 0.3 m² 孔洞、梁所占面积，门、窗、洞口侧壁、垛凸出部分按展开面积并入墙面积内	1. 基层清理 2. 基层刷稀胶泥 3. 混凝土制作、运输、摊铺、养护
011002002	防腐砂浆面层	1. 防腐部位 2. 面层厚度 3. 砂浆、胶泥种类、配合比			1. 基层清理 2. 基层刷稀胶泥 3. 砂浆制作、运输、摊铺、养护
011002003	防腐胶泥面层	1. 防腐部位 2. 面层厚度 3. 胶泥种类、配合比			1. 基层清理 2. 胶泥调制、摊铺
011002004	玻璃钢防腐面层	1. 防腐部位 2. 玻璃钢种类 3. 贴布材料的种类、层数 4. 面层材料品种			1. 基层清理 2. 刷底漆、刮腻 3. 胶浆配制、涂刷 4. 粘布、涂刷面层
011002005	聚氯乙烯板面层	1. 防腐部位 2. 面层材料品种、厚度 3. 粘结材料种类			1. 基层清理 2. 配料、涂胶 3. 聚氯乙烯板铺设
011002006	块料防腐面层	1. 防腐部位 2. 块料品种、规格 3. 粘结材料种类 4. 勾缝材料种类			1. 基层清理 2. 铺贴块料 3. 胶泥调制、勾缝
011002007	池、槽块料防腐面层	1. 防腐池、槽名称、代号 2. 块料品种、规格 3. 粘结材料种类 4. 勾缝材料种类		按设计图示尺寸以展开面积计算	1. 基层清理 2. 铺贴块料 3. 胶泥调制、勾缝

1. 工程量清单项目应用说明

（1）防腐混凝土面层、防腐砂浆面层、防腐胶泥面层。

1）因防腐材料不同产生价格上的差异，清单项目中必须列出混凝土、砂浆、胶泥的材料种类，如水玻璃混凝土、沥青混凝土等。

2）如遇池槽防腐，池底和池壁可合并列项，也可分为池底面积和池壁防腐面积，分别列项。

（2）玻璃钢防腐面层：适用于树脂胶料与增强材料，如玻璃纤维丝（布）玻璃纤维表面毡、玻璃纤维短切毡或涤纶布、涤纶毡、丙纶布、丙轮毡等复合塑制而成的玻璃钢防腐。

1）项目名称应描述构成玻璃钢、树脂和增强材料名称。如环氧酚醛（树脂）玻璃钢、酚醛（树脂）玻璃钢、环氧煤焦油（树脂）玻璃钢、环氧呋喃（树脂）玻璃钢、不饱和聚酯

（树脂）玻璃钢等。增强材料如玻璃纤维布、毡、涤纶布毡等。

2）应描述防腐部位和立面、平面。

（3）聚氯乙烯板面层：适用于地面、墙面的软、硬聚氯乙烯板防腐工程。聚氯乙烯板的焊接应包括在报价内。

2. 防腐工程量计量

除个别项目外，防腐工程均应区分不同防腐材料种类及其厚度，按设计实铺面积以 m^2 计量。应注意扣除凸出地面的构筑物、设备基础等所占的面积砖垛等凸出墙面部分按展开面积计算，并入墙面防腐工程量之内。

（二）防腐面层

隔热、保温工程量清单项目设置、项目特征描述的内容、计量单位及工程量计算规则，应按表 3-10-2 的规定执行。

表 3-10-2 保温、隔热（编码：011001）

项目编码	项目名称	项目特征	计量单位	工程量计算规则	工作内容
011001001	保温隔热屋面	1. 保温隔热材料品种、规格、厚度 2. 隔气层材料品种、厚度 3. 粘结材料种类、做法 4. 防护材料种类、做法	m^2	按设计图示尺寸以面积计算。扣除面积 > 0.3 m^2 孔洞及占位面积	1. 基层清理 2. 刷粘结材料 3. 铺粘保温层 4. 铺、刷（喷）防护材料
011001002	保温隔热天棚	1. 保温隔热面层材料品种、规格、性能 2. 保温隔热材料品种、规格及厚度 3. 粘结材料种类及做法 4. 防护材料种类及做法		按设计图示尺寸以面积计算。扣除面积 > 0.3 m^2 上柱、垛、孔洞所占面积，与天棚相连的梁按展开面积，计算并入天棚工程量内	
011001003	保温隔热墙面	1. 保温隔热部位 2. 保温隔热方式 3. 踢脚线、勒脚线保温做法 4. 龙骨材料品种、规格 5. 保温隔热面层材料品种、规格、性能 6. 保温隔热材料品种、规格及厚度 7. 增强网及抗裂防水砂浆种类 8. 粘结材料种类及做法 9. 防护材料种类及做法		按设计图示尺寸以面积计算。扣除门窗洞口以及面积 > 0.3 m^2 梁、孔洞所占面积；门窗洞口侧壁以及与墙相连的柱，并入保温墙体工程量内	1. 基层清理 2. 刷界面剂 3. 安装龙骨 4. 填贴保温材料 5. 保温板安装 6. 粘贴面层 7. 铺设增强格网、抹抗裂、防水砂浆面层 8. 嵌缝 9. 铺、刷（喷）防护材料
011001004	保温柱、梁			按设计图示尺寸以面积计算。 1. 柱按设计图示柱断面保温层中心线展开长度乘保温层高度以面积计算，扣除面积 > 0.3 m^2 梁所占面积 2. 梁按设计图示梁断面保温层中心线展开长度乘保温层长度以面积计算	

项目编码	项目名称	项目特征	计量单位	工程量计算规则	工作内容
011001005	保温隔热楼地面	1. 保温隔热部位 2. 保温隔热材料品种、规格、厚度 3. 隔气层材料品种、厚度 4. 粘结材料种类、做法 5. 防护材料种类、做法	m²	按设计图示尺寸以展开面积计算。扣除面积＞0.3 m²柱、垛、孔洞等所占面积。门洞、孔圈、暖气包槽、壁龛的开口部分不增加面积	1. 基层清理 2. 刷粘接材料 3. 铺粘保温层 4. 铺、刷（喷）防护材料
011001006	其他保温隔热	1. 保温隔热部位 2. 保温隔热方式 3. 隔气层材料品种、厚度 4. 保温隔热面层材料品种、规格、性能 5. 保温隔热材料品种、规格及厚度 6. 粘结材料种类及做法 7. 增强网及抗裂防水砂浆种类 8. 防护材料种类及做法		按设计图示尺寸以展开面积计算。扣除面积＞0.3 m²孔洞及占位面积	1. 基层清理 2. 刷界面剂 3. 安装龙骨 4. 填贴保温材料 5. 保温板安装 6. 粘贴面层 7. 铺设增强格网、抹抗裂防水砂浆面层 8. 嵌缝 9. 铺、刷（喷）防护材料

1. 工程量清单项目应用说明

（1）保温隔热装饰面层，按"计算规范"相关项目编码列项；仅做找平层按"计算规范"中"平面砂浆找平层"或"立面砂浆找平层"项目编码列项。

（2）柱帽保温隔热应并入天棚保温隔热工程量内。

（3）池槽保温隔热应按其他保温隔热项目编码列项。

（4）保温隔热方式是指内保温、外保温、夹心保温。

2. 保温隔热工程计量

（1）保温隔热层应区别不同保温隔热材料，除另有规定者外，均按设计实铺厚度以 m³ 计算。

（2）保温隔热层的厚度按隔热材料（不包括胶结材料）净厚度计算。

（3）屋面、地面隔热层，按围护结构墙体间净面积乘以设计厚度以 m³ 计算，不扣除柱、垛所占的体积。屋面架空隔热层按实铺面积以 m² 计算。

（4）墙体隔热层，内墙按隔热层净长乘以图示尺寸的高度及厚度以 m³ 计算，应扣除冷藏门洞口和管道穿墙洞口所占的体积。外墙外保温按实际展开面积计算。

（5）柱包隔热层，按图示柱的隔热层中心线的展开长度乘以图示尺寸高度及厚度，以 m³ 计算。

（6）天棚混凝土板下铺贴保温材料时，按设计实铺厚度以 m 计算。天棚板面上铺放保温材料时，按设计实铺面积以 m² 计算。

（7）树脂珍珠岩板，按图示尺寸以 m 计算，并扣除 0.3 m² 以上孔洞所占的体积。

三、计算实例

【例 3-10-1】 某平屋面如图 3-10-1 所示，屋面坡度为 2%，保温层采用泡沫混凝土，最薄处 60 mm。计算该屋面保温层工程量。

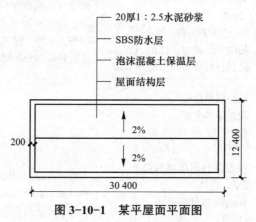

图 3-10-1 某平屋面平面图

解： 保温层平均厚 = ［（12.4-0.4）÷2×2% + 0.06 + 0.06］÷2 = 0.12（m）

保温层体积 = （30.4-0.4）×（12.4-0.4）×0.12 = 43.2（m³）

任务十一 楼地面装饰工程

一、楼地面装饰工程基础知识

楼地面是地面与楼面的简称。按常见楼地面做法，主要包括垫层、找平层、整体面层（砂浆地面、混凝土地面、水磨石地面等）、块料面层（马赛克、地砖、石材、木地砖等）、楼梯面层、散水、台阶、栏杆扶手、明沟等项目。其中，楼地面是建筑物底层地面和楼层地面的总称，一般由基层、垫层和面层三部分组成。按工程做法或面层材料不同，楼地面可分为整体地面、块材地面、木地面、地毯地面、特殊地面等。

（1）基层，楼地面的基体，作用是承担其上部的全部荷载。地面基层多为素土夯实，楼面基层一般是钢筋混凝土板。

（2）附加层，当地面和楼面的基本构造不能满足使用或构造要求时增设的构造层，如找平层、结合层、隔离层、填充层、垫层等。

（3）面层，人们日常生活、工作、生产直接接触的地方，是直接承受各种物理和化学作用的地面与楼面表层。根据所用的材料，可将面层分为整体面层、块料面层、其他面层。整体面层常用材料有水泥砂浆、细石混凝土、现浇水磨石等。

1）整体面层，是指一次性连续铺筑而成的面层。如水泥砂浆面层、细石混凝土面层、水磨石面层等，造价较低。

2）块料面层，是指使用花岗石、大理石、地砖等材料做的面层。

3）其他面层，如橡塑面层、木地板面层等。

二、工程量清单计价规范相关内容

（一）整体面层及找平层

整体面层及找平层温工程量清单项目设置、项目特征描述的内容、计量单位及工程量计算规则，应按表 3-11-1 的规定执行。

表 3-11-1　整体面层及找平层（编码：011101）

项目编码	项目名称	项目特征	计量单位	工程量计算规则	工作内容
011101001	水泥砂浆楼地面	1. 找平层厚度、砂浆配合比 2. 素水泥浆遍数 3. 面层厚度、砂浆配合比 4. 面层做法要求		按设计图示尺寸以面积计算。扣除凸出地面构筑物、设备基础、室内管道、地沟等所占面积，不扣除间壁墙及 ≤0.3 m² 柱、垛、附墙烟囱及孔洞所占面积。门洞、空圈、暖气包槽、壁龛的开口部分不增加面积	1. 基层清理 2. 抹找平层 3. 抹面层 4. 材料运输
011101002	现浇水磨石楼地面	1. 找平层厚度、砂浆配合比 2. 面层厚度、水泥石子浆配合比 3. 嵌条材料种类、规格 4. 石子种类、规格、颜色 5. 颜料种类、颜色 6. 图案要求 7. 磨光、酸洗、打蜡要求	m²		1. 基层清理 2. 抹找平层 3. 面层铺设 4. 嵌缝条安装 5. 磨光、酸洗打蜡 6. 材料运输
011101003	细石混凝土楼地面	1. 找平层厚度、砂浆配合比 2. 面层厚度、混凝土强度等级			1. 基层清理 2. 抹找平层 3. 面层铺设 4. 材料运输
011101004	菱苦土楼地面	1. 找平层厚度、砂浆配合比 2. 面层厚度 3. 打蜡要求			1. 基层清理 2. 抹找平层 3. 面层铺设 4. 打蜡 5. 材料运输
011101005	自流坪楼地面	1. 找平层砂浆配合比、厚度 2. 界面剂材料种类 3. 中层漆材料种类、厚度 4. 面漆材料种类、厚度 5. 面层材料种类			1. 基层处理 2. 抹找平层 3. 涂界面剂 4. 涂刷中层漆 5. 打磨、吸尘 6. 镘自流平面漆（浆） 7. 拌和自流平浆料 8. 铺面层
011101006	平面砂浆找平层	找平层厚度、砂浆配合比		按设计图示尺寸以面积计算	1. 基层清理 2. 抹找平层 3. 材料运输

工程量清单项目应用说明如下：

（1）水泥砂浆面层处理是拉毛还是提浆压光应在面层做法要求中描述。

（2）平面砂浆找平层只适用于仅做找平层的平面抹灰。

（3）间壁墙是指墙厚小于等于 120 mm 的墙。

（4）楼地面整体面层不包括"垫层铺设、防水层铺设"，应按相关项目编码列项。

（5）水泥砂浆面层处理是拉毛还是提浆压光应在面层做法要求中描述。

（6）平面砂浆找平层只适用于仅做找平层的平面抹灰。

（7）普通水泥自流平找平层按水泥砂浆楼地面找平层项目编码列项，并在项目特征中加以描述自流平找平层的做法。

（二）块料面层

块料面层温工程量清单项目设置、项目特征描述的内容、计量单位及工程量计算规则，应按表 3-11-2 的规定执行。

表 3-11-2　块料面层（编码：010902）

项目编码	项目名称	项目特征	计量单位	工程量计算规则	工作内容
011102001	石材楼地面	1. 找平层厚度、砂浆配合比 2. 结合层厚度、砂浆配合比 3. 面层材料品种、规格、颜色 4. 嵌缝材料种类 5. 防护层材料种类 6. 酸洗、打蜡要求	m²	按设计图示尺寸以面积计算。门洞、空圈、暖气包槽、壁龛的开口部分并入相应的工程量内	1. 基层清理 2. 抹找平层 3. 面层铺设、磨边 4. 嵌缝 5. 刷防护材料 6. 酸洗、打蜡 7. 材料运输
011102002	碎石材楼地面				
011102003	块料楼地面				

（三）其他材料面层

其他材料面层工程量清单项目设置、项目特征描述的内容、计量单位及工程量计算规则，应按表 3-11-3 的规定执行。

表 3-11-3　其他材料面层（编码：011104）

项目编码	项目名称	项目特征	计量单位	工程量计算规则	工作内容
011104001	地毯楼地面	1. 面层材料品种、规格、颜色 2. 防护材料种类 3. 粘结材料种类 4. 压线条种类	m²	按设计图示尺寸以面积计算。门洞、空圈、暖气包槽、壁龛的开口部分并入相应的工程量内	1. 基层清理 2. 铺贴面层 3. 刷防护材料 4. 装钉压条 5. 材料运输
011104002	竹、木（复合）地板	1. 龙骨材料种类、规格、铺设间距 2. 基层材料种类、规格 3. 面层材料品种、规格、颜色 4. 防护材料种类			1. 基层清理 2. 龙骨铺设 3. 基层铺设 4. 面层铺贴 5. 刷防护材料 6. 材料运输
011104003	金属复合地板				

项目编码	项目名称	项目特征	计量单位	工程量计算规则	工作内容
011104004	防静电活动地板	1. 支架高度、材料种类 2. 面层材料品种、规格、颜色 3. 防护材料种类	m²	按设计图示尺寸以面积计算。门洞、空圈、暖气包槽、壁龛的开口部分并入相应的工程量内	1. 基层清理 2. 固定支架安装 3. 活动面层安装 4. 刷防护材料 5. 材料运输

（四）踢脚线

踢脚线工程量清单项目设置、项目特征描述的内容、计量单位及工程量计算规则，应按表 3-11-4 的规定执行。

表 3-11-4　踢脚线（编码：011105）

项目编码	项目名称	项目特征	计量单位	工程量计算规则	工作内容
011105001	水泥砂浆踢脚线	1. 踢脚线高度 2. 底层厚度、砂浆配合比 3. 面层厚度、砂浆配合比			1. 基层清理 2. 底层和面层抹灰 3. 材料运输
011105002	石材踢脚线	1. 踢脚线高度 2. 粘贴层厚度、材料种类 3. 面层材料品种、规格、颜色 4. 防护材料种类	1. m² 2. m	1. 以平方米计量，按设计图示长度乘高度以面积计算 2. 以米计量，按延长米计算	1. 基层清理 2. 底层抹灰 3. 面层铺贴、磨边 4. 擦缝 5. 磨光、酸洗、打蜡 6. 刷防护材料 7. 材料运输
011104003	块料踢脚线				
011105004	塑料板踢脚线	1. 踢脚线高度 2. 粘结层厚度、材料种类 3. 面层材料种类、规格、颜色			1. 基层清理 2. 基层铺贴 3. 面层铺贴 4. 材料运输
011105005	木质踢脚线	1. 踢脚线高度 2. 基层材料种类、规格 3. 面层材料品种、规格、颜色			
011105006	金属踢脚线				
011105007	防静电踢脚线				

工程量清单项目应用说明：塑料板踢脚线、木质踢脚线、金属踢脚线、防静电踢脚线项目不包括底层抹灰、刷油漆。

（五）楼梯面层

楼梯面层工程量清单项目设置、项目特征描述的内容、计量单位及工程量计算规则，应按表 3-11-5 的规定执行。

表 3-11-5　楼梯面层（编码：011106）

项目编码	项目名称	项目特征	计量单位	工程量计算规则	工作内容
011106001	石材楼梯面层	1. 找平层厚度、砂浆配合比 2. 粘结层厚度、材料种类 3. 面层材料品种、规格、颜色 4. 防滑条材料种类、规格 5. 勾缝材料种类 6. 防护材料种类 7. 酸洗、打蜡要求	m²	按设计图示尺寸以楼梯（包括踏步、休息平台及≤500 mm的楼梯井）水平投影面积计算。楼梯与楼地面相连时，算至梯口梁内侧边沿；无梯口梁者，算至最上一层踏步边沿加300 mm	1. 基层清理 2. 抹找平层 3. 面层铺贴、磨边 4. 贴嵌防滑条 5. 勾缝 6. 刷防护材料 7. 酸洗、打蜡 8. 材料运输
011106002	块料楼梯面层				
011106003	拼碎块料面层				
011106004	水泥砂浆楼梯面层	1. 找平层厚度、砂浆配合比 2. 面层厚度、砂浆配合比 3. 防滑条材料种类、规格			1. 基层清理 2. 抹找平层 3. 抹面层 4. 抹防滑条 5. 材料运输
011106005	现浇水磨石楼梯面层	1. 找平层厚度、砂浆配合比 2. 面层厚度、水泥石子浆配合比 3. 防滑条材料种类、规格 4. 石子种类、规格、颜色 5. 颜料种类、颜色 6. 磨光、酸洗打蜡要求			1. 基层清理 2. 抹找平层 3. 抹面层 4. 贴嵌防滑条 5. 磨光、酸洗、打蜡 6. 材料运输

三、计算实例

【例 3-11-1】 图 3-11-1 所示为房屋建筑平面图。M1 宽为 1 000 mm，M2 宽为 1 200 mm，M3 宽为 900 mm，M4 宽为 1 000 mm。墙体厚度均为 240 mm。如果设计地面为水泥砂浆面层，水泥砂浆踢脚板，计算其相应工程量。

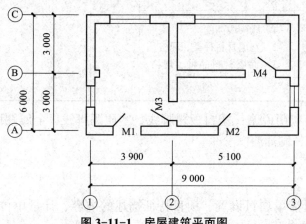

图 3-11-1　房屋建筑平面图

解: (1) 水泥砂浆面层。水泥砂浆面层属于整体面层, 应按设计图示尺寸以面积计算工程量。

$(6 - 0.24) \times (3.9 - 0.24) + (5.1 - 0.24) \times (3.0 - 0.24) \times 2 = 47.91 (m^2)$

(2) 水泥砂浆踢脚板楼地面踢脚线, 按设计图示尺寸延长米计算。

$(6.0 - 0.24 + 3.9 - 0.24) \times 2 + (5.1 - 0.24 + 3.0 - 0.24) \times 2 \times 2 - (1 + 1.2 + 0.9 \times 2 + 1 \times 2) + 0.12 \times 4 + 0.24 \times 4 = 44.76 (m)$

任务十二 墙柱面装饰与隔断、幕墙工程

一、相关基础知识

墙、柱面装饰的主要目的是保护墙体与柱, 美化建筑环境, 让被装饰墙、柱清新环保。从构造上分, 墙、柱面装饰可分为抹灰类、贴面类和镶贴类等多种做法。

(一) 抹灰工程

抹灰工程可分为一般抹灰和装饰抹灰。

(1) 一般抹灰包括石灰砂浆、水泥混合砂浆、水泥砂浆、聚合物水泥砂浆、膨胀珍珠岩水泥砂浆和麻刀灰、纸筋石灰、石膏灰等。装饰抹灰包括水刷石、水磨石、斩假石 (剁斧石) 干黏石、假面砖、拉条灰、拉毛灰、甩毛灰、扒拉石、喷毛灰、喷涂、喷砂、滚涂、弹涂等。

(2) 装饰抹灰主要包括水刷石、斩假石、干粘石、假面砖等。

(二) 隔断

隔断是指专门分隔室内空间的不到顶的半截立面, 有固定式隔断和移动式隔断等形式。其主要适用于办公楼、写字楼、机场、院校、银行、会展中心、酒店、商场、多功能厅、宴会厅、会议室、培训室等场所。

(三) 幕墙

幕墙是建筑的外墙围护, 不承重, 是现代大型和高层建筑常用的带有装饰效果的轻质墙体。它由面板和支承结构体系组成, 可相对主体结构有一定位移能力或自身有一定变形能力, 不承担主体结构所作用的建筑外围护结构或装饰性结构 (外墙框架式支撑体系也是幕墙体系的一种)。

二、工程量清单计价规范相关内容

(一) 墙面抹灰

墙面抹灰工程量清单项目设置、项目特征描述的内容、计量单位及工程量计算规则,

应按表 3-12-1 的规定执行。

表 3-12-1　墙面抹灰（编码：011201）

项目编码	项目名称	项目特征	计量单位	工程量计算规则	工作内容
011201001	墙面一般抹灰	1. 墙体类型 2. 底层厚度、砂浆配合比 3. 面层厚度、砂浆配合比 4. 装饰面材料种类 5. 分格缝宽度、材料种类	m²	按设计图示尺寸以面积计算。扣除墙裙、门窗洞口及单个 > 0.3 m² 的孔洞面积，不扣除踢脚线、挂镜线和墙与构件交接处的面积，门窗洞口和孔洞的侧壁及顶面不增加面积。附墙柱、梁、垛、烟囱侧壁并入相应的墙面面积内 1. 外墙抹灰面积按外墙垂直投影面积计算 2. 外墙裙抹灰面积按其长度乘以高度计算 3. 内墙抹灰面积按主墙间的净长乘以高度计算 （1）无墙裙的，高度按室内楼地面至天棚底面计算 （2）有墙裙的，高度按墙裙顶至天棚底面计算 （3）有吊顶天棚抹灰，高度算至天棚底 4. 内墙裙抹灰面按内墙净长乘以高度计算	1. 基层清理 2. 砂浆制作、运输 3. 底层抹灰 4. 抹面层 5. 抹装饰面 6. 勾分格缝
011201002	墙面装饰抹灰				
011201003	墙面勾缝	1. 勾缝类型 2. 勾缝材料种类			1. 基层清理 2. 砂浆制作、运输 3. 勾缝
011201004	立面砂浆找平层	1. 基层类型 2. 找平层砂浆厚度、配合比			1. 基层清理 2. 砂浆制作、运输 3. 抹灰找平

（二）柱（梁）面抹灰

柱（梁）面抹灰工程量清单项目设置、项目特征描述的内容、计量单位及工程量计算规则，应按表 3-12-2 的规定执行。

表 3-12-2　柱（梁）面抹灰（编码：011202）

项目编码	项目名称	项目特征	计量单位	工程量计算规则	工作内容
011202001	柱、梁面一般抹灰	1. 柱（梁）体类型 2. 底层厚度、砂浆配合比 3. 面层厚度、砂浆配合比 4. 装饰面材料种类 5. 分格缝宽度、材料种类	m²	1. 柱面抹灰：按设计图示柱断面周长乘高度以面积计算 2. 梁面抹灰：按设计图示梁断面周长乘长度以面积计算	1. 基层清理 2. 砂浆制作、运输 3. 底层抹灰 4. 抹面层 5. 勾分格缝
011202002	柱、梁面装饰抹灰				
011202003	柱、梁面砂浆找平	1. 柱（梁）体类型 2. 找平的砂浆厚度、配合比			1. 基层清理 2. 砂浆制作、运输 3. 抹灰找平
011202004	柱面勾缝	1. 勾缝类型 2. 勾缝材料种类		按设计图示柱断面周长乘高度以面积计算	1. 基层清理 2. 砂浆制作、运输 3. 勾缝

（三）零星抹灰

零星抹灰工程量清单项目设置、项目特征描述的内容、计量单位及工程量计算规则，应按表 3-12-3 的规定执行。

表 3-12-3　零星抹灰（编码：011203）

项目编码	项目名称	项目特征	计量单位	工程量计算规则	工作内容
011203001	零星项目一般抹灰	1. 基层类型、部位 2. 底层厚度、砂浆配合比 3. 面层厚度、砂浆配合比 4. 装饰面材料种类 5. 分格缝宽度、材料种类	m²	按设计图示尺寸以面积计算	1. 基层清理 2. 砂浆制作、运输 3. 底层抹灰 4. 抹面层 5. 抹装饰面 6. 勾分格缝
011203002	零星项目装饰抹灰	1. 基层类型、部位 2. 底层厚度、砂浆配合比 3. 面层厚度、砂浆配合比 4. 装饰面材料种类 5. 分格缝宽度、材料种类			
011203003	零星项目砂浆找平	1. 基层类型、部位 2. 找平的砂浆厚度、配合比			1. 基层清理 2. 砂浆制作、运输 3. 抹灰找平

（四）墙面块料面层

墙面块料面层工程量清单项目设置、项目特征描述的内容、计量单位及工程量计算规则，应按表 3-12-4 的规定执行。

表 3-12-4　墙面块料面层（编码：011204）

项目编码	项目名称	项目特征	计量单位	工程量计算规则	工作内容
011204001	石材墙面	1. 墙体类型 2. 安装方式 3. 面层材料品种、规格、颜色 4. 缝宽、嵌缝材料种类 5. 防护材料种类 6. 磨光、酸洗、打蜡要求	m²	按镶贴表面积计算	1. 基层清理 2. 砂浆制作、运输 3. 粘结层铺贴 4. 面层安装 5. 嵌缝 6. 刷防护材料 7. 磨光、酸洗、打蜡
01104002	拼碎石材墙面				
011204003	块料墙面				
011204004	干挂石材钢骨架	1. 骨架种类、规格 2. 防锈漆品种遍数	t	按设计图示以质量计算	1. 骨架制作、运输、安装 2. 刷漆

工程量清单项目应用说明：墙面块料面层包括石材墙面、碎拼石材、块料墙面、干挂石材钢骨架。

（1）石材墙面、碎拼石材、块料墙面按设计图示尺寸以面积"m²"计算。项目特征描述包括：墙体类型，安装方式，面层材料品种、规格、颜色，缝宽，嵌缝材料种类，防护材料种类，磨光、酸洗、打蜡要求。项目特征中"安装的方式"可描述为砂浆或胶粘剂粘贴、挂贴、干挂等，无论哪种安装方式，都要详细描述与组价相关的内容。石材墙面示意如图3-12-1所示。

（2）干挂石材钢骨架按设计图示尺寸以质量计算。

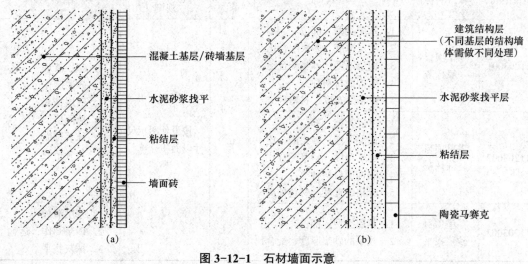

图3-12-1 石材墙面示意

（a）墙面贴砖示意；（b）墙面贴陶瓷马赛克示意

（五）柱（梁）面镶贴块料

柱（梁）面镶贴块料工程量清单项目设置、项目特征描述的内容、计量单位及工程量计算规则，应按表3-12-5的规定执行。

表3-12-5 柱（梁）面镶贴块料（编码：011205）

项目编码	项目名称	项目特征	计量单位	工程量计算规则	工作内容
011205001	石材柱面	1. 柱截面类型、尺寸 2. 安装方式 3. 面层材料品种、规格、颜色 4. 缝宽、嵌缝材料种类 5. 防护材料种类 6. 磨光、酸洗、打蜡要求	m²	按镶贴表面积计算	1. 基层清理 2. 砂浆制作、运输 3. 粘结层铺贴 4. 面层安装 5. 嵌缝 6. 刷防护材料 7. 磨光、酸洗、打蜡
011205002	块料柱面				
011205003	拼碎块柱面				
011205004	石材梁面	1. 安装方式 2. 面层材料品种、规格、颜色 3. 缝宽、嵌缝材料种类 4. 防护材料种类 5. 磨光、酸洗、打蜡要求			
011205005	块料梁面				

（六）隔断

隔断工程量清单项目设置、项目特征描述的内容、计量单位及工程量计算规则，应按表 3-12-6 的规定执行。

表 3-12-6　隔断（编码：011210）

项目编码	项目名称	项目特征	计量单位	工程量计算规则	工作内容
011210001	木隔断	1. 骨架、边框材料种类、规格 2. 隔板材料品种、规格、颜色 3. 嵌缝、塞口材料品种 4. 压条材料种类	m²	按设计图示框外围尺寸以面积计算。不扣除单个 ≤ 0.3 m² 的孔洞所占面积；浴厕门的材质与隔断相同时，门的面积并入隔断面积内	1. 骨架及边框制作、运输、安装 2. 隔板制作、运输、安装 3. 嵌缝、塞口 4. 装钉压条
011210002	金属隔断	1. 骨架、边框材料种类、规格 2. 隔板材料品种、规格、颜色 3. 嵌缝、塞口材料品种			1. 骨架及边框制作、运输、安装 2. 隔板制作、运输、安装 3. 嵌缝、塞口
011210003	玻璃隔断	1. 边框材料种类、规格 2. 玻璃品种、规格、颜色 3. 嵌缝、塞口材料品种		按设计图示框外围尺寸以面积计算。不扣除单个 ≤ 0.3 m² 的孔洞所占面积	1. 边框制作、运输、安装 2. 玻璃制作、运输、安装 3. 嵌缝、塞口
011210004	塑料隔断	1. 边框材料种类、规格 2. 隔板材料品种、规格、颜色 3. 嵌缝、塞口材料品种			1. 骨架及边框制作、运输、安装 2. 隔板制作、运输、安装 3. 嵌缝、塞口
011210005	成品隔断	1. 隔断材料品种、规格、颜色 2. 配件品种、规格	1. m² 2. 间	1. 以平方米计量，按设计图示框外围尺寸以面积计算 2. 以间计量，按设计间的数量计算	1. 隔断运输、安装 2. 嵌缝、塞口
011210006	其他隔断	1. 骨架、边框材料种类、规格 2. 隔板材料品种、规格、颜色 3. 嵌缝、塞口材料品种	m²	按设计图示框外围尺寸以面积计算。不扣除单个 ≤ 0.3 m² 的孔洞所占面积	1. 骨架及边框安装 2. 隔板安装 3. 嵌缝、塞口

工程量清单项目应用说明如下：

（1）木隔断、金属隔断。按设计图示框外围尺寸以面积计算。不扣除单个小于或等于在"计算规范"的孔洞所占面积；浴厕门的材质与隔断相同时，门的面积并入隔断面面积内。

（2）玻璃隔断、塑料隔断：按设计图示框外围尺寸以面积计算，不扣除单个小于或等于 $0.3 \, m^2$ 的孔洞所占面积。

（3）成品隔断：以平方米计量，按设计图示框外围尺寸以面积计算，以间计量按设计间的数量计算。

（七）幕墙工程

幕墙工程工程量清单项目设置、项目特征描述的内容、计量单位及工程量计算规则，应按表 3-12-7 的规定执行。

表 3-12-7　幕墙工程（编码：011209）

项目编码	项目名称	项目特征	计量单位	工程量计算规则	工作内容
011209001	带骨架幕墙	1. 骨架材料种类、规格、中距 2. 面层材料品种、规格、颜色 3. 面层固定方式 4. 隔离带、框边封闭材料品种、规格 5. 嵌缝、塞口材料种类	m^2	按设计图示框外围尺寸以面积计算。与幕墙同种材质的窗所占面积不扣除	1. 骨架制作、运输、安装 2. 面层安装 3. 隔离带、框边封闭 4. 嵌缝塞口 5. 清洗
011209002	全玻（无框玻璃）幕墙	1. 玻璃品种、规格、颜色 2. 粘结塞口材料种类 3. 固定方式		按设计图示尺寸以面积计算。带肋全玻幕墙按展开面积计算	1. 幕墙安装 2. 嵌缝、塞口 3. 清洗

工程量清单项目应用说明：幕墙包括带骨架幕墙、全玻（无框玻璃）幕墙。幕墙钢骨架按干挂石材钢骨架另列项。

（1）带骨架幕墙。按设计图示框外围尺寸以面积计算。与幕墙同种材质的窗所占面积不扣除。

（2）全玻（无框玻璃）幕墙。按设计图示尺寸以面积计算。带肋全玻体墙按展开面积计算。

三、计算实例

【例 3-12-1】某单层砖混结构门卫室工程设计平面布置图、剖面图如图 3-12-2 所示，无女儿墙，板厚为 100 mm。内外墙厚均为 240 mm，踢脚线高为 150 mm；设计 C1 尺寸为 1 500 mm×1 800 mm，M1 尺寸为 900 mm×2 100 mm。内墙采用 1：1：6 混合砂浆打底 15 mm 厚，1：0.5：3 混合砂浆抹面 5 mm。

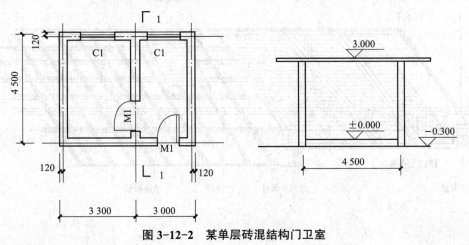

图 3-12-2　某单层砖混结构门卫室

解：（1）工程量计算。

$$抹灰高度 H = 3 - 0.1 = 2.9 \text{（m）}$$

（2）计算长度 $L = [(4.5 - 0.24) + (3.3 - 0.24) + (4.5 - 0.24) + (3 - 0.24)] \times 2$
$$= 28.68 \text{（m）}$$

（2）应扣门窗洞口面积 $M = 1.5 \times 1.8 \times 2 + 0.9 \times 2.1 \times 3 = 11.07 \text{（m}^2\text{）}$

$$内墙抹灰工程量 S = ① \times ② - ③ = 2.9 \times 28.68 - 11.07 = 72.10 \text{（m}^2\text{）}$$

任务十三　天棚工程

一、相关基础知识

天棚装饰工程是在楼板、屋架下弦或屋面板的下面进行的装饰工程。

根据天棚面成型后的高度差，天棚面可分为平面、跌级、艺术造型等天棚；根据材料和工艺取定的不同，又包括其他天棚，如软织物装饰天棚、膜结构天棚等。除此之外，还有隶属于天棚面的其他项目，如阴角线、天棚回风口、灯槽、灯带等。

平面、跌级天棚根据其构造内容，如图 3-13-1 所示。

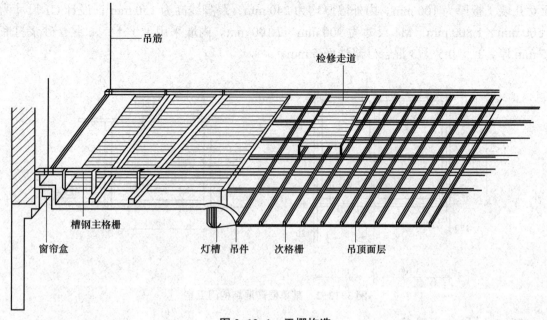

图 3-13-1　天棚构造

艺术造型天棚是指将天棚面层做成曲折形、多面体等形式的天棚，其构造也可分为轻钢龙骨、方木龙骨、基层、面层等内容。轻钢龙骨根据其结构形式，分为藻井天棚、吊挂式天棚、阶梯形天棚、锯齿形天棚等。藻井天棚是指在现代装饰中，将天棚做成不同层次的并带有立体感的组合体天棚，如图 3-13-2 所示。

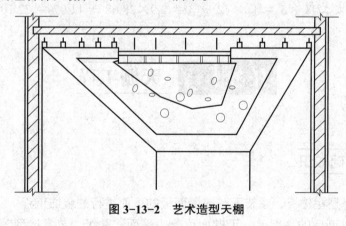

图 3-13-2　艺术造型天棚

二、工程量清单计算规范相关内容

（一）天棚抹灰

天棚抹灰工程量清单项目的设置、项目特征描述的内容、计量单位、工程量计算规则，应按表 3-13-1 的规定执行。

表 3-13-1 天棚抹灰（编码：011301）

项目编码	项目名称	项目特征	计量单位	工程量计算规则	工作内容
011301001	天棚抹灰	1. 基层类型 2. 抹灰厚度、材料种类 3. 砂浆配合比	m²	按设计图示尺寸以水平投影面积计算。不扣除间壁墙、垛、柱、附墙烟囱、检查口和管道所占的面积，带梁天棚的梁两侧抹灰面积并入天棚面积内，板式楼梯底面抹灰按斜面积计算，锯齿形楼梯底板抹灰按展开面积计算	1. 基层清理 2. 底层抹灰 3. 抹面层

（二）天棚吊顶

天棚吊顶工程量清单项目的设置、项目特征描述的内容、计量单位、工程量计算规则，应按表 3-13-2 的规定执行。

表 3-13-2 天棚吊顶（编码：011302）

项目编码	项目名称	项目特征	计量单位	工程量计算规则	工作内容
011302001	吊顶天棚	1. 吊顶形式、吊杆规格、高度 2. 龙骨材料种类、规格、中距 3. 基层材料种类、规格 4. 面层材料品种、规格 5. 压条材料种类、规格 6. 嵌缝材料种类 7. 防护材料种类	m²	按设计图示尺寸以水平投影面积计算。天棚面中的灯槽及跌级、锯齿形、吊挂式、藻井式天棚面积不展开计算。不扣除间壁墙、检查口、附墙烟囱、柱垛和管道所占面积，扣除单个 > 0.3 m² 的孔洞、独立柱及与天棚相连的窗帘盒所占的面积	1. 基层清理、吊杆安装 2. 龙骨安装 3. 基层板铺贴 4. 面层铺贴 5. 嵌缝 6. 刷防护材料
011302002	格栅吊顶	1. 龙骨材料种类、规格、中距 2. 基层材料种类、规格 3. 面层材料品种、规格 4. 防护材料种类		按设计图示尺寸以水平投影面积计算	1. 基层清理 2. 安装龙骨 3. 基层板铺贴 4. 面层铺贴 5. 刷防护材料
011302003	吊筒吊顶	1. 吊筒形状、规格 2. 吊筒材料种类 3. 防护材料种类			1. 基层清理 2. 吊筒制作安装 3. 刷防护材料
011302004	藤条造型悬挂吊顶	1. 骨架材料种类、规格 2. 面层材料品种、规格			1. 基层清理 2. 龙骨安装 3. 铺贴面层
011302005	织物软雕吊顶				
011302006	网架（装饰）吊顶	网架材料品种、规格			1. 基层清理 2. 网架制作安装

（三）采光天棚工程

采光天棚工程工程量清单项目的设置、项目特征描述的内容、计量单位、工程量计算规则，应按表 3-13-3 的规定执行。

表 3-13-3　采光天棚工程（编码：011303）

项目编码	项目名称	项目特征	计量位	工程量计算规则	工作内容
011303001	采光天棚	1. 骨架类型 2. 固定类型、固定材料品种、规格 3. 面层材料品种、规格 4. 嵌缝、塞口材料种类	m²	按框外围展开面积计算	1. 清理基层 2. 面层制安 3. 嵌缝、塞口 4. 清洗

工程量清单项目应用说明：采光天棚骨架不包括在本节中，应单独按"计算规范"附录 F 相关项目编码列项。

（四）天棚其他装饰

天棚其他装饰工程量清单项目的设置、项目特征描述的内容、计量单位、工程量计算规则，应按表 3-13-4 的规定执行。

表 3-13-4　天棚其他装饰（编码：011304）

项目编码	项目名称	项目特征	计量单位	工程量计算规则	工作内容
011304001	灯带（槽）	1. 灯带型式、尺寸 2. 格栅片材料品种、规格 3. 安装固定方式	m²	按设计图示尺寸以框外围面积计算	安装、固定
011304002	送风口、回风口	1. 风口材料品种、规格 2. 安装固定方式 3. 防护材料种类	个	按设计图示数量计算	1. 安装、固定 2. 刷防护材料

三、计算实例

【例 3-13-1】　某混凝土肋形楼板天棚构造如图 3-13-3 所示，天棚抹灰厚度为 15 mm，抹灰材料为 1：1：6 的混合砂浆。已知主梁尺寸为 300 mm×500 mm，次梁尺寸为 150 mm×300 mm，板厚为 100 mm。图中墙体厚度为 240 mm，定位线于墙体中心线处。计算天棚抹灰工程量。

解：天棚抹灰（水平投影面积）：$(9-0.24)\times(7.5-0.24)\approx63.6$（m²）

主梁侧面应计算的展开面积：$[(9-0.24)\times(0.5-0.1)-(0.3-0.1)\times0.15\times2]\times4\approx13.78$（m²）

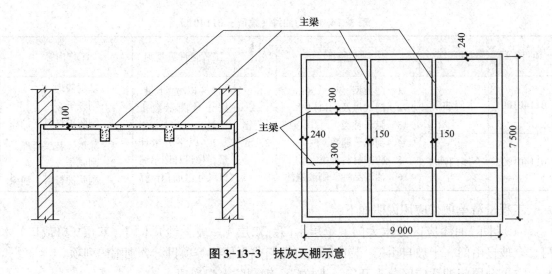

图 3-13-3　抹灰天棚示意

任务十四　油漆、涂料、裱糊工程

一、相关基础知识

1. 油漆工程

油漆可分为天然油漆与人造油漆两大类。建筑工程一般用人造漆，如调合漆、清漆等。油漆施工根据基层的不同，有木材油漆、金属面油漆、抹灰面油漆。油漆工程施工的一般顺序为：基层处理→打底子→抹腻子→涂刷。

2. 涂料工程

涂料施工有刷涂、喷涂、滚涂、弹涂、抹涂等形式。涂料工程施工的一般顺序为：基层处理→打底子→刮腻子→磨光→涂刷。

3. 裱糊工程

裱糊是将壁纸、墙布等材料贴于墙面的一种装饰方法。裱糊工程施工的一般顺序为：基层处理→裁剪→刷浆糊纸。

二、工程量清单计价规范相关内容

（一）门油漆

门油漆工程量清单项目设置、项目特征描述的内容、计量单位、工程量计算规则，应按表 3-14-1 的规定执行。

表 3-14-1　门油漆（编码：011401）

项目编码	项目名称	项目特征	计量单位	工程量计算规则	工作内容
011401001	木门油漆	1. 门类型 2. 门代号及洞口尺寸 3. 腻子种类 4. 刮腻子遍数 5. 防护材料种类 6. 油漆品种、刷漆遍数	1. 樘 2. m²	1. 以樘计量，按设计图示数量计量 2. 以平方米计量，按设计图示洞口尺寸以面积计算	1. 基层清理 2. 刮腻子 3. 刷防护材料、油漆
011401002	金属门油漆				1. 除锈、基层清理 2. 刮腻子 3. 刷防护材料、油漆

工程量清单项目应用说明如下：

（1）木门油漆应区分木大门、单层木门、双层（一玻一纱）木门、双层（单裁口）木门、全玻自由门、半玻自由门、装饰门及有框门或无框门等项目，分别编码列项。

（2）金属门油漆应区分平开门、推拉门、钢制防火门列项。

（3）以平方米计量，项目特征可不必描述洞口尺寸。

（二）窗油漆

窗油漆工程量清单项目设置、项目特征描述的内容、计量单位、工程量计算规则，应按表 3-14-2 的规定执行。

表 3-14-2　窗油漆（编码：011402）

项目编码	项目名称	项目特征	计量单位	工程量计算规则	工作内容
011402001	木窗油漆	1. 窗类型 2. 窗代号及洞口尺寸 3. 腻子种类 4. 刮腻子遍数 5. 防护材料种类 6. 油漆品种、刷漆遍数	1. 樘 2. m²	1. 以樘计量，按设计图示数量计量 2. 以平方米计量，按设计图示洞口尺寸以面积计算	1. 基层清理 2. 刮腻子 3. 刷防护材料、油漆
011402002	金属窗油漆				1. 除锈、基层清理 2. 刮腻子 3. 刷防护材料、油漆

工程量清单项目应用说明如下：

（1）木窗油漆应区分单层木门、双层（一玻一纱）木窗、双层框扇（单裁口）木窗、双层框三层（二玻一纱）木窗、单层组合窗、双层组合窗、木百叶窗、木推拉窗等项目，分别编码列项。

（2）金属窗油漆应区分平开窗、推拉窗、固定窗、组合窗、金属隔栅窗分别列项。

（3）以平方米计量，项目特征可不必描述洞口尺寸。

（三）木扶手及其他板条、线条油漆

木扶手及其他板条、线条油漆工程量清单项目设置、项目特征描述的内容、计量单位、工程量计算规则，应按表 3-14-3 的规定执行。

工程量清单项目应用说明：木扶手应区分带托板与不带托板，分别编码列项。若是木栏杆带扶手，木扶手不应单独列项，应包含在木栏杆油漆中。

表 3-14-3　木扶手及其他板条、线条油漆（编码：011403）

项目编码	项目名称	项目特征	计量单位	工程量计算规则	工作内容
011403001	木扶手油漆	1. 断面尺寸 2. 腻子种类 3. 刮腻子遍数 4. 防护材料种类 5. 油漆品种、刷漆遍数	m	按设计图示尺寸以长度计算	1. 基层清理 2. 刮腻子 3. 刷防护材料、油漆
011403002	窗帘盒油漆				
011403003	封檐板、顺水板油漆				
011403004	挂衣板、黑板框油漆				
011403005	挂镜线、窗帘棍、单独木线油漆				

（四）木材面油漆

木材面油漆工程量清单项目设置、项目特征描述的内容、计量单位、工程量计算规则，应按表 3-14-4 的规定执行。

表 3-14-4　木材面油漆（编码：011404）

项目编码	项目名称	项目特征	计量单位	工程量计算规则	工作内容
011404001	木护墙、木墙裙油漆	1. 腻子种类 2. 刮腻子遍数 3. 防护材料种类 4. 油漆品种、刷漆遍数	m²	按设计图示尺寸以面积计算	1. 基层清理 2. 刮腻子 3. 刷防护材料、油漆
011404002	窗台板、筒子板、盖板、门窗套、踢脚线油漆				
011404003	清水板条天棚、檐口油漆				
011404004	木方格吊顶天棚油漆				
011404005	吸声板墙面、天棚面油漆				
011404006	暖气罩油漆				
011404007	其他木材面				
011404008	木间壁、木隔断油漆				
011404009	玻璃间壁露明墙筋油漆			按设计图示尺寸以单面外围面积计算	
011404010	木栅栏、木栏杆（带扶手）油漆				
011404011	衣柜、壁柜油漆			按设计图示尺寸以油漆部分展开面积计算	
011404012	梁柱饰面油漆				
011404013	零星木装修油漆				
011404014	木地板油漆			按设计图示尺寸以面积计算。空洞、空圈、暖气包槽、壁龛的开口部分并入相应的工程量内	
011404015	木地板烫硬蜡面	1. 硬蜡品种 2. 面层处理要求			1. 基层清理 2. 烫蜡

（五）金属面油漆

金属面油漆工程量清单项目设置、项目特征描述的内容、计量单位、工程量计算规则，应按表3-14-5的规定执行。

表3-14-5　金属面油漆（编码：011405）

项目编码	项目名称	项目特征	计量单位	工程量计算规则	工作内容
011405001	金属面油漆	1. 构件名称 2. 腻子种类 3. 刮腻子要求 4. 防护材料种类 5. 油漆品种、刷漆遍数	1. t 2. m²	1. 以吨计量，按设计图示尺寸以质量计算。 2. 以平方米计量，按设计展开面积计算	1. 基层清理 2. 刮腻子 3. 刷防护材料、油漆

（六）抹灰面油漆

抹灰面油漆工程量清单项目设置、项目特征描述的内容、计量单位、工程量计算规则，应按表3-14-6的规定执行。

表3-14-6　抹灰面油漆（编码：011406）

项目编码	项目名称	项目特征	计量单位	工程量计算规则	工作内容
011406001	抹灰面油漆	1. 基层类型 2. 腻子种类 3. 刮腻子遍数 4. 防护材料种类 5. 油漆品种、刷漆遍数 6. 部位	m²	按设计图示尺寸以面积计算	1. 基层清理 2. 刮腻子 3. 刷防护材料、油漆
011406002	抹灰线条油漆	1. 线条宽度、道数 2. 腻子种类 3. 刮腻子遍数 4. 防护材料种类 5. 油漆品种、刷漆遍数	m	按设计图示尺寸以长度计算	
011406003	满刮腻子	1. 基层类型 2. 腻子种类 3. 刮腻子遍数	m²	按设计图示尺寸以面积计算	1. 基层清理 2. 刮腻子

（七）喷刷涂料

喷刷涂料工程量清单项目设置、项目特征描述的内容、计量单位、工程量计算规则，应按表3-14-7的规定执行。

表 3-14-7 喷刷涂料（编码：011407）

项目编码	项目名称	项目特征	计量单位	工程量计算规则	工作内容
011407001	墙面喷刷涂料	1. 基层类型 2. 喷刷涂料部位 3. 腻子种类 4. 刮腻子要求 5. 涂料品种、喷刷遍数	m²	按设计图示尺寸以面积计算	1. 基层清理 2. 刮腻子 3. 刷、喷涂料
011407002	天棚喷刷涂料				
011407003	空花格、栏杆刷涂料	1. 腻子种类 2. 刮腻子遍数 3. 涂料品种、刷喷遍数		按设计图示尺寸以单面外围面积计算	
011407004	线条刷涂料	1. 基层清理 2. 线条宽度 3. 刮腻子遍数 4. 刷防护材料、油漆	m	按设计图示尺寸以长度计算	
011407005	金属构件刷防火涂料	1. 喷刷防火涂料构件名称 2. 防火等级要求 3. 涂料品种、喷刷遍数	1. m² 2. t	1. 以吨计量，按设计图示尺寸以质量计算。 2. 以平方米计量，按设计展开面积计算	1. 基层清理 2. 刷防护材料、油漆
011407006	木材构件喷刷防火涂料		1. m²	以平方米计量，按设计图示尺寸以面积计算	1. 基层清理 2. 刷防火材料

工程量清单项目应用说明如下：

（1）喷刷墙面涂料部位要注明内墙或外墙。

（2）喷刷漆料施工方法应分为刷涂、喷涂、滚涂等描述。

（八）裱糊

裱糊工程量清单项目设置、项目特征描述的内容、计量单位、工程量计算规则，应按表 3-14-8 的规定执行。

表 3-14-8 裱糊（编码：011408）

项目编码	项目名称	项目特征	计量单位	工程量计算规则	工作内容
011408001	墙纸裱糊	1. 基层类型 2. 裱糊部位 3. 腻子种类 4. 刮腻子遍数 5. 粘结材料种类 6. 防护材料种类 7. 面层材料品种、规格、颜色	m²	按设计图示尺寸以面积计算	1. 基层清理 2. 刮腻子 3. 面层铺粘 4. 刷防护材料
011408002	织锦缎裱糊				

三、工程量计算方法

楼地面、天棚面、墙、柱、梁面的喷（刷）涂料、抹灰面、油漆及裱糊工程，均按楼地面、天棚面、墙、柱、梁面装饰工程相应的工程量计算规则规定计算。

四、计算实务

【例 3-14-1】 某单层餐厅，地面净面积为 15 m×12 m，四周一砖墙上有单层钢窗（1.8 m×1.8 m）8 樘；单层木门（1.0 m×2.1 m）2 樘；单层全玻门（1.5 m×2.7 m）2 樘。木墙裙高为 1.2 m，设挂镜线一道，木质窗帘盒（比窗洞每边宽 100 mm），木方格吊顶天棚，以上项目均刷调合漆。已知门向外开，门框宽为 90 mm，靠外侧立樘，窗下墙高为 900 mm，钢窗居中立樘，框宽为 40 mm，墙厚为 240 mm。试计算相应油漆工程量。

解：（1）单层钢窗油漆工程量 = 1.8×1.8×8 = 25.92（m²）

（2）单层木门油漆工程量 = 1.0×2.1×2 = 4.2（m²）

（3）单层全玻门油漆工程量 = 1.5×2.7×2 = 8.1（m²）

（4）木墙裙：

木墙裙长 = （12 + 15）×2 - 1.0×2 - 1.5×2 = 49（m）

扣窗洞面积 = 1.8×0.3×8 = 4.32（m²）

应增加窗洞侧壁面积 = （1.8 + 0.3×2）×（0.24 - 0.04）×0.5×8 = 1.92（m²）

应增加门洞侧壁面积 = 1.2×2×（0.24 - 0.09）×（2 + 2）= 1.44（m²）

木墙裙油漆工程量 = 49×1.2 - 4.32 + 1.92 + 1.44 = 57.84（m²）

（5）挂镜线油漆工程量 = 49 - 1.8×8 = 34.6（m）

（6）木质窗帘盒油漆工程量 = （1.8 + 0.1×2）×8 = 16（m）

（7）木方格吊顶天棚 = 12×15 = 180（m²）

任务十五　其他装饰工程

一、相关基础知识

（1）压条。压条是指饰面的平接面、相交面及对接面等衔接口处所用的板条。

（2）装饰条。装饰条是指分界面、层次面、封口面及为增添装饰效果而设立的板条。

二、工程量清单计算规范相关内容

（一）柜类、货架

柜类、货架工程量清单项目设置、项目特征描述的内容、计量单位、工程量计算规则，应按表 3-15-1 的规定执行。

表 3-15-1 柜类、货架（编码：011501）

项目编码	项目名称	项目特征	计量单位	工程量计算规则	工作内容
011501001	柜台	1. 台柜规格 2. 材料种类、规格 3. 五金种类、规格 4. 防护材料种类 5. 油漆品种、刷漆遍数	1. 个 2. m 3. m³	1. 以个计量，按设计图示数量计量 2. 以米计量，按设计图示尺寸以延长米计算 3. 以立方米计量，按设计图示尺寸以体积计算	1. 台柜制作、运输、安装（安放） 2. 刷防护材料、油漆 3. 五金件安装
011501002	酒柜				
011501003	衣柜				
011501004	存包柜				
011501005	鞋柜				
011501006	书柜				
011501007	厨房壁柜				
011501008	木壁柜				
011501009	厨房低柜				
011501010	厨房吊柜				
011501011	矮柜				
011501012	吧台背柜				
011501013	酒吧吊柜				
011501014	酒吧台				
011501015	展台				
011501016	收银台				
011501017	试衣间				
011501018	货架				
011501019	书架				
011501020	服务台				

工程量清单项目应用说明如下：

（1）柜类、货架等项目，其项目特征用文字往往难以进行准确和全面的描述，因此为达到规范、简捷、准确、全面描述项目特征的要求，对采用标准图集或施工图纸能够全部或部分满足项目特征描述要求的，项目特征描述可直接采用详见 ×× 图集或 ×× 图号的方式。但对不能满足项目特征描述要求的部分，仍应用文字描述。

（2）厨房壁柜和厨房吊柜以嵌入墙内为壁柜，以支架固定在墙上的为吊柜。

（3）台柜的规格以能分离的成品单体长、宽、高来表示，如一个组合书柜，分上下两部分，下部为立的矮柜，上部为敞开式的书柜，可以上、下两部分标注尺寸。

（4）台柜项目计算，应按设计图纸或说明，包括台柜、台面材料（石材、金属、实木等）、内隔板材料、连接件、配件等，均应包括在报价内。

（二）压条、装饰线

压条、装饰线工程量清单项目设置、项目特征描述的内容、计量单位、工程量计算规则，应按表 3-15-2 的规定执行。

表 3-15-2　装饰线（编码：011502）

项目编码	项目名称	项目特征	计量单位	工程量计算规则	工作内容
011502001	金属装饰线	1. 基层类型 2. 线条材料品种、规格、颜色 3. 防护材料种类	m	按设计图示尺寸以长度计算	1. 线条制作、安装 2. 刷防护材料
011502002	木质装饰线				
011502003	石材装饰线				
011502004	石膏装饰线				
011502005	镜面玻璃线	1. 基层类型 2. 线条材料品种、规格、颜色 3. 防护材料种类			
011502006	铝塑装饰线				
011502007	塑料装饰线				
011502008	GRC 装饰线条	1. 基层类型 2. 线条规格 3. 线条安装部位 4. 填充材料种类			线条制作安装

（三）扶手、栏杆、栏板装饰

扶手、栏杆、栏板装饰工程量清单项目的设置、项目特征描述的内容、计量单位、工程量计算规则，应按表 3-15-3 的规定执行。

表 3-15-3　扶手、栏杆、栏板装饰（编码：011503）

项目编码	项目名称	项目特征	计量单位	工程量计算规则	工作内容
011503001	金属扶手、栏杆、栏板	1. 扶手材料种类、规格 2. 栏杆材料种类、规格 3. 栏板材料种类、规格、颜色 4. 固定配件种类 5. 防护材料种类	m	按设计图示以扶手中心线长度（包括弯头长度）计算	1. 制作 2. 运输 3. 安装 4. 刷防护材料
011503002	硬木扶手、栏杆、栏板				
011503003	塑料扶手、栏杆、栏板				
011503004	GRC 栏杆、扶手	1. 栏杆的规格 2. 安装间距 3. 扶手类型规格 4. 填充材料种类			
011503005	金属靠墙扶手	1. 扶手材料种类、规格 2. 固定配件种类 3. 防护材料种类			
011503006	硬木靠墙扶手				
011503007	塑料靠墙扶手				
011503008	玻璃栏板	1. 栏杆玻璃的种类、规格、颜色 2. 固定方式 3. 固定配件种类			

工程量清单项目应用说明如下：

（1）扶手、栏杆、栏板适用于楼梯、阳台、走廊、回廊及其他装饰性扶手栏杆、栏板。其中，砖栏板应按"计算规范"附录 D.1 中零星砌砖项目编码列项；石材扶手、栏板应按"计算规范"附录 D.2 相关项目编码列项。

（2）凡栏杆、栏板含扶手的项目，不得将扶手单独进行编码列项。栏杆、栏板的弯头应包含在相应的栏杆、栏板项目的报价内。

（四）暖气罩

暖气罩工程量清单项目设置、项目特征描述的内容、计量单位、工程量计算规则，应按表 3-15-4 的规定执行。

表 3-15-4　暖气罩（编码：011504）

项目编码	项目名称	项目特征	计量单位	工程量计算规则	工作内容
011504001	饰面板暖气罩	1. 暖气罩材质 2. 防护材料种类	m²	按设计图示尺寸以垂直投影面积（不展开）计算	1. 暖气罩制作、运输、安装 2. 刷防护材料
011504002	塑料板暖气罩				
011504003	金属暖气罩				

（五）浴厕配件

浴厕配件工程量清单项目设置、项目特征描述的内容、计量单位、工程量计算规则，应按表 3-15-5 的规定执行。

表 3-15-5　浴厕配件（编码：011505）

项目编码	项目名称	项目特征	计量单位	工程量计算规则	工作内容
011505001	洗漱台	1. 材料品种、规格、颜色 2. 支架、配件品种、规格	1. m² 2. 个	1. 按设计图示尺寸以台面外接矩形面积计算。不扣除孔洞、挖弯、削角所占面积，挡板、吊沿板面积并入台面面积内 2. 按设计图示数量计算	1. 台面及支架、运输、安装 2. 杆、环、盒、配件安装 3. 刷油漆
011505002	晒衣架		个	按设计图示数量计算	
011505003	帘子杆				
011505004	浴缸拉手				
011505005	卫生间扶手				
011505006	毛巾杆（架）		套		1. 台面及支架制作、运输、安装 2. 杆、环、盒、配件安装 3. 刷油漆
011505007	毛巾环		副		
011505008	卫生纸盒		个		
011505009	肥皂盒				

项目编码	项目名称	项目特征	计量单位	工程量计算规则	工作内容
011505010	镜面玻璃	1. 镜面玻璃品种、规格 2. 框材质、断面尺寸 3. 基层材料种类 4. 防护材料种类	m²	按设计图示尺寸以边框外围面积计算	1. 基层安装 2. 玻璃及框制作、运输、安装
011505011	镜箱	1. 箱体材质、规格 2. 玻璃品种、规格 3. 基层材料种类 4. 防护材料种类 5. 油漆品种、刷漆遍数	个	按设计图示数量计算	1. 基层安装 2. 箱体制作、运输、安装 3. 玻璃安装 4. 刷防护材料、油漆

工程量清单项目应用说明如下：

（1）洗漱台：适用于石质（天然石材、人造石材等）、玻璃等。

洗漱台放置洗面盆的地方必须挖洞，根据洗漱台摆放的位置有些还需选形，产生挖弯、削角，为此洗漱台的工程量按外接矩形计算。洗漱台现场制作，切割、磨边等人工、机械的费用应包括在报价内。

（2）挡板指镜面玻璃下边沿至洗漱台面和侧墙与台面接触部位的竖挡板（一般挡板与合面使用同种材料品种，不同材料品种应另行计算）。

（3）吊沿是指台面外边沿下方的竖挡板。挡板和吊沿均以面积并入台面面积内计算。

（六）雨篷、旗杆

雨篷、旗杆工程量清单项目设置、项目特征描述的内容、计量单位、工程量计算规则应按表3-15-6的规定执行。

表 3-15-6　雨篷、旗杆（编码：011506）

项目编码	项目名称	项目特征	计量单位	工程量计算规则	工作内容
011506001	雨篷吊挂饰面	1. 基层类型 2. 龙骨材料种类、规格、中距 3. 面层材料品种、规格 4. 吊顶（天棚）材料品种、规格 5. 嵌缝材料种类 6. 防护材料种类	m²	按设计图示尺寸以水平投影面积计算	1. 底层抹灰 2. 龙骨基层安装 3. 面层安装 4. 刷防护材料、油漆

项目编码	项目名称	项目特征	计量单位	工程量计算规则	工作内容
011506002	金属旗杆	1. 旗杆材料、种类、规格 2. 旗杆高度 3. 基础材料种类 4. 基座材料种类 5. 基座面层材料、种类、规格	根	按设计图示数量计算	1. 土石挖、填、运 2. 基础混凝土浇筑 3. 旗杆制作、安装 4. 旗杆台座制作、饰面
011506003	玻璃雨篷	1. 玻璃雨篷固定方式 2. 龙骨材料种类、规格、中距 3. 玻璃材料品种、规格 4. 嵌缝材料种类 5. 防护材料种类	m²	按设计图示尺寸以水平投影面积计算	1. 龙骨基层安装 2. 面层安装 3. 刷防护材料、油漆

工程量清单项目应用说明：旗杆的砌砖或混凝土台座，台座的饰面按"计算规范"相关附录的章节另行编码列项。旗杆高度是指旗杆台座上表面至杆顶的尺寸。

（七）招牌、灯箱

招牌、灯箱工程量清单项目设置、项目特征描述的内容、计量单位、工程量计算规则，应按表 3-15-7 的规定执行。

表 3-15-7　招牌、灯箱（编码：011507）

项目编码	项目名称	项目特征	计量单位	工程量计算规则	工作内容
011507001	平面、箱式招牌	1. 箱体规格 2. 基层材料种类 3. 面层材料种类 4. 防护材料种类	m²	按设计图示尺寸以正立面边框外围面积计算。复杂形的凸凹造型部分不增加面积	1. 基层安装 2. 箱体及支架制作、运输、安装 3. 面层制作、安装 4. 刷防护材料、油漆
011507002	竖式标箱			按设计图示数量计算	
011507003	灯箱		个		

（八）美术字

美术字工程量清单项目设置、项目特征描述的内容、计量单位、工程量计算规则，应按表 3-15-8 的规定执行。

表 3-15-8　美术字（编码：011508）

项目编码	项目名称	项目特征	计量单位	工程量计算规则	工作内容
011508001	泡沫塑料字	1. 基层类型 2. 镂字材料品种、颜色 3. 字体规格 4. 固定方式 5. 油漆品种、刷漆遍数	个	按设计图示数量计算	1. 字制作、运输、安装 2. 刷油漆
011508002	有机玻璃字				
011508003	木质字				
011508004	金属字				
011508005	吸塑字				

工程量清单项目应用说明：美术字不分字体，按大小规格分类。美术字的字体规格以字的外接矩形长、宽和字的厚度表示。固定方式是指粘贴、焊接及铁钉、螺栓、铆钉固定等方式。

三、工程量计算方法

（1）招牌、灯箱。

1）平面招牌基层按正立面面积计算，复杂形的凹凸造型部分也不增减。

2）沿雨篷、檐口或阳台走向的立式招牌基层，按平面招牌复杂型执行时应按展开面积计算。

3）箱体招牌和竖式标箱的基层，按外围体积计算。凸出箱外的灯饰、店徽及其他艺术装潢等均另行计算。

4）灯箱的面层按展开面积计算。

5）广告牌钢骨架以重量计算。

（2）美术字安装按字的最大外围矩形面积以个计算。

（3）压条、装饰线条均按延长米计算，成品装饰柱按根计算。

（4）暖气罩（包括脚的高度在内）按边框外围尺寸垂直投影面积计算。

（5）镜面玻璃安装、盥洗室木镜箱以正立面面积计算。

（6）塑料镜箱、毛巾环、肥皂盒、金属帘子杆、浴缸拉手、毛巾杆安装以只或副计算。不锈钢旗杆以延长米计算。大理石洗漱台以台面投影面积计算（不扣除孔洞面积）。

（7）货架、柜橱类吧台大理石台板、博古架均以正立面的高（包括脚的高度在内）乘以宽以平方米计算。

（8）收银台、试衣间以个计算，柜台、展台、柜类、附墙柜、服务台以延长米计算。

（9）鞋架、存包柜按组计算。

（10）晒衣架安装按套计算。

任务十六　拆除工程

一、砖砌体拆除

砖砌体拆除工程量清单项目的设置、项目特征描述的内容、计量单位、工程量计算规则，应按表 3-16-1 的规定执行。

表 3-16-1　砖砌体拆除（编码：011601）

项目编码	项目名称	项目特征	计量单位	工程量计算规则	工作内容
011601001	砖砌体拆除	1. 砌体名称 2. 砌体材质 3. 拆除高度 4. 拆除砌体的截面尺寸 5. 砌体表面的附着物种类	1. m³ 2. m	1. 以立方米计量，按拆除的体积计算 2. 以米计量，按拆除的延长米计算	1. 拆除 2. 控制扬尘 3. 清理 4. 建渣场内、外运输

工程量清单项目应用说明如下：

（1）砌体名称是指墙、柱、水池等。

（2）砌体表面的附着物种类是指抹灰层、块料层、龙骨及装饰面层等。

（3）以米计量，如砖地沟、砖明沟等必须描述拆除部位的截面尺寸；以立方米计量，截面尺寸则不必描述。

二、混凝土及钢筋混凝土构件拆除

混凝土及钢筋混凝土构件拆除工程量清单项目的设置、项目特征描述的内容、计量单位、工程量计算规则，应按表 3-16-2 的规定执行。

表 3-16-2　混凝土及钢筋混凝土构件拆除（编码：011602）

项目编码	项目名称	项目特征	计量单位	工程量计算规则	工作内容
011602001	混凝土构件拆除	1. 构件名称 2. 拆除构件的厚度或规格尺寸 3. 构件表面的附着物种类	1. m^3 2. m^2 3. m	1. 以立方米计算，按拆除构件的混凝土体积计算 2. 以平方米计算，按拆除部位的面积计算 3. 以米计算，按拆除部位的延长米计算	1. 拆除 2. 控制扬尘 3. 清理 4. 建渣场内、外运输
011602002	钢筋混凝土构件拆除				

工程量清单项目应用说明如下：

（1）以立方米作为计量单位时，可不描述构件的规格尺寸；以平方米作为计量单位时，则应描述构件的厚度；以米作为计量单位时，则必须描述构件的规格尺寸。

（2）构件表面的附着物种类是指抹灰层、块料层、龙骨及装饰面层等。

三、木构件拆除

木构件拆除工程量清单项目的设置、项目特征描述的内容、计量单位、工程量计算规则，应按表 3-16-3 的规定执行。

表 3-16-3　木构件拆除（编码：011603）

项目编码	项目名称	项目特征	计量单位	工程量计算规则	工作内容
011603001	木构件拆除	1. 构件名称 2. 拆除构件的厚度或规格尺寸 3. 构件表面的附着物种类	1. m^3 2. m^2 3. m	1. 以立方米计算，按拆除构件的体积计算 2. 以平方米计算，按拆除面积计算 3. 以米计算，按拆除延长米计算	1. 拆除 2. 控制扬尘 3. 清理 4. 建渣场内、外运输

工程量清单项目应用说明如下：

（1）拆除木构件应按木梁、木柱、木楼梯、木屋架、承重木楼板等分别在构件名称中描述。

（2）以立方米作为计量单位时，可不描述构件的规格尺寸，以 m^2 作为计量单位时，则应描述构件的厚度，以 m 作为计量单位时，则必须描述构件的规格尺寸。

（3）构件表面的附着物种类是指抹灰层、块料层、龙骨及装饰面层等。

四、抹灰层拆除

抹灰层拆除工程量清单项目的设置、项目特征描述的内容、计量单位、工程量计算规则，应按表 3-16-4 的规定执行。

表 3-16-4 抹灰面拆除（编码：011604）

项目编码	项目名称	项目特征	计量单位	工程量计算规则	工作内容
011604001	平面抹灰层拆除	1. 拆除部位 2. 抹灰层种类	m²	按拆除部位的面积计算	1. 拆除 2. 控制扬尘 3. 清理 4. 建渣场内、外运输
011604002	立面抹灰层拆除				
011604003	天棚抹灰面拆除				

工程量清单项目应用说明如下：

（1）单独拆除抹灰层应按表 3-16-4 项目编码列项。

（2）抹灰层种类可描述为一般抹灰或装饰抹灰。

五、块料面层拆除

块料面层拆除工程量清单项目的设置、项目特征描述的内容、计量单位、工程量计算规则，应按表 3-16-5 的规定执行。

表 3-16-5 块料面层拆除（编码：011605）

项目编码	项目名称	项目特征	计量单位	工程量计算规则	工作内容
011605001	平面块料拆除	1. 拆除的基层类型 2. 饰面材料种类	m²	按拆除面积计算	1. 拆除 2. 控制扬尘 3. 清理 4. 建渣场内、外运输
011605002	立面块料拆除				

工程量清单项目应用说明如下：

（1）如仅拆除块料层，拆除的基层类型不用描述。

（2）拆除的基层类型的描述是指砂浆层、防水层、干挂或挂贴所采用的钢骨架层等。

六、龙骨及饰面拆除

龙骨及饰面拆除工程量清单项目的设置、项目特征描述的内容、计量单位、工程量计算规则，应按表 3-16-6 的规定执行。

表 3-16-6　龙骨及饰面拆除（编码：011606）

项目编码	项目名称	项目特征	计量单位	工程量计算规则	工作内容
011606001	楼地面龙骨及饰面拆除	1. 拆除的基层类型 2. 龙骨及饰面种类	m²	按拆除面积计算	1. 拆除 2. 控制扬尘 3. 清理 4. 建渣场内、外运输
011606002	墙柱面龙骨及饰面拆除				
011606003	天棚面龙骨及饰面拆除				

工程量清单项目应用说明如下：

（1）基层类型的描述指砂浆层、防水层等。

（2）如仅拆除龙骨及饰面，拆除的基层类型不用描述。

（3）如只拆除饰面，不用描述龙骨材料种类。

七、屋面拆除

屋面拆除工程量清单项目的设置、项目特征描述的内容、计量单位、工程量计算规则，应按表 3-16-7 的规定执行。

表 3-16-7　屋面拆除（编码：011607）

项目编码	项目名称	项目特征	计量单位	工程量计算规则	工作内容
011607001	刚性层拆除	刚性层厚度	m²	按铲除部位的面积计算	1. 铲除 2. 控制扬尘 3. 清理 4. 建渣场内、外运输
011607002	防水层拆除	防水层种类			

八、铲除油漆涂料裱糊面

铲除油漆涂料裱糊面工程量清单项目的设置、项目特征描述的内容、计量单位、工程量计算规则，应按表 3-16-8 的规定执行。

表 3-16-8　铲除油漆涂料裱糊面（编码：011608）

项目编码	项目名称	项目特征	计量单位	工程量计算规则	工作内容
011608001	铲除油漆面	1. 铲除部位名称 2. 铲除部位的截面尺寸	1. m² 2. m	1. 以平方米计算，按铲除部位的面积计算 2. 以米计算，按铲除部位的延长米计算	1. 铲除 2. 控制扬尘 3. 清理 4. 建渣场内、外运输
011608002	铲除涂料面				
011608003	铲除裱糊面				

工程量清单项目应用说明如下：

（1）单独铲除油漆涂料裱糊面的工程按表 3-16-8 编码列项。

（2）铲除部位名称的描述是指墙面、柱面、天棚、门窗等。

（3）按 m 计量，必须描述铲除部位的截面尺寸，以 m² 计量时，则不用描述铲除部位的截面尺寸。

九、栏杆栏板、轻质隔断隔墙拆除

栏杆栏板、轻质隔断隔墙拆除工程量清单项目的设置、项目特征描述的内容、计量单位、工程量计算规则，应按表 3-16-9 的规定执行。

表 3-16-9　栏杆、轻质隔断隔墙拆除（编码：011609）

项目编码	项目名称	项目特征	计量单位	工程量计算规则	工作内容
011609001	栏杆、栏板拆除	1. 栏杆（板）的高度 2. 栏杆、栏板种类	1. m² 2. m	1. 以平方米计量，按拆除部位的面积计算 2. 以米计量，按拆除的延长米计算	1. 拆除 2. 控制扬尘 3. 清理 4. 建渣场内、外运输
011609002	隔断隔墙拆除	1. 拆除隔墙的骨架种类 2. 拆除隔墙的饰面种类	m²	按拆除部位的面积计算	

工程量清单项目应用说明：以 m² 计量，不用描述栏杆（板）的高度。

十、门窗拆除

门窗拆除工程量清单项目的设置、项目特征描述的内容、计量单位、工程量计算规则，应按表 3-16-10 的规定执行。

表 3-16-10　门窗拆除（编码：011610）

项目编码	项目名称	项目特征	计量单位	工程量计算规则	工作内容
011610001	木门窗拆除	1. 室内高度 2. 门窗洞口尺寸	1. m² 2. 樘	1. 以平方米计量，按拆除面积计算 2. 以樘计量，按拆除樘数计算	1. 拆除 2. 控制扬尘 3. 清理 4. 建渣场内、外运输
011610002	金属门窗拆除				

工程量清单项目应用说明：门窗拆除以 m² 计量，不用描述门窗的洞口尺寸。室内高度指室内楼地面至门窗的上边框。

十一、金属构件拆除

金属构件拆除工程量清单项目的设置、项目特征描述的内容、计量单位、工程量计算规则，应按表 3-16-11 的规定执行。

表 3-16-11　金属构件拆除（编码：011611）

项目编码	项目名称	项目特征	计量单位	工程量计算规则	工作内容
011611001	钢梁拆除	1. 构件名称 2. 拆除构件的规格尺寸	1. t 2. m	1. 以吨计算，按拆除构件的质量计算 2. 以米计算，按拆除延长米计算	1. 拆除 2. 控制扬尘 3. 清理 4. 建渣场内、外运输
011611002	钢柱拆除		1. t 2. m	1. 以吨计算，按拆除构件的质量计算 2. 以米计算，按拆除延长米计算	
011611003	钢网架拆除		t	按拆除构件的质量计算	
011611004	钢支撑、钢墙架拆除		1. t 2. m	1. 以吨计算，按拆除构件的质量计算 2. 以米计算，按拆除延长米计算	
011611005	其他金属构件拆除				

工程量清单项目应用说明：拆除金属栏杆、栏板按表 3-16-9 相应清单编码执行。

十二、管道及卫生洁具拆除

管道及卫生洁具拆除工程量清单项目的设置、项目特征描述的内容、计量单位、工程量计算规则，应按表 3-16-12 的规定执行。

表 3-16-12　管道及卫生洁具拆除（编码：011612）

项目编码	项目名称	项目特征	计量单位	工程量计算规则	工作内容
011612001	管道拆除	1. 管道种类、材质 2. 管道上的附着物种类	m	按拆除管道的延长米计算	1. 拆除 2. 控制扬尘 3. 清理 4. 建渣场内、外运输
011612002	卫生洁具拆除	卫生洁具种类	1. 套 2. 个	按拆除的数量计算	

十三、灯具、玻璃拆除

灯具、玻璃拆除工程量清单项目的设置、项目特征描述的内容、计量单位、工程量计算规则，应按表 3-16-13 的规定执行。

表 3-16-13　灯具、玻璃拆除（编码：011613）

项目编码	项目名称	项目特征	计量单位	工程量计算规则	工作内容
011613001	灯具拆除	1. 拆除灯具高度 2. 灯具种类	套	按拆除的数量计算	1. 拆除 2. 控制扬尘 3. 清理 4. 建渣场内、外运输
011613002	玻璃拆除	1. 玻璃厚度 2. 拆除部位	m²	按拆除的面积计算	

工程量清单项目应用说明：

拆除部位的描述是指门窗玻璃、隔断玻璃、墙玻璃、家具玻璃等。

十四、其他构件拆除

其他构件拆除工程量清单项目的设置、项目特征描述的内容、计量单位、工程量计算规则，应按表 3-16-14 的规定执行。

表 3-16-14　其他构件拆除（编码：011614）

项目编码	项目名称	项目特征	计量单位	工程量计算规则	工作内容
011614001	暖气罩拆除	暖气罩材质	1. 个 2. m	1. 以个为单位计量，按拆除个数计算。 2. 以米为单位计量，按拆除延长米计算	1. 拆除 2. 控制扬尘 3. 清理 4. 建渣场内、外运输
011614002	柜体拆除	1. 柜体材质 2. 柜体尺寸：长、宽、高			
011614003	窗台板拆除	窗台板平面尺寸	1. 块 2. m	1. 以块计量，按拆除数量计算。 2. 以 m 计量，按拆除的延长米计算	
011614004	筒子板拆除	筒子板的平面尺寸			
011614005	窗帘盒拆除	窗帘盒的平面尺寸	m	按拆除的延长米计算	
011614006	窗帘轨拆除	窗帘轨的材质			

工程量清单项目应用说明：双轨窗帘轨拆除按双轨长度分别计算工程量。

十五、开孔（打洞）

开孔（打洞）工程量清单项目的设置、项目特征描述的内容、计量单位及工程量计算规则，应按表 3-16-15 的规定执行。

表 3-16-15　开孔（打洞）（编码：011615）

项目编码	项目名称	项目特征	计量单位	工程量计算规则	工作内容
011615001	开孔（打洞）	1. 部位 2. 打洞部位材质 3. 洞尺寸	个	按数量计算	1. 拆除 2. 控制扬尘 3. 清理 4. 建渣场内、外运输

工程量清单项目应用说明如下：

（1）部位可描述为墙面或楼板。

（2）打洞部位材质可描述为页岩砖或空心砖或钢筋混凝土等。

任务十七 措施项目

一、相关基础知识

1. 以"项"计价的措施项目

以"项"计价的措施项目包括安全文明施工费、夜间施工费、二次搬运费、冬雨期施工费、地上地下设施及建筑物的临时保护设施费、已完工程及设备保护费等，不需要计算工程量。

2. 以综合单价形式计价的措施项目费

措施项目中可以计算工程量的项目清单宜采用分部分项工程量清单的方式编制。列出项目编码、项目名称、项目特征、计量单位、工程数量、综合单价和合价。综合单价计算与分部分项工程量清单综合单价分析计算方式相同，这样有利于措施费的确定和调整。

二、工程量清单计算规范相关内容

（一）脚手架工程

脚手架工程工程量清单项目设置、项目特征描述的内容、计量单位及工程量计算规则，应按表3-17-1的规定执行。

表 3-17-1 脚手架工程（编码：011701）

项目编码	项目名称	项目特征	计量单位	工程量计算规则	工作内容
011701001	综合脚手架	1. 建筑结构形式 2. 檐口高度	m²	按建筑面积计算	1. 场内、场外材料搬运 2. 搭、拆脚手架、斜道、上料平台 3. 安全网的铺设 4. 选择附墙点与主体连接 5. 测试电动装置、安全锁等 6. 拆除脚手架后材料的堆放

项目编码	项目名称	项目特征	计量单位	工程量计算规则	工作内容
011701002	外脚手架	1. 搭设方式 2. 搭设高度 3. 脚手架材质	m²	按所服务对象的垂直投影面积计算	1. 场内、场外材料搬运 2. 搭、拆脚手架、斜道、上料平台 3. 安全网的铺设 4. 拆除脚手架后材料的堆放
011701003	里脚手架				
011701004	悬空脚手架	1. 搭设方式 2. 悬挑宽度 3. 脚手架材质		按搭设的水平投影面积计算	
011701005	挑脚手架		m	按搭设长度乘以搭设层数以延长米计算	
011701006	满堂脚手架	1. 搭设方式 2. 搭设高度 3. 脚手架材质		按搭设的水平投影面积计算	
011701007	整体提升架	1. 搭设方式及启动装置 2. 搭设高度	m²	按所服务对象的垂直投影面积计算	1. 场内、场外材料搬运 2. 选择附墙点与主体连接 3. 搭、拆脚手架、斜道、上料平台 4. 安全网的铺设 5. 测试电动装置、安全锁等 6. 拆除脚手架后材料的堆放
011701008	外装饰吊篮	1. 升降方式及启动装置 2. 搭设高度及吊篮型号			1. 场内、场外材料搬运 2. 吊篮的安装 3. 测试电动装置、安全锁、平衡控制器等 4. 吊篮的拆卸

1. 工程量清单项目应用说明

（1）使用综合脚手架时，不再使用外脚手架、里脚手架等单项脚手架；综合脚手架适用于能够按"建筑面积计算规则"计算建筑面积的建筑工程脚手架，不适用于房屋加层、构筑物及附属工程脚手架。

（2）同一建筑物有不同檐高时，按建筑物竖向切面分别按不同檐高编列清单项目。

（3）整体提升架已包括 2m 高的防护架体设施。

（4）建筑面积计算按《建筑工程建筑面积计算规范》（GB/T 50353—2013）。

（5）脚手架材质可以不描述，但应注明由投标人根据工程实际情况按照《建筑施工扣件式钢管脚手架安全技术规范》（JGJ 130—2011）、《建筑施工附着升降脚手架管理暂行规定》（建建〔2000〕23 号）等规范自行确定。

2. 工程量清单编制实务注意事项

（1）脚手架项目应根据使用范围和部位的不同，分别立项目按要求进行描述。

（2）外脚手架：适用于施工建筑装饰一体工程或主体单独完成的工程等。

（3）里脚手架：适用于砖砌内墙、砖砌基础等。

（4）外装修脚手架：适用于仅单独完成装饰装修工程，且重新搭设脚手架的装饰装修工程。

（5）内装修脚手架：适用于内墙面装饰装修工程等。

（6）悬空脚手架：适用于依附两个建筑物搭设的通道等脚手架。

（7）满堂脚手架：适用于工业与民用建筑净高大于 $3 \sim 6 \ \mathrm{m}$ 的室内装饰装修工程等。

（8）整体提升架：适用于高层建筑外脚手架等。整体提升架分附着式整体脚手架和分片提升脚手架。

（9）外装饰吊篮：适用于外墙抹灰、保温、涂料、幕墙玻璃的安装、门窗安装、石材干挂清洗等。

（10）电梯井脚手架：适用于建筑物内、构筑物的电梯井内壁施工。

（11）现浇混凝土运输道必须描述混凝土是泵送或非泵送。

（12）安全通道：是指保证在施工建筑附近过路行人及施工人员必经之路而搭设的。

（13）外脚手架安全挡板、安全网包含在安全文明施工费内，不得再单独列项目。

（二）混凝土模板及支架（撑）

混凝土模板及支架（撑）工程量清单项目设置、项目特征描述的内容、计量单位、工程量计算规则，应按表 3-17-2 的规定执行。

表 3-17-2　混凝土模板及支架（撑）（编码：011702）

项目编码	项目名称	项目特征	计量单位	工程量计算规则	工作内容
011702001	基础	基础类型	m²	按模板与现浇混凝土构件的接触面积计算 1. 现浇钢筋混凝土墙、板单孔面积≤ 0.3 m² 的孔洞不予扣除，洞侧壁模板亦不增加；单孔面积＞ 0.3 m² 时应予扣除，洞侧壁模板面积并入墙、板工程量内计算 2. 现浇框架分别按梁、板、柱有关规定计算；附墙柱、暗梁、暗柱并入墙内工程量内计算 3. 柱、梁、墙、板相互连接的重叠部分，均不计算模板面积 4. 构造柱按图示外露部分计算模板面积	1. 模板制作 2. 模板安装、拆除、整理堆放及场内外运输 3. 清理模板粘结物及模内杂物、刷隔离剂等
011702002	矩形柱				
011702003	构造柱				
011 702004	异形柱	柱截面形状			
011702005	基础梁	梁截面形状			
011702006	矩形梁	支撑高度			
011702007	异形梁	1. 梁截面形状 2. 支撑高度			
011702008	圈梁				
011702009	过梁				
011702010	弧形、拱形梁	1. 梁截面形状 2. 支撑高度			

项目编码	项目名称	项目特征	计量单位	工程量计算规则	工作内容
011702011	直形墙			按模板与现浇混凝土构件的接触面积计算 1. 现浇钢筋混凝土墙、板单孔面积≤0.3 m² 的孔洞不予扣除，洞侧壁模板亦不增加；单孔面积＞0.3 m² 时应予扣除，洞侧壁模板面积并入墙、板工程量内计算 2. 现浇框架分别按梁、板、柱有关规定计算；附墙柱、暗梁、暗柱并入墙内工程量内计算 3. 柱、梁、墙、板相互连接的重叠部分，均不计算模板面积 4. 构造柱按图示外露部分计算模板面积	1. 模板制作 2. 模板安装、拆除、整理堆放及场内外运输 3. 清理模板粘结物及模内杂物、刷隔离剂等
011702012	弧形墙				
011702013	短肢剪力墙、电梯井壁				
011702014	有梁板	支撑高度			
011702015	无梁板				
011702016	平板				
011702017	拱板				
011702018	薄壳板				
011702019	空心板				
011702020	其他板				
011702021	栏板		m²		
011702022	天沟、檐沟	构件类型		按模板与现浇混凝土构件的接触面积计算	
011702023	雨篷、悬挑板、阳台板	1. 构件类型 2. 板厚度		按图示外挑部分尺寸的水平投影面积计算，挑出墙外的悬臂梁及板边不另计算	
011702024	楼梯	类型		按楼梯(包括休息平台、平台梁、斜梁和楼层板的连接梁)的水平投影面积计算，不扣除宽度≤500 mm 的楼梯井所占面积，楼梯踏步、踏步板、平台梁等侧面模板不另计算，伸入墙内部分亦不增加	
011702025	其他现浇构件	构件类型		按模板与现浇混凝土构件的接触面积计算	
011702026	电缆沟、地沟	1. 沟类型 2. 沟截面		按模板与电缆沟、地沟接触的面积计算	
011702027	台阶	台阶踏步宽		按图示台阶水平投影面积计算，台阶端头两侧不另计算模板面积。架空式混凝土台阶，按现浇楼梯计算	
011702028	扶手	扶手断面尺寸		按模板与扶手的接触面积计算	
011702029	散水			按模板与散水的接触面积计算	1. 模板制作 2. 模板安装、拆除、整理堆放及场内外运输 3. 清理模板粘结物及模内杂物、刷隔离剂等
011702030	后浇带	后浇带部位		按模板与后浇带的接触面积计算	
011702031	化粪池	1. 化粪池部位 2. 化粪池规格		按模板与混凝土接触面积计算	
011702032	检查井	1. 检查井部位 2. 检查井规格			

工程量清单项目应用说明：

（1）原槽浇灌的混凝土基础、垫层，不计算模板。

（2）此混凝土模板及支撑（架）项目，只适用于以平方米计量，按模板与混凝土构件的接触面积计算，以立方米计量，模板及支撑（支架）不再单列，按混凝土及钢筋混凝土实体项目执行，综合单价中应包含模板及支架。

（3）采用清水模板时，应在特征中注明。

（三）垂直运输

垂直运输工程量清单项目设置、项目特征描述的内容、计量单位、工程量计算规则，应按表 3-17-3 的规定执行。

表 3-17-3　垂直运输（011703）

项目编码	项目名称	项目特征	计量单位	工程量计算规则	工作内容
011703001	垂直运输	1. 建筑物建筑类型及结构形式 2. 地下室建筑面积 3. 建筑物檐口高度、层数	1. m² 2. 天	1. 按建筑面积计算 2. 按施工工期日历天数计算	1. 垂直运输机械的固定装置、基础制作、安装 2. 行走式垂直运输机械轨道的铺设、拆除、摊销

工程量清单项目应用说明：

（1）建筑物的檐口高度是指设计室外地坪至檐口滴水的高度（平屋顶是指屋面板底高度），凸出主体建筑物屋顶的电梯机房、楼梯出口间、水箱间、瞭望塔、排烟机房等不计入檐口高度。

（2）垂直运输机械是指施工工程在合理工期内所需垂直运输机械。

（3）同一建筑物有不同檐高时，按建筑物的不同檐高做纵向分割，分别计算建筑面积，以不同檐高分别编码列项。

（四）超高施工增加

超高施工增加工程量清单项目设置、项目特征描述的内容、计量单位、工程量计算规则，应按表 3-17-4 的规定执行。

表 3-17-4　超高施工增加（011704）

项目编码	项目名称	项目特征	计量单位	工程量计算规则	工作内容
011704001	超高施工增加	1. 建筑物建筑类型及结构形式 2. 建筑物檐口高度、层数 3. 单层建筑物檐口高度超过 20 m，多层建筑物超过 6 层部分的建筑面积	m²	按建筑物超高部分的建筑面积计算	1. 建筑物超高引起的人工工效降低以及由于人工工效降低引起的机械降效 2. 高层施工用水加压水泵的安装、拆除及工作台班 3. 通信联络设备的使用及摊销

工程量清单项目应用说明：

（1）单层建筑物檐口高度超过 20 m，多层建筑物超过 6 层时，可按超高部分的建筑面积计算超高施工增加。计算层数时，地下室不计入层数。

（2）同一建筑物有不同檐高时，可按不同高度的建筑面积分别计算建筑面积，以不同檐高分别编码列项。

（五）安全文明施工及其他措施项目

安全文明施工及其他措施项目工程量清单项目设置、计量单位、工作内容及包含范围，应按表 3-17-5 的规定执行。

表 3-17-5　安全文明施工及其他措施项目（编码：011707）

项目编码	项目名称	工作内容及包含范围
011707001	安全文明施工	1. 环境保护：现场施工机械设备降低噪声、防扰民措施；水泥和其他易飞扬细颗粒建筑材料密闭存放或采取覆盖措施等；工程防扬尘洒水；土石方、建渣外运车辆防护措施等；现场污染源的控制、生活垃圾清理外运、场地排水排污措施；其他环境保护措施。 2. 文明施工："五牌一图"的费用；现场围挡的墙面美化（包括内外粉刷、刷白、标语等）、压顶装饰；现场厕所便槽刷白、贴白瓷砖，水泥砂浆地面或地砖，建筑物内临时便溺设施；其他施工现场临时设施的装饰装修、美化措施；现场生活卫生设施；符合卫生要求的饮水设备、淋浴、消毒等设施；生活用洁净燃料；防煤气中毒、防蚊虫叮咬等措施；施工现场操作场地的硬化；现场绿化、治安综合治理；现场配备医药保健器材、物品和急救人员培训；现场工人的防暑降温、电风扇、空调等设备及用电；其他文明施工措施。 3. 安全施工：安全资料、特殊作业专项方案的编制，安全施工标志的购置及安全宣传；"三宝"（安全帽、安全带、安全网）、"四口"（楼梯口、电梯井口、通道口、预留洞口），"五临边"（阳台围边、楼板围边、屋面围边、槽坑围边、卸料平台两侧），水平防护架、垂直防护架、外架封闭等防护；施工安全用电，包括配电箱三级配电、两级保护装置要求、外电防护措施；起重机、塔式起重机等起重设备（含井架、门架）及外用电梯的安全防护措施（含警示标志）及卸料平台的临边防护、层间安全门、防护棚等设施；建筑工地起重机械的检验检测；施工机具防护棚及其围栏的安全保护设施；施工安全防护通道；工人的安全防护用品、用具购置；消防设施与消防器材的配置；电气保护、安全照明设施；其他安全防护措施。 4. 临时设施：施工现场采用彩色、定型钢板，砖、混凝土砌块等围挡的安砌、维修、拆除；施工现场临时建筑物、构筑物的搭设、维修、拆除，如临时宿舍、办公室、食堂、厨房、厕所、诊疗所、临时文化福利用房、临时仓库、加工场、搅拌台、临时简易水塔、水池等；施工现场临时设施的搭设、维修、拆除，如临时供水管道、临时供电管线、小型临时设施等；施工现场规定范围内临时简易道路铺设，临时排水沟、排水设施安砌、维修、拆除；其他临时设施费搭设、维修、拆除
011707002	夜间施工	1. 夜间固定照明灯具和临时可移动照明灯具的设置、拆除。 2. 夜间施工时，施工现场交通标志、安全标牌、警示灯等的设置、移动、拆除。 3. 包括夜间照明设备及照明用电、施工人员夜班补助、夜间施工劳动效率降低等费用
011707003	非夜间施工照明	为保证工程施工正常进行，在地下室等特殊施工部位施工时所采用的照明设备的安拆、维护、摊销及照明用电等
011707004	二次搬运	由于施工场地条件限制而发生的材料、成品、半成品等一次运输不能到达堆放地点，必须进行二次或多次搬运

项目编码	项目名称	工作内容及包含范围
011707005	冬雨期施工	1. 冬雨（风）期施工时增加的临时设施（防寒保温、防雨、防风设施）的搭设、拆除。 2. 冬雨（风）期施工时，对砌体、混凝土等采用的特殊加温、保温和养护措施。 3. 冬雨（风）期施工时，施工现场的防滑处理、对影响施工的雨雪的清除。 4. 包括冬雨（风）期施工时增加的临时设施、施工人员的劳动保护用品、冬雨（风）期施工劳动效率降低等
011707006	地上、地下设施、建筑物的临时保护设施	在工程施工过程中，对已建成的地上、地下设施和建筑物进行的遮盖、封闭、隔离等必要保护措施
011707007	已完工程及设备保护	对已完工程及设备采取的覆盖、包裹、封闭、隔离等必要保护措施

工程量清单项目应用说明如下：

（1）安全文明施工费是指工程施工期间按照现行国家的环境保护、建筑施工安全、施工现场环境与卫生标准和有关规定，购置和更新施工安全防护用具及设施、改善安全生产条件和作业环境所需要的费用。

（2）施工排水是指为保证工程在正常条件下施工，所采取的排水措施。

（3）施工降水是指为保证工程在正常条件下施工，所采取的降低地下水水位的措施。

三、工程量计算方法

1. 脚手架工程

（1）使用综合脚手架时，不再使用外脚手架、里脚手架等单项脚手架；综合脚手架适用于能够按"建筑面积计算规则"计算建筑面积的建筑工程脚手架，不适用于房屋加层、构筑物及附属工程脚手架。

（2）同一建筑物有不同檐高时，按建筑物竖向切面分别按不同檐高编列清单项目。

（3）整体提升架已包括 2 m 高的防护架体设施。

（4）脚手架材质可以不描述，但应注明由投标人根据工程实际情况按照现行国家标准《建筑施工扣件式钢管脚手架安全技术规范》（JGJ 130—2011）、《建筑施工附着升降脚手架管理暂行规定》（建建〔2000〕230 号）等规范自行确定。

2. 混凝土模板及支架（撑）

（1）原槽浇灌的混凝土基础，不计算模板。

（2）混凝土模板及支撑（架）项目，只适用于以平方米计量，按模板与混凝土构件的接触面积计算。以立方米计量的模板及支撑（支架），按混凝土及钢筋混凝土实体项目执行，其综合单价中应包含模板及支撑（支架）。

（3）采用清水模板时，应在特征中注明。

（4）若现浇混凝土梁、板支撑高度超过 3 ～ 6 m 时，项目特征应描述支撑高度。

3．垂直运输

（1）建筑物的檐口高度是指设计室外地坪至檐口滴水的高度（平屋顶是指屋面板底高度），凸出主体建筑物屋顶的电梯机房、楼梯出口间、水箱间、瞭望塔、排烟机房等不计入檐口高度。

（2）垂直运输是指施工工程在合理工期内所需垂直运输机械。

（3）同一建筑物有不同檐高时，按建筑物的不同檐高做纵向分割，分别计算建筑面积，以不同檐高分别编码列项。

4．超高施工增加

（1）单层建筑物檐口高度超过 20 m，多层建筑物超过 6 层时，可按超高部分的建筑面积计算超高施工增加。计算层数时，地下室不计入层数。

（2）同一建筑物有不同檐高时，可按不同高度的建筑面积分别计算建筑面积，以不同檐高分别编码列项。

四、计算实例

【例 3-17-1】 某现浇混凝土矩形柱，层高为 6 m，板厚为 100 mm，设计断面尺寸为 500 mm×600 mm，采用复合木模板，试计算模板工程量。

解：工程量＝（0.5＋0.6）×2×（6－0.1）＝12.98（m^2）

思考与练习

1．如何计算回填土的工程量？

2．简述楼地面整体面层工程量计算规则。

3．简述楼地面块料面层工程量计算规则。

4．简述楼地面卷材防水的工程量计算规则。

5．简述天棚抹灰工程量计算规则。

6．什么情况下可以计算超高施工增加费？

7．简述安全文明施工费的工作内容及包含范围。

项目四　工程量清单计价

知识目标

　　熟悉招标工程量的概念、组成内容、招标工程量清单的编制顺序，了解招标工程量清单编制的质量措施；熟悉招标最高投标限价的概念、编制原则和依据、编制程序，了解最高投标报价的要求；熟悉投标报价的概念、编制原则及依据、编制内容和方法；熟悉综合单价的概念及组成，了解人工单价、材料单价、机械台班单价的组成内容；熟悉分部分项工程费、措施项目费用、其他项目费、规费、税金的组成内容。

能力目标

　　会编制招标工程量清单；会编制招标最高投标限价；会编制综合单价；会计算分部分项工程费；会计算措施项目费；会计算其他项目费；会计算规费；会计算税金。

素养目标

　　通过学习"杂交水稻之父"袁隆平的人物事迹，培养学生兢兢业业、一丝不苟的学习精神。

任务一　招标工程量清单编制

一、招标工程量清单的概念

（一）工程量清单

　　工程量清单是指建设工程的分部分项工程项目、措施项目、其他项目的名称和相应数量，以及规费、税金项目等内容的明细清单。

（二）招标工程量清单

招标工程量清单是指招标人依据国家相关规范标准、招标文件、设计文件及施工现场实际情况编制的，随招标文件发布供投标报价的工程量清单及其说明和表格。

招标人编制清单要依据《建筑工程工程量清单计价规范》（GB 50500—2013），把分部分项、措施项目、其他项目的清单工程量内容计算出来，注意没有价格。

招标工程量清单应与招标项目的内容范围完全一致，一般以单位工程为独立单元进行编制。招标工程量清单是工程量清单计价的基础，同时，又是编制标底、最高投标限价（招标控制价）、投标报价、计算或调整工程量、支付和结算工程价款及索赔等的基本依据。

招标工程量清单应由具有编制能力的招标人或委托具有相应资质的工程造价咨询机构编制。招标工程量清单必须作为招标文件的组成部分，招标人须要对其准确性和完整性负责。

招标工程量清单编制时不考虑特殊因素，如雪天禁止露天焊接作业等，现场的施工方案、施工因素建设方不考虑，就按正常情况编制，这些须由施工方在报价时确定。

二、招标工程量清单的组成内容

分部分项工程项目、措施项目、其他项目、规费项目和税金项目的名称和相应数量的明细清单。

1. 分部分项工程量清单

分部分项工程量清单必须载明项目编码、项目名称、项目特征、计量单位和工程量。

分部分项工程量清单必须根据相关工程现行国家计量规范规定的项目编码、项目名称、项目特征、计量单位和工程量计算规则进行编制。

2. 措施项目清单

措施项目清单必须根据相关工程现行国家计量规范的规定编制。

措施项目清单必须根据拟建工程的实际情况列项。

3. 其他项目清单

（1）暂列金额：暂列金额应根据工程特点，按有关计价规定估算。

（2）暂估价：包括材料暂估单价、工程设备暂估单价、专业工程暂估价；暂估价中的材料、工程设备暂估价应根据工程造价信息或参照市场价格估算；专业工程暂估价应分不同专业，按有关计价规定估算。

（3）计日工：计日工应列出项目和数量。

（4）总承包服务费。

4. 规费项目清单

（1）社会保障费：包括养老保险费、失业保险费、医疗保险费、工伤保险费、生育保险费；

（2）住房公积金；

（3）工程排污费。

5. 税金项目清单

（1）增值税；

（2）城市维护建设税；

（3）教育费附加。

三、招标工程量清单编制质量措施

实行工程量清单计价后对工程量清单的质量要求和工程量计算的准确性要求应该更高，因为工程量清单质量低劣、计算不准确，会给招投标双方带来不必要的风险和纠纷。

（1）熟悉"计价规范"内容，避免重项、漏项。在工程量计算过程中，首先应做到不重项、漏项，因为重项、漏项会加大招标人的工程量风险，使工程造价难以控制。

（2）准确进行特征描述。特征描述不清楚是目前工程量清单编制中比较典型的问题，应引起清单编制人员的重视，因为特征描述不清容易引起理解上的差异，造成投标企业报价时不必要的失误，影响招标的工作质量。特征描述不清楚除投标企业报价不准外，还可能埋下争议和索赔的隐患。

（3）掌握工程量清单的编制原则。工程量清单应当依据招标文件、施工设计图纸、施工现场条件、各种操作规范、标准和"计价规范"进行编制，编制过程应当遵循"四统一"原则。

（4）正确计算工程量。工程量计算是工程量清单编制工作的主要内容，工程量计算的准确性直接影响到清单的质量，因此，清单编制人员应认真、细致地计算工程量。

（5）认真校核工程量清单。工程量清单编制完成后，除编制人要反复校核外，还必须有其他人审核。工程量清单校核的内容主要有清单项目是否重项、漏项，项目特征描述是否清楚，工程量计算是否有误。

（6）提高设计文件深度。图纸设计深度是影响工程量清单编制质量的一个重要原因。设计深度不够，会使项目设置不准确和特征描述不清楚，因此，要提高清单编制质量，还应从提高设计文件的质量方面入手，设计文件应能满足工程量清单计价的需要。

四、招标工程量清单编制顺序

（一）基本要点

（1）封面。招标人要明确是业主，不是招标代理和造价咨询公司。

（2）签字盖章的地方是既要签字也要盖章，不要只盖章不签字。

（3）造价工程师及注册证号。《建设工程工程量清单计价监督管理办法》中要求工程量清单的封面由编制单位的一级注册造价工程师或二级注册造价师签字盖章。

（二）填表须知

必须要有填表须知。因为它明确要求工程量清单及其计价格式中的任何内容不得随意删除或涂改，在以往的投标文件中有的投标人由于对清单不是很熟悉，有修改工程量和改动计量单位的行为。

（三）总说明

（1）工程概况。要写明工程名称、工程建设规模（建筑面积）、工程特征（层数、檐高）、施工现场条件、自然地理情况、抗震要求等。

（2）招标范围。一般说明是总包还是有部分分包或分标段。如果有部分分包需要明确专业分包的部分；如果是分标段要写明各标段范围。

（3）编制依据。

1）《建设工程工程量清单计价规范》(GB 50500—2013）。

2）《房屋建筑与装饰工程计量规范》(GB 50854—2013）。

3）施工设计图纸及其说明、设计修改、变更通知等技术资料。

4）相关的设计、施工规范和标准。

（4）工程质量。要明确是合格还是优良，不要写市样板、省世纪杯、国家鲁班奖，这三个是奖项。

（5）招标人自行采购的材料名称、规格型号和数量等。这里面要注意招标人自行采购的材料如果在招标阶段无法准确定价，应按暂估价列在其他项目清单中招标人部分，注明材料数量、单价、合价，便于投标人将其返到分部分项工程量清单的综合单价中，计取相关费用。

（6）预留金数额。

（7）其他需要说明的问题，如业主要求混凝土采用商品混凝土，土方运距由投标人自行考虑等。

（8）投标人在投标时应按"计价规范"规定的统一格式，提供工程量清单计价格式，见项目一中相应的表格（共12项，如果有特殊要求如分部分项工程量清单综合单价计算表、措施项目单价计算表也要注明）。

（9）随清单附有"主要材料价格表"，投标人应按其规定内容填写。清单编制人最好列出关注的材料价格。

（10）暂定材料价格表，是把在招标过程中没有明确材质、规格等在计价过程中容易出现很大差距的材料列出单价，并明确实际施工时由建设方认质认价（甲控），按实际发生调整。

（四）分部分项工程量清单

（1）所有要求签字、盖章的地方，必须由规定的单位和人员签字、盖章。

（2）工程数量的有效位数应遵守下列规定：以"吨"为单位，应保留三位小数，第四位四舍五入；以"立方米""平方米""米"为单位，应保留两位小数点后第二位数字，第三位四舍五入；以"个""项"等为单位，应取整数。

（3）项目特征的描述要和图纸一致。因为对工程项目特征的描述，是各项清单计算的依据，描述得详细准确与否是直接影响投标报价的一个主要因素。如果图纸描述得不清楚要和设计单位沟通，免得漏项或产生歧义，不要凭经验做法自己设计。

（4）由于楼面和地面的项目特征不同，包括的基层不同，因此尽管面层相同，也要把它们分开列项。

（5）清单出现"计算规范"附录A、附录B、附录C、附录D、附录E中未包括的项目，编制人可做相应补充，在项目编码中以"补"字示之，注意要在分部分项工程的后面补。

（6）关于土方运距问题。如果招标人指定弃土地点或取土地点的运距，则在清单中给定运距，若招标文件规定由投标人自行确定弃土或取土地点及运距时，则不必在工程量清单中描述运距。

（7）注意工程量清单中的计量单位与传统的定额计价模式有很多不同的地方。如清单计量单位中：隔热、保温项目的单位是 m^2；混凝土压顶单位是 m；石材窗台板的单位是 m；门窗的计量单位按樘；地沟的计量单位是 m；混凝土桩的单位是根（或 m）。

（8）一些项目不单独编码列项，应包括在各清单项目的工程内容中。如混凝土基础、砖基础、地沟中包括垫层。

（9）在"计算规范"附录A中油漆工程是同门窗工程同时发包的，而"计算规范"附录B中是单独发包的油漆工程。

（10）在"计算规范"附录A中防水、防潮工程是同墙、地面工程同时发包的，而"计价规范"附录B中是单独发包的防水、防潮工程。

（11）招标人编制工程量清单不列施工方法（有特殊要求的除外），投标人应根据施工方案确定施工方法进行投标报价。

土石方开挖，招标人确定工程数量即可。开挖方式应由投标人做出的施工方案来确定，投标人应根据拟定的施工方法投标报价。如招标文件对土石方开挖有特殊要求，在编制工程量清单时，可规定施工方法。

（12）招标人在编制钢筋清单项目时，应根据工程的具体情况，可将不同种类、规格的钢筋分别编码列项；也可分为 $\phi10$ 及以内和 $\phi10$ 以上编码列项。

（13）不同楼层标高的混凝土量是否要分开列项应视工程的具体情况，由清单编制人决定。如不同楼层混凝土的综合单价差异较大，则应分别列项。

（14）金属结构中的螺栓要在钢筋工程中单独列项，不包括在金属结构工程中。

（15）联动试车费属工程建设其他费用，不属建安工程费范围，因此，清单报价中不考虑此项费用。

（五）措施项目清单

措施项目列项要尽可能周全，在原有的通用项目基础上，要增加冬雨期施工增加费、生产工具用具使用费、定位复测点交清理费。有吊装的还要增加构件吊装机械费。

（六）其他项目清单

（1）预留金主要考虑可能发生的工程量变更而预留的金额。此处提出的工程量变更主要是指工程量清单漏项、有误引起工程量增加和施工中设计变更引起标准提高或工程量增加等，是工程造价的组成内容。

预留金的使用量取决于设计深度、设计质量、工程设计的成熟程度，一般不会超过工程总造价的10%。

（2）建设购买的材料如果在招标阶段无法准确定价，应按暂估价列在其他项目清单中招标人部分，列明材料数量、单价、合价。这样便于投标人返推到综合单价中，计取相关费用。

（3）零星工作项目表。零星工作项目中的工料机列项与计量，要根据工程的复杂程度、工程设计质量的优劣及工程设计的成熟程度等因素，确定其数量。一般以人工计量为基础，按人工消耗总量的 1% 取值即可。

材料消耗主要是辅助材料消耗，按不同专业工人消耗材料类别列项，按工人日消耗量计入。机械消耗列项和计量除参考人工消耗因素外，还要参考本单位工程机械消耗的种类列项，可按本单位工程机械消耗总量的 1% 取值。

（七）其他有关清单编制注意的问题

（1）清单编制完成后，要注意检查。如查看有没有工程量特大或小数位数不符合清单规范要求的，电子文档同范本的有没有不同的，不同的取费基数清单要分别给出，清单输出是否按清单规范顺序。

（2）关于清单需要和业主沟通的问题。有的业主有时对清单有特殊要求，如某种材料要求的档次相对较高，报价可能产生很大的区别，混凝土采用商品混凝土等要求。

针对这种情况，要和业主用联系函的形式进行沟通，并给出暂定材料价格表，并要求回复书面材料，避免由于双方理解的不同产生歧义。

（3）注意不要给很多的暂定材料价格，否则失去竞争的意义。

（4）关于设备费。设备费在项目设备购置费列项，不属建安工程费范围。因此，清单报价中不考虑此项费用。所以，清单编制过程中要明确哪些为设备、哪些不是设备，使所有投标人都在一条起跑线上报价。

五、招标工程量清单编制案例

【例 4-1-1】 某工程外墙外边线尺寸为 $36\,\text{m} \times 12\,\text{m}$，底层设有围护栏板的室外平台共 4 只，围护外围尺寸为 $4\,\text{m} \times 2\,\text{m}$；设计室外地坪土方标高为 $-0.15\,\text{m}$，现场自然地坪平均标高为 $-0.05\,\text{m}$，现场土方多余，需运至场外 5 km 处松散弃置，按规范编制该工程平整场地清单项目。

解： 该工程按自然标高计算，多余土方平均厚度为 $0.10\,\text{m}$，按题意需要考虑外运。

工程量计算：

平整场地：$S = 36 \times 12 + 4 \times 2 \times 4 = 464\,(\text{m}^2)$

分部分项工程量清单见表 4-1-1。

表 4-1-1　分部分项工程量清单

序号	项目编码	项目名称	项目特征	计量单位	工程量
1	010101001001	平整场地	余土平均厚度 0.1 m，外运距离 5 km 处松散弃置	m²	464

【例 4-1-2】 如图 4-1-1 所示，某工程 M7.5 水泥砂浆砌筑 MU15 水泥实心砖墙基（砖规格 240×115×53）。编制该砖基础砌筑项目清单（提示：砖砌体内无混凝土构件）。

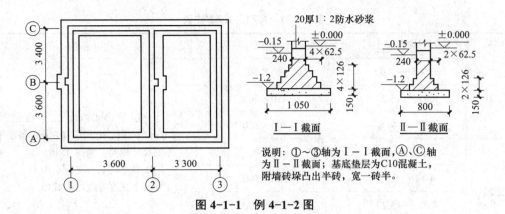

说明：①~③轴为Ⅰ—Ⅰ截面，Ⓐ、Ⓒ轴为Ⅱ—Ⅱ截面；基底垫层为C10混凝土，附墙砖垛凸出半砖，宽一砖半。

图4-1-1 例4-1-2图

解：该工程砖基础有两种截面规格，为避免工程局部变更引起整个砖基础报价调整的纠纷，应分别列项。工程量计算：

Ⅰ—Ⅰ截面砖基础长度：砖基础高度：$H=1.2$ m

$L=7×3-0.24+2×（0.365-0.24）×0.365÷0.24=21.14$（m）

其中：$（0.365-0.24）×0.365÷0.24$ 为砖垛折加长度

大放脚截面：$S=n（n+1）ab=4×（4+1）×0.126×0.0625=0.1575$（m²）

砖基础工程量：$V=L（Hd+S）$

$=21.14×（1.2×0.24+0.1575）=9.42$（m³）

垫层长度：$L=7×3-0.8+2×（0.365-0.24）×0.365÷0.24=20.58$（m）

（内墙按垫层净长计算）

Ⅱ—Ⅱ截面：砖基础高度：$H=1.2$ m $L=（3.6+3.3）×2=13.8$（m）

大放脚截面：$S=2×（2+1）×0.126×0.0625=0.0473$（m²）

砖基础工程量：$V=13.8×（1.2×0.24+0.0473）=4.63$（m³）

外墙基垫层、防潮层工程量可以在项目特征中予以描述，这里不再列出。

工程量清单见表4-1-2。

表4-1-2 分部分项工程量清单

序号	项目编码	项目名称	项目特征	计量单位	工程数量
1	010401001001	砖墙基础	M7.5水泥砂浆砌筑（240 mm×115 mm×53 mm）MU15水泥实心砖一砖条形基础，四层等高式大放脚；−1.2 m基底下C10混凝土垫层，长20.58 m，宽1.05 m，厚150 mm；−0.060 m标高处1：2防水砂浆20厚防潮层	m³	9.42
2	010401001002	砖墙基础	M7.5水泥砂浆砌筑（240 mm×115 mm×53 mm）MU15水泥实心砖一砖条形基础，二层等高式大放脚；−1.2 m基底下C10混凝土垫层，长13.8 m，宽0.8 m，厚150 mm；−0.060 m标高处1：2防水砂浆20厚防潮层	m³	4.63

【例4-1-3】 表4-1-3为某工程设计平法标注框架柱表，试计算 KZ1、KZ2 工程量并编制项目清单。

表 4-1-3　KZ1、KZ2 柱表

柱号	标高	断面	备注
KZ1	−1.5～8.07	500×500	一层层高 4.5 m，二～五层层高 3.6 m，六层、七层层高 3 m；各层平面外围尺寸相同，檐高 25 m。 KZ1 共 24 只，KZ2 共 10 只 混凝土强度等级均为 C30
KZ1	8.07～15.27	450×400	
KZ1	15.27～24.87	300×300	
KZ2	−1.5～4.47	$\phi 500$	
KZ2	4.47～8.07	500×500	
KZ2	8.07～15.27	450×400	
KZ2	15.27～24.87	300×300	

解： 按照题意资料，该工程框架柱列项应按断面形式分为矩形柱和圆形柱，矩形柱按断面周长应分为 1.8 m 以上、1.8 m 以内和 1.2 m 以内三种，而 1.8 m 以上在底层部分因层高超过 3.6 m，也应分别列项。

工程量计算：

（1）±0.000 以下工程量：

矩形柱（断面周长 1.8 m 以上）

KZ1　$V = 0.5 \times 0.5 \times 1.5 \times 24 = 9$（m³）

圆形柱（断面 $\phi 50$ cm）：

KZ2　$V = 0.25 \times 0.25 \times 3.141\,6 \times 1.5 \times 10 = 2.95$（m³）

（2）矩形柱（断面周长 1.8 m 以上，层高 3.6 m 以内）：

KZ1　$V = 0.5 \times 0.5 \times (8.07 - 4.47) \times 24 = 21.6$（m³）

KZ2　$V = 0.5 \times 0.5 \times (8.07 - 4.47) \times 10 = 9$（m³）

小计：$V = 30.6$ m³

（3）矩形柱（断面周长 1.8 m 以上，层高 4.5 m）：

KZ1　$V = 0.5 \times 0.5 \times 4.47 \times 24 = 26.82$（m³）

（4）矩形柱（断面周长 1.8 m 以内，层高 3.6 m 以内）：

KZ1　$V = 0.45 \times 0.4 \times (15.27 - 8.07) \times 24 = 31.1$（m³）

KZ2　$V = 0.45 \times 0.4 \times (15.27 - 8.07) \times 10 = 12.96$（m³）

小计：$V = 44.06$ m³

（5）矩形柱（断面周长 1.2 m 以内，层高 3.6 m 以内）：

KZ1　$V = 0.3 \times 0.3 \times (24.87 - 15.27) \times 24 = 20.74$（m³）

KZ2　$V = 0.3 \times 0.3 \times (24.87 - 15.27) \times 10 = 8.64$（m³）

小计：$V = 29.38$ m³

（6）圆形柱（断面 $\phi 50$ cm，层高 4.5 m）：

KZ2　$V = 0.25 \times 0.25 \times 3.141\,6 \times 4.47 \times 10 = 8.78$（m³）

清单项目列表见表 4-1-4。

表 4-1-4 分部分项工程量清单

序号	项目编码	项目名称	项目特征	计量单位	工程数量
1	010502001001	矩形柱	C30 钢筋混凝土现浇，断面周长 1.8 m 以上，±0.00 以下，深 1.5 m	m³	9.0
2	010502001002	矩形柱	C30 钢筋混凝土现浇，断面周长 1.8 m 以上，层高 3.6 m 以内，柱高 24.87 m	m³	30.6
3	010502001003	矩形柱	C30 钢筋混凝土现浇，断面周长 1.8 m 以上，层高 4.5 m，柱高 24.87 m	m³	26.82
4	010502001004	矩形柱	C30 钢筋混凝土现浇，断面周长 1.8 m 以内，层高 3.6 m 以内，柱高 24.87 m	m³	44.06
5	010502001005	矩形柱	C30 钢筋混凝土现浇，断面周长 1.2 m 以内，层高 3.6 m 以内，柱高 24.87 m	m³	29.38
6	010502003001	圆形柱	C30 钢筋混凝土现浇，断面直径 $\phi50$ cm，±0.000 以下，深 1.5 m	m³	2.95
7	010502003002	圆形柱	C30 钢筋混凝土现浇，断面直径 $\phi50$ cm，层高 4.5 m，柱高 24.87 m	m³	8.78

注：表中列入的柱高，用作计算建筑物超高施工增加费，如单位工程工程量清单将建筑物超高施工增加费单独列项的，则可不予描述柱高。

任务二 招标最高投标限价编制

一、最高投标限价的概念

最高投标限价是指根据国家或省级住房城乡建设主管部门颁发的有关计价依据和办法，依据拟订的招标文件和招标工程量清单，结合工程具体情况发布的招标工程的最高投标限价。国有资金投资的建筑工程招标的，应当设有最高投标限价；非国有资金投资的建筑工程招标的，可以设有最高投标限价或招标标底。与以前基于定额计价体系招标时采用标底不同，最高投标限价主要适用于工程量清单计价体系下的施工招标活动，具有更高的透明度，可以有效遏制哄抬标价和控制投资，并鼓励投标人自主报价、公平竞争。

二、最高投标限价的编制原则及依据

1. 最高投标限价的编制原则

《中华人民共和国招标投标法实施条例》规定，招标人可以自行决定是否编制标底，一个招标项目只能有一个标底，标底必须保密。同时规定，招标人设有最高投标限价的，应当在招标文件中明确最高投标限价或最高投标限价的计算方法，招标人不得规定最低投标限价。

2. 最高投标限价的编制依据

（1）《建设工程工程量清单计价规范》（GB 50500—2013）及相关专业工程计量规范；

（2）国家或省市、行业建设主管部门颁发的计价定额和计价办法；

（3）建设工程设计文件及相关资料；

（4）招标文件及招标工程量清单；

（5）与建设项目相关的标准、规范、技术资料；

（6）施工现场情况、工程特点及常规施工方案；

（7）工程造价管理机构发布的工程造价信息；

（8）其他相关资料。

三、最高投标限价的编制要求

（1）材料价格应是工程造价管理机构通过工程造价信息发布的材料价格，工程造价信息未发布材料单价的材料，其材料价格应通过市场调查确定。另外，未采用工程造价管理机构发布的工程造价信息时，需在招标文件或答疑补充文件中对招标控制价采用的与造价信息不一致的市场价格予以说明，采用的市场价格则应通过调查、分析确定，有可靠的信息来源。

（2）机械设备的选型应本着经济实用、先进高效的原则。

（3）正确、全面地使用行业和地方的计价定额与相关文件。

（4）不可竞争的措施项目和规费、税金等费用的计算均属于强制性条款。

（5）不同工程项目、不同投标人会有不同的施工组织方法，所发生的措施费也会有所不同，因此，对于竞争性的措施费用的确定，招标人应首先编制常规的施工组织设计或施工方案，然后依据论证确认后再进行合理确定措施项目与费用。

最高投标限价的具体要求见表 4-2-1。

表 4-2-1　最高投标限价的具体要求

适用	①国有资金投资的工程建设项目应实行工程量清单招标，招标人应编制最高投标限价。 ②应当拒绝高于最高投标限价的投标报价（应被否决）
编制人	①最高投标限价应由具有编制能力的招标人或受其委托的工程造价咨询人编制。 ②工程造价咨询人不得同时接受招标人和投标人对同一工程的最高投标限价及投标报价的编制
编制要求	①最高投标限价不得进行上浮或下调。 ②招标人应当在招标文件中公布最高投标限价的总价，以及各单位工程的分部分项工程费、措施项目费、其他项目费、规费和税金
审核	①最高投标限价超过批准的概算时，招标人应将其报原概算审批部门审核。 ②招标人应将最高投标限价报工程所在地的工程造价管理机构备查
投诉	①投标人认为未按规定进行编制的，应在最高投标限价公布后 5 天内向招标投标监督机构和工程造价管理机构投诉。 ②工程造价管理机构应当在受理投诉的 10 天内完成复查，特殊情况下可适当延长。 ③当招标控制价复查结论与原公布的最高投标限价误差大于 + 3% 时，应责成招标人改正。 ④当重新公布最高投标限价时，距原投标截止期不足 15 天的应延长投标截止期

四、最高投标限价的编制内容和方法

建设工程的最高投标限价反映的是单位工程费用，各单位工程费用是由分部分项工程费、措施项目费、其他项目费、规费和税金组成的。

1. 分部分项工程费的编制

（1）最高投标限价的分部分项工程费应由各单位工程的招标工程量清单中给定的工程量乘以其相应综合单价而成。

（2）综合单价计算步骤。

1）依据提供的工程量清单和施工图纸按照工程所在地区颁发的计价定额的规定，确定所组价的定额项目名称，并计算出相应的工程量。

2）依据工程造价政策规定或工程造价信息确定其人工、材料、施工机械台班单价。

（3）在考虑风险因素确定管理费率和利润率的基础上，按规定程序计算出所组价定额项目的合价。

（4）将若干项所组价的定额项目合价相加除以工程量清单项目工程量，便得到工程量清单项目综合单价（综合单价＝合价／清单工程量）。

2. 措施项目费的编制

（1）措施项目费中的安全文明施工费不得作为竞争性费用。

（2）措施项目应按招标文件中提供的措施项目清单确定，详见表4-2-2。

表4-2-2　措施项目的种类及规定

计算种类		规定
可计量的	以"量"计算	与分部分项工程项目清单单价相同的方式确定综合单价
不可计量的	以"项"计算	①采用费率法按规定综合取定，结果包括除规费税金外的全部费用。②措施项目清单费＝措施项目计费基数 × 费率

3. 其他项目费的编制

其他项目费的编制要点见表4-2-3。

表4-2-3　其他项目费的编制要点

组成	要点
暂列金额	一般可以分部分项工程费的 5% ～ 10%（新疆）
暂估价	①材料单价：按照工程造价管理机构发布的工程造价信息中的材料单价计算，工程造价信息未发布的材料单价，其单价参考市场价格估算。②专业工程暂估价：应分不同专业，按有关计价规定估算
计日工	①人工单价和施工机械台班单价：按省级、行业建设主管部门或其授权的工程造价管理机构公布的单价计算。②材料：按工程造价信息中的材料单价计算，未发布单价的按市场调查确定

组成	要点
总承包服务费	应按照省级或行业建设主管部门的规定计算，在计算时可参考以下标准： ①总承包管理和协调：按分包的专业工程估算造价的 1%～5% 计算。 ②总承包管理和协调并提供配合服务：按分包的专业工程估算造价的 3%～5% 计算。 ③招标人自行供应材料按供应材料价值的 1% 计算

4. 规费和税金的编制

（1）规费和税金必须按国家或省级、行业建设主管部门的规定计算。

（2）税金（增值税）＝（人工费＋材料费＋施工机具使用费＋企业管理费＋利润＋规费）×综合税率。

五、最高投标报价案例分析

背景：某整体烟囱分部分项工程费为 2 000 000.00 元；单价措施项目费为 150 000.00 元，总价措施项目仅考虑安全文明施工费，安全文明施工费按分部分项工程费的 3.5% 计取；其他项目考虑基础基坑开挖的土方、护坡、降水，专业工程暂估价为 110 000.00 元（另计 5% 总承包服务费）；人工费占比分别为分部分项工程费的 8%、措施项目费的 15%；规费按照人工费的 21% 计取，增值税税率按 10% 计取。

依据《建筑工程施工发包与承包计价管理办法》（住建部令第 16 号）的规定和"计算规范"的要求，在表列式计算安全文明施工费、措施项目费、人工费、总承包服务费、规费、增值税，并在"单位工程最高投标限价汇总表"（表 4-2-4）中编制该钢筋混凝土烟囱单位工程最高投标限价。

（1）安全文明施工费：$2\,000\,000 \times 3.5\% = 70\,000$（元）

（2）措施项目费：$150\,000 + 70\,000 = 220\,000$（元）

（3）人工费：$2\,000\,000 \times 8\% + 220\,000 \times 15\% = 193\,000$（元）

（4）总承包服务费 $= 110\,000 \times 5\% = 5\,500$（元）

（5）规费 $= 193\,000 \times 21\% = 40\,530$（元）

（6）增值税 $=（2\,000\,000 + 220\,000 + 110\,000 + 5\,500 + 40\,530）\times 10\% = 237\,603$（元）

表 4-2-4　单位工程最高投标限价汇总表

序号	汇总内容	金额	其中暂估价（元）
1	分部分项工程	2 000 000	
2	措施项目	220 000	
2.1	其中：安全文明施工费	70 000	
3	其他项目费	115 500	
3.1	其中：专业工程暂估价	110 000	
3.2	其中：总承包服务费	5 500	

序号	汇总内容	金额	其中暂估价（元）
4	规费（人工费 ×21%）	40 530	
5	增值税 %	237 603	
	最高投标限价	2 613 633	

任务三　投标报价的编制

一、投标报价的概念

投标报价是投标人希望达成工程承包交易的期望价格，它不能高于招标人设定的最高投标限价。作为投标报价计算的必要条件，应预先确定施工方案和施工进度，另外，投标报价计算还必须与采用的合同形式相协调。

二、投标报价的编制原则及依据

（一）投标报价的编制原则

（1）投标报价由投标人自主确定，但必须执行"计价规范"的强制性规定。投标报价应由投标人或受其委托、具有相应资质的工程造价咨询人员编制。

（2）投标人的投标报价不得低于工程成本。由评标委员会认定该投标人以低于成本报价竞标，应当否决其投标。

（3）投标报价要以招标文件中设定的发承包双方责任划分，作为考虑投标报价费用项目和费用计算的基础。

（4）以施工方案技术措施等作为投标报价计算的基本条件。

（5）投标报价计算方法要科学严谨、简明适用。

（二）投标报价的编制依据

（1）《建设工程工程量清单计价规范》（GB 50500—2013 ）；

（2）国家或省级、行业建设主管部门颁发的计价办法；

（3）企业定额国家或省级、行业建设主管部门颁发的计价定额；

（4）招标文件、工程量清单及其补充通知、答疑纪要；

（5）建设工程设计文件及相关资料；

（6）施工现场情况、工程特点及投标时拟订的施工组织设计或施工方案；

（7）与建设项目相关的标准、规范等技术资料；

（8）市场价格信息或工程造价管理机构发布的工程造价信息。

三、投标报价的编制内容和方法

（一）分部分项工程和措施项目计价表的编制

1. 分部分项工程和单价措施项目清单与计价表的编制

确定综合单价是分部分项工程和单价措施项目清单与计价表编制过程中最主要的内容。综合单价包括完成一个规定清单项目所需的人工费、材料费和工程设备费、施工机具使用费、企业管理费、利润，并考虑风险费用的分摊。综合单价＝人工费＋材料和工程设备费＋施工机具使用费＋企业管理费＋利润＋风险。

（1）确定综合单价时的注意事项。

1）以项目特征描述为依据。项目特征是确定综合单价的重要依据之一，投标人投标报价时应依据招标文件中清单项目的特征描述确定综合单价。

2）材料、工程设备暂估价的处理。单价计入清单项目的综合单价中。

3）考虑合理的风险。招标文件中要求投标人承担的风险费用，投标人应考虑计入综合单价。在施工过程中，当出现的风险内容及其范围（幅度）在招标文件规定的范围（幅度）内时，综合单价不得变动，合同价款不作调整。根据国际惯例并结合我国工程建设的特点，发承包双方对工程施工阶段的风险宜采用如下分摊原则：

①对于主要由市场价格波动导致的价格风险，在合同中约定范围和幅度，合理分摊。

②对于法律、法规、规章或有关政策出台导致工程税金、规费、人工发生变化的，承包人不应承担此风险，应按照有关调整规定执行。

③对于承包人根据自身技术水平、管理、经营状况能够自主控制的风险，承包人应结合市场情况，根据企业自身的实际合理确定、自主报价，该部分风险由承包人全部承担。

（2）综合单价确定的步骤和方法。

1）确定计算基础。计算基础主要包括消耗量指标和生产要素单价。

2）分析每一清单项目的工程内容。

3）计算工程内容的工程量与清单单位含量。

$$清单单位含量＝某工程内容的定额工程量 / 清单工程量$$

4）分部分项工程人工、材料、施工机具使用费的计算。

5）计算综合单价。企业管理费和利润的计算可按照规定的取费基数，以及一定的费率取费计算。

将上述人工、材料、施工机具使用费、管理费和利润五项费用汇总，考虑合理的风险费用后，即可得到清单综合单价。根据计算出的综合单价，可编制分部分项工程和单价措施项目清单与计价表。

（3）工程量清单综合单价分析表的编制。

2. 总价措施项目清单与计价表的编制

对于不能精确计量的措施项目，应编制总价措施项目清单与计价表。投标人对措施项目中的总价项目投标报价应遵循以下原则：

（1）措施项目的内容应依据招标人提供的措施项目清单和投标人投标时拟订的施工组织设计或施工方案确定。

（2）措施项目费由投标人自主确定，但其中安全文明施工费必须按照国家或省级、行业建设主管部门的规定计价，不得作为竞争性费用。招标人不得要求投标人对该项费用进行优惠，投标人也不得将该项费用参与市场竞争。

（二）其他项目清单与计价表的编制

其他项目费主要包括暂列金额、暂估价、计日工及总承包服务费，见表4-3-1。

表4-3-1　其他项目清单的内容组成

暂列金额	应按照招标人提供的其他项目清单中列出的金额填写，不得变动
暂估价	不得变动和更改。 ①暂估价中的材料、工程设备暂估价必须按照招标人提供的暂估单价计入清单项目的综合单价。 ②专业工程暂估价必须按照招标人提供的其他项目清单中列出的金额填写
计日工	应按照招标人提供的其他项目清单列出的项目和估算的数量，自主确定各项综合单价并计算费用。量：招标人提供；价：自主确定
总承包服务费	自主确定

（三）规费、税金项目计价表的编制

规费和税金应按国家或省级、行业建设主管部门的规定计算，不得作为竞争性费用。

（四）投标报价的汇总

投标人的投标总价应当与组成工程量清单的分部分项工程费、措施项目费、其他项目费和规费、税金的合计金额相一致，即投标人在进行工程量清单招标的投标报价时，不能进行投标总价优惠（或降价、让利），投标人对投标报价的任何优惠（或降价、让利）均应反映在相应清单项目的综合单价中。

任务四　综合单价的确定

一、计价工程量计算方法

（一）计价工程量的概念

计价工程量也称报价工程量，是计算工程投标报价的重要数据。计价工程量是投标人

根据拟建工程施工图、施工方案、工程量和所采用的定额及相对应的工程量计算规则计算出的，是用以确定综合单价的重要数据。

（二）计价工程量计算方法

计价工程量是根据所采用的定额和相对应的工程量计算规则计算的，所以，承包商一旦确定采用何种定额时，就应完全按其定额所划分的项目内容和工程量计算规则计算工程量。

计价工程量的内容一般要多于清单工程量。因为计价工程量不但要计算每个清单项目的主项工程量，而且还要计算所包含的附项工程量。

二、人工单价的编制

1. 人工单价的概念

人工单价是指工人一个工作日应该得到的劳动报酬。

2. 人工单价的内容

人工单价一般包括基本工资、工资性津贴、养老保险费、失业保险费、医疗保险费、住房公积金等。

3. 人工单价的编制方法

人工单价的编制方法主要有以下几种。

（1）根据劳务市场行情确定人工单价。目前，根据劳务市场行情确定人工单价已经成为计算工程劳务费的主流，这是社会主义市场经济发展的必然结果。根据劳务市场行情确定人工单价应注意以下几个方面的问题。

1）要尽可能掌握劳动力市场价格中长期历史资料，这将使以后采用数学模型预测人工单价成为可能。

2）在确定人工单价时要考虑用工的季节性变化。当大量聘用农民工时，要考虑农忙季节时人工单价的变化。

3）在确定人工单价时要采用加权平均的方法综合劳务市场的劳动力单价。

4）要分析拟建工程的工期对人工单价的影响。如果工期紧，那么人工单价按正常情况确定后要乘以大于1的系数。如果工期有延长的可能，那么也要考虑工期延长带来的风险。

$$人工单位 = \sum_{i=1}^{n}（某劳务市场人工单价 \times 权重）\times$$
$$季节变化系数 \times 工期风险系数$$

【例 4-4-1】据市场调查取得的资料分析，抹灰工在劳务市场的价格分别是：甲劳务市场 35 元/工日，乙劳务市场 38 元/工日，丙劳务市场 34 元/工日。调查表明，各劳务市场可提供抹灰工的比例分别为：甲劳务市场 40%；乙劳务市场 26%；丙劳务市场 34%；当季节变化系数、工期风险系数均为 1 时，试计算抹灰工的人工单价。

解：抹灰工的人工单价 =（35.00×40% + 38.00×26% + 34.00×34%）×1×1
$$= （14 + 9.88 + 11.56）\times 1 \times 1$$
$$= 35.44（元/工日）（取定为 35.50 元/工日）$$

（2）根据以往承包工程的实际情况确定。如果在本地以往承包过同类工程，可以根据以往承包工程的情况确定人工单价。

（3）根据预算定额规定的工日单价确定。凡是分部分项工程项目含有基价的预算定额，都明确规定了人工单价，可以此为依据确定拟投标工程的人工单价。

三、材料单价的编制

1. 材料单价的概念

材料单价是指材料从采购起运到工地仓库或堆放场地后的出库价格。

2. 材料的采购方式

材料的采购方式决定材料的费用组成，由于其采购和供货方式不同，构成材料单价的费用也不同。一般有以下几种：

（1）材料供货到工地现场。当材料供应商将材料供货到施工现场或施工现场仓库时，材料单价由材料原价、采购保管费构成。

（2）在供货地点采购材料。当需要派人到供货地点采购材料时，材料单价由材料原价、运杂费、采购保管费构成。

（3）需二次加工的材料。当某些材料采购回来时，还需要进一步加工的，材料单价除上述费用外，还包括二次加工费。

3. 材料原价的确定

材料原价是指付给材料供应商的材料单价。当某种材料有两个或两个以上的材料供应商供货且材料原价不同时，要计算加权平均材料原价。

$$加权平均材料原价 = \sum_{i=1}^{n}（材料原价 \times 材料数量）_i \div \sum_{i=1}^{n}（材料数量）_i$$

注：（1）式中 i 是指不同的材料供应商。

（2）包装费及手续费均已包含在材料原价中。

【例4-4-2】 某工地所需的某某牌墙面砖由3个材料供应商供货，其数量和原价见表4-4-1，试计算墙面砖的加权平均原价。

表4-4-1 墙面砖

供应商店	墙面砖的数量 /m²	供货的单价 / 元 /m²
甲	1 200	65
乙	600	60
丙	600	67

解： 墙面砖加权平均原价 = （65×1 200 + 60×600 + 67×600）÷（1 200 + 600 + 600）

= 121 800÷2 400

= 64.25（元 /m²）

4. 材料运杂费计算

材料运杂费是指材料采购后运回工地仓库所发生的各项费用。材料运杂费包括装卸费、运输费和合理的运输损耗费等。

（1）材料装卸费按行业市场价支付。

（2）材料运输费按行业运输价格计算，若供货来源地点不同且供货数量不同时，需要计算加权平均运输费。

$$加权平均运输费 = \sum_{i=1}^{n}(运输单价 \times 材料数量)_i \div \sum_{i=1}^{n}(材料数量)_i$$

（3）材料运输损耗费是指在运输和装卸材料过程中，不可避免产生的损耗所发生的费用，一般按下列公式计算：

$$材料运输损耗费 = (材料原价 + 装卸费 + 运输费) \times 运输损耗率$$

【例 4-4-3】 上例中墙面砖由 3 个地点供货，根据表 4-4-2 所列资料计算墙面砖运杂费。

表 4-4-2 墙面砖运杂费

供货地点	墙面砖的数量 /m²	运输单价 /（元·m⁻²）	装卸费 /（元·m⁻²）	运输损耗率 /%
甲	1 200	1.1	0.5	1
乙	600	1.2	0.6	1
丙	600	1.4	0.7	1

解：（1）计算加权平均装卸费。

墙面砖加权平均装卸费 =（0.50×1 200 + 0.6×600 + 0.7×600）÷（1 200 + 600 + 600）

= 1 380÷2 400 = 0.58（元 /m²）

（2）计算加权平均运输费。

墙面砖加权平均运输费 =（1.10×1 200 + 1.2×600 + 1.40×600）÷（1 200 + 600 + 600）

= 2 880÷2 400 = 1.2（元 /m²）

（3）计算运输损耗费。

墙面砖加权平均运输损耗 =（材料原价 + 装卸费 + 运输费）× 运输损耗率

=（64.25 + 0.58 + 1.20）×1% = 0.66（元 /m²）

（4）运杂费小计。

墙面砖运杂费 = 装卸费 + 运输费 + 运输损耗费

= 0.58 + 1.20 + 0.66 = 2.44（元 /m²）

5. 材料采购保管费计算

材料采购保管费是指施工企业在组织采购材料和保管材料过程中发生的各项费用，包括采购人员的工资、差旅交通费、通信费、业务费、仓库保管费等各项费用。

$$材料采购保管费 = (材料原价 + 运杂费) \times 采购保管费费率$$

【例 4-4-4】 上述墙面砖的采购保管费费率为 2%，根据前面墙面砖的两项计算结果，计算其采购保管费。

解：墙面砖采购保管费 =（材料原价 + 运杂费）× 采购保管费费率

=（67.25 + 2.44）×2% = 69.69×2% = 1.39（元 / m²）

6. 材料单价的确定

$$材料单价＝加权平均材料原价＋加权平均材料运杂费＋采购保管费$$

或　　　　$$材料单价＝（加权平均材料原价＋加权平均材料运杂费）×（1＋采购保管费）$$

根据例 4-4-2、例 4-4-3、例 4-4-4 计算结果，汇总成材料单价。

解： 墙面砖材料单价 $= 64.25 + 2.44 + 1.39 = 68.08$（元 $/m^2$）

四、机械台班单价的确定

1. 机械台班单价的概念

机械台班单价是指在单位工作班中，为使机械正常运转所分摊和支出的各项费用。

2. 机械台班单价的费用构成

（1）第一类费用。第一类费用也称不变费用，是指属于分摊性质的费用，包括折旧费、大修理费、经常修理费、安拆及场外运输费。

（2）第二类费用。第二类费用也称可变费用，是指属于支出性质的费用，包括燃料动力费、人工费、养路费及车船使用税等。

3. 费用计算

（1）第一类费用计算。

1）折旧费。

$$台班折旧费＝购置机械全部费用×（1－残值率）/耐用总台班$$

式中，购置机械全部费用是指机械从购买到运至施工单位所在地发生的全部费用，包括原价、购置税、保险费及牌照费、运费等。

$$耐用总台班＝预计使用年限×年工作台班$$

机械设备的预计使用年限和年工作台班可参照有关部门指导性意见，也可根据实际情况自主确定。

【例 4-4-5】 5 t 载重汽车的成交价为 75 000 元，购置附加税税率为 10%，运杂费为 2 000 元，残值率为 3%，耐用总台班为 2 000 个，试计算台班折旧费。

解： 5 t 载重汽车台班折旧费 $= [75\,000×（1+10\%）+2\,000]×（1-3\%）÷2\,000$

$$= 81\,965÷2\,000 = 40.98（元/台班）$$

2）大修理费。大修理费是指机械设备按规定到了大修理间隔台班所需进行大修理，以恢复正常使用功能所需支出的费用。其计算公式为

$$台班大修理费＝一次大修理费×（大修理周期－1）/耐用总台班$$

【例 4-4-6】 5 t 载重汽车一次大修理费为 5 700 元，大修理周期为 4 个，耐用总台班为 2 000 个，试计算台班大修理费。

解： 5 t 载重汽车台班大修理费 $= 8\,700×（4-1）÷2\,000 = 26\,100÷2\,000$

$$= 13.05（元/台班）$$

3）经常修理费。经常修理费是指机械设备除大修理外的各级保养及临时故障所需支出的费用。经常修理费包括为保障机械正常运转所需替换设备，随机配置的工具、附具

的摊销及维护费用，机械正常运转及日常保养所需润滑、擦拭材料费用和机械停置期间的维护保养费用等。

台班经常修理费可以用下列简化公式计算：

$$台班经常修理费 = 台班大修理费 \times 经常修理费系数$$

【例 4-4-7】 经测算 5 t 载重汽车的台班经常修理费系数为 5.41，按计算出的 5 t 载重汽车台班大修理费和计算公式，试计算台班经常修理费。

解： 5 t 载重汽车台班经常修理费 $= 13.05 \times 5.41 = 70.60$（元 / 台班）

4）安拆费及场外运输费。

① 安拆费是指机械在施工现场进行安装、拆卸所需人工、材料、机械费和试运转费，以及机械辅助设施（如行走轨道、枕木）的折旧、搭拆、拆除费用。

② 场外运输费是指机械整体或分体自停置地点至施工现场或由一工地至另一工地的运输、装卸、辅助材料及架线费用。

在实际工作中，该项费用可以采用两种方法。第一种方法是当发生时在工程报价中已经计算了这些费用，那么，编制机械台班单价就不再计算；第二种方法是根据往年发生费用的年平均数，除以年工作台班计算。安拆费及场外运输费计算公式为

$$台班安拆费及场外运输费 = 历年统计安拆费及场外运输费的年平均数 / 年工作台班$$

【例 4-4-8】 6 t 内塔式起重机（行走式）的历年统计安拆及场外运输费的年平均数为 9 870 元，年工作台班 280 个。试计算台班安拆及场外运输费。

解： 台班安拆及场外运输费 $= 9 870 \div 280 = 35.25$（元 / 台班）

（2）第二类费用计算。

1）燃料动力费。燃料动力费是指机械设备在运转过程中所耗用的各种燃料、电力、风力、水等的费用。燃料动力费计算公式为

$$台班燃料动力费 = 每台班耗用的燃料或动力数量 \times 燃料或动力单价$$

【例 4-4-9】 5 t 载重汽车每台班耗用汽油 31.66 kg，单价为 3.15 元 /kg，试计算台班燃料费。

解： 台班燃料费 $= 31.66 \times 3.15 = 99.73$（元 / 台班）

2）人工费。人工费是指机上司机、司炉和其他操作人员的工日工资。其计算公式为

$$台班人工费 = 机上操作人员人工工日数 \times 人工单价$$

【例 4-4-10】 5 t 载重汽车每个台班的机上操作人员工日数为 1 个工日，人工单价为 35 元，试计算台班人工费。

解： 台班人工费 $= 35.00 \times 1 = 35.00$（元 / 台班）

（3）车船使用税。车船使用税是按国家规定应缴纳的车船使用税、保险费及年检费。

五、综合单价的编制

1. 综合单价的概念

综合单价是指完成一个规定计量单位的分部分项工程量清单项目或措施清单项目所

需的人工费、材料费、施工机械使用费和企业管理费与利润，以及一定范围内的风险费用。

该定义并不是真正意义上的全包括的综合单价，而是一种狭义上的综合单价，规费和税金等不可竞争的费用并不包括在项目单价中。国际上所谓的综合单价，一般是指全包括的综合单价，在我国目前建筑市场存在过度竞争的情况下，规定保障税金和规费等为不可竞争的费用的做法很有必要。

2. 相关规定

分部分项工程量清单应采用综合单价计价，工程计价方法包括工料单价法和综合单价法。规定工程量清单计价应采用综合单价法。采用综合单价法进行工程量清单计价时，综合单价包括除规费和税金外的全部费用。

措施项目清单计价应根据拟建工程的施工组织设计，可以计算工程量的措施项目，应按分部分项工程量清单的方式采用综合单价计价；其余的措施项目可以"项"为单位的方式计价，应包括除规费、税金外的全部费用。

3. 分部分项工程项目综合单价的确定原则和确定依据

确定分部分项工程量清单项目综合单价的最重要依据之一是该清单项目的特征描述，投标人投标报价时应依据招标文件中分部分项工程量清单项目的特征描述确定清单项目的综合单价。在招投标过程中，当出现招标文件中分部分项工程量清单特征描述与设计图纸不符时，投标人应以分部分项工程量清单的项目特征描述为准，确定投标报价的综合单价。当施工中施工图纸或设计变更与工程量清单项目特征描述不一致时，发承包双方应按实际施工的项目特征，依据合同约定重新确定综合单价。

材料暂估价：招标文件中提供了暂估单价的材料，按暂估的单价进入综合单价。

风险费用：招标文件中要求投标人承担的风险费用，投标人应考虑进入综合单价。在施工过程中，当出现的风险内容及其范围（幅度）在招标文件规定的范围（幅度）内时，综合单价不得变动，工程价款不作调整。

综合单价＝人工费＋材料费＋机械费＋管理费＋利润＋由投标人承担的风险费用＋
其他项目清单中的材料暂估价

由投标人承担的风险费用：根据我国工程建设特点，投标人应完全承担的风险是技术风险和管理风险，如管理费和利润；应有限度承担的是市场风险，如材料价格、施工机械使用费等的风险；应完全不承担的是法律、法规、规章和政策变化的风险。所以，综合单价中不包含规费和税金。

其他项目清单中的材料暂估价、材料价格的风险宜控制在5%以内，施工机械使用费的风险可控制在10%以内，超过者予以调整。

为方便合同管理，需要纳入分部分项工程量清单项目综合单价中的暂估价应只是材料费，以方便投标人组价。

暂估价中的材料单价应按照工程造价管理机构发布的工程造价信息或参考市场价格确定。

4. 综合单价确定的意义

综合单价是工程量清单计价的核心内容，是投标人能否中标的航向标，是投标人中标后的盈亏的分水岭，是投标企业整体实力的真实反映。

5. 综合单价的确定依据

综合单价的确定依据有工程量清单、消耗量定额、工料单价、费用及利润标准、施工组织设计、招标文件、施工图纸及图纸答疑、现场踏勘情况、计价规范等。

（1）工程量清单。工程量清单是由招标人提供的工程数量清单，综合单价应根据工程量清单中提供的项目名称，以及该项目所包括的工程内容来确定。清单中提供相应清单项目所包含的施工过程，它是组价的内容。

（2）定额。定额是指消耗量定额或企业定额。定额的人工、材料、机械消耗量是计算综合单价中人工费、材料费、机械费的基础。

1）消耗量定额是由住房城乡建设主管部门根据合理的施工组织技术，按照正常施工条件下制定的，生产一个规定计量单位工程合格产品所需人工、材料、机械台班的社会平均消耗量的定额。消耗量定额是编制标底时确定综合单价的依据。

2）企业定额是根据本企业的施工技术和管理水平，以及有关工程造价资料制定的，供本企业使用的人工、材料、机械台班消耗量的定额。企业定额是在编制投标报价时确定综合单价的依据。若投标企业没有企业定额时可参照消耗量定额确定综合单价。

定额的人工、材料、机械消耗量是计算综合单价中人工费、材料费、机械费的基础。

（3）工料单价。工料单价是指人工单价、材料单价（即材料预算价格）、机械台班价格。综合单价中的人工费、材料费、机械费，是由定额中工料消耗量乘以相应的工料单价计算得到的。

（4）管理费费率、利润率。除人工费、材料费、机械费外的管理费及利润，是根据管理费费率和利润率乘以其基础计算的。

（5）计价规范。分部分项工程费的综合单价所包括的范围，应符合计价规范。

（6）招标文件中项目特征及工程内容中规定的要求。综合单价包括的内容应满足招标文件的要求，如工程招标范围、甲方供应材料的方式等。例如，某工程招标文件中要求钢材、水泥实行政府采购，由招标方组织供应到工程现场，在综合单价中就不能包括钢材、水泥的价格，否则综合单价无实际意义。

（7）施工图纸及图纸答疑。在确定综合单价时，分部分项工程包括的内容除满足工程量清单中给出的内容外，还应注意施工图纸及图纸答疑的具体内容，才能有效地确定综合单价。

（8）现场踏勘情况、施工组织设计及施工方案。现场踏勘情况及施工组织设计是计算措施费的资料。

6. 综合单价编制时应注意的问题

须熟悉定额的编制原理，为准确计算人工、材料、机械消耗量奠定基础。必须熟悉施工工艺，准确确定工程量清单表中的工程内容，以便准确报价。经常进行市场询价和商情调查，以便合理确定人工、材料、机械的市场单价。广泛积累各类基础性资料及其以往的报价经验，为准确而迅速地做好报价提供依据。经常与企业及项目决策领导者进行沟通明确投标策略，以便合理报出管理费费率及利润率。增强风险意识，熟悉风险管理有关内容，将风险因素合理地考虑在报价中。必须结合施工组织设计和施工方案，将工程量增减的因素及施工过程中的各类合理损耗都考虑在综合单价中。

7. 综合单价的确定中相关规定

若施工中出现施工图纸（含设计变更）与工程量清单项目特征描述不符的，发承包双方应按新的项目特征确定相应工程量清单项目的综合单价。因分部分项工程量清单漏项或非承包人原因的工程变更，造成增加新的工程量清单项目，其对应的综合单价按下列方法确定：

（1）合同中已有适用的综合单价，按合同中已有的综合单价确定（前提：其采用的材料、施工工艺和方法相同）；

（2）合同中有类似的综合单价，参照类似的综合单价确定（前提：其采用的材料、施工工艺和方法基本相似）；

（3）合同中没有适用或类似的综合单价，由承包人提出综合单价，经发包人确认后执行（前提：无法找到适用和类似的项目单价时，应采用招投标时的基础资料，按成本加利润的原则，双方协商新的综合单价）。

因分部分项工程量清单漏项或非承包人原因的工程变更，引起措施项目发生变化，造成施工组织设计或施工方案变更，原措施费中已有的措施项目，按原措施费的组价方法调整；原措施费中没有的措施项目，由承包人根据措施项目变更情况，提出适当的措施费变更，经发包人确认后调整。

8. 综合单价的确定实例

由于"计算规范"与《2020版新疆维吾尔自治区房屋建筑与装饰工程消耗量定额》与定额中的工程量计算规范、计量单位、项目内容完全相同，综合单价的确定必须弄清两个问题：拟组价项目的内容，用计价规范规定的内容与相应定额项目的内容作比较，看拟组价项目应该用哪几个定额项目来组合单价；计价规范与定额的工程量计算规则是否相同，在组合单价时要弄清具体项目包括的内容，各部分内容是直接套用定额组价还是需要重新计算工程量组价。

（1）当"计算规范"的项目特征、工程内容、计量单位及工程量计算规则与《2020版新疆维吾尔自治区房屋建筑与装饰工程消耗量定额》一致，只与一个定额项目对应时，直接套用定额组价。这种组价较简单，在一个单位工程中大多数的分项工程均可利用这种方法组价。其计算公式如下：

清单项目综合单价＝定额项目综合单价

【例 4-4-11】 某工程现浇混凝土矩形柱截面尺寸为 400 mm×400 mm，柱高为 6.6 m，共 30 根，混凝土全部为搅拌机现场搅拌。

（1）现浇混凝土矩形柱分部分项工程量清单的编制。

根据"E.2 现浇混凝土柱"

项目编码为：010502001001；

项目名称为：矩形柱；

项目特征：①混凝土种类：清水混凝土；②混凝土强度等级：C25。

计量单位：m^3。

工程量计算规则：按设计图示尺寸以体积计算。

柱高：

1）有梁板的柱高，应自柱基上表面（或楼板上表面）至上一层楼板上表面之间的高度计算；

2）无梁板的柱高，应自柱基上表面（或楼板上表面）至柱帽下表面之间的高度计算；

3）框架柱的柱高，应自柱基上表面至柱顶高度计算；

4）构造柱按全高计算，嵌接墙体部分（马牙槎）并入柱身体积；

5）依附柱上的牛腿和升板的柱帽，并入柱身体积计算。

工作内容：混凝土制作、运输、浇筑、振捣、养护。

工程数量为：$0.40 \times 0.40 \times 6.60 \times 30 = 31.68$（$m^3$）

将上述结果及相关内容填入"分部分项工程量清单"中，见表4-4-3。

表 4-4-3　分部分项工程量清单

工程名称：某工程 第1页　共1页

序号	项目编码	项目名称	项目特征	计量单位	工程量
1	010502001001	矩形柱	1. 混凝土种类：清水混凝土 2. 混凝土强度等级；C25	m^3	31.68

（2）现浇混凝土柱工程量清单计价表的编制。

1）该项目发生的工作内容为混凝土制作、运输、浇筑、振捣、养护。

2）根据现行的计算规则，计算工程量。

浇筑柱：$0.40 \times 0.40 \times 6.60 \times 30 = 31.68$（$m^3$）

3）分别计算清单项目每计量单位应包含的各项工程内容的工程数量。

浇筑柱：$31.68 \div 31.68 = 1.00$（m^3）

4）根据"E.2　现浇混凝土柱"选定额，确定人、材、机消耗量。

浇筑柱：5-14

5）人、材、机单价选用新疆信息价。

6）计算清单项目每计量单位所含各项工程内容人、材、机价款（按新疆价目表计算）。

浇筑柱：

人工费：$42.15 \times 1.00 = 42.15$（元）

材料费：$152.44 \times 1.00 = 152.44$（元）

机械费：$0.90 \times 1.00 = 0.90$（元）

小计：$42.15 + 152.44 + 0.90 = 195.49$（元）

7）将上述计算结果及相关内容填入表4-4-4。

表 4-4-4　现浇混凝土柱工程量清单计价表

清单项目名称	工程内容	定额编号	计量单位	数量	费用组成			
					人工费	材料费	机械费	小计
矩形柱	浇筑柱	5-14	m^3	1	42.15	152.44	0.9	195.49
合计					42.15	152.44	0.9	195.49

8）根据企业情况确定管理费费率为 5.1%，利润率为 3.2%。

9）综合单价：195.49×（1 + 5.1% + 3.2%）= 211.72（元 /m³）

10）合价：211.72×31.68 = 6 707.29（元）

根据清单计价办法的要求，将上述计算结果及相关内容填入表 4-4-5。

表 4-4-5　分部分项工程量清单计价表

序号	项目编码	项目名称	项目特征	计量单位	工程量	金额 / 元	
						综合单价	合价
1	010502001001	矩形柱	1. 柱种类、断面：矩形柱 2. 混凝土强度等级；C20	m³	31.68	211.72	6 707.29

（2）"计算规范"的计量单位的数量与《2020 版新疆维吾尔自治区房屋建筑与装饰工程消耗量定额》不一致时，其计算公式为

清单项目综合单价＝定额综合单价 ÷ 该定额项目计量单位的数量

（3）当"计算规范"的计量单位及工程量计算规则与《2020 版新疆维吾尔自治区房屋建筑与装饰工程消耗量定额》一致，工程内容不一致，需几个定额项目组成时，其计算公式如下：

$$清单项目综合单价＝\sum（定额项目综合单价 ÷ 该定额项目计量单位的数量）$$

（4）当"计算规范"的工程内容、计量单位及工程量计算规则与《2020 版新疆维吾尔自治区房屋建筑与装饰工程消耗量定额》不一致时，需要按定额的计算规则重新计算工程量来组价。其计算公式为

$$清单项目综合单价＝（\sum 该清单项目所包含的各定额项目工程量 \times$$
$$定额综合单价）÷ 该清单项目工程量$$

【例 4-4-12】　某传达室如图 4-4-1 所示，砖墙体用 M2.5 混合砂浆砌筑，M1 为 1 000 mm×2 400 mm，M2 为 900 mm×2400 mm，C1 为 1 500 mm×1 500 mm；门窗上部均设过梁，断面为 240 mm×180 mm，长度按门窗洞口宽度每边增加 250 mm；外墙均设圈梁（内墙不设），断面为 240 mm×240 mm。编制墙体工程量清单，进行工程量清单报价。

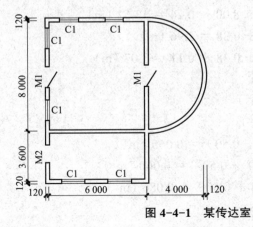
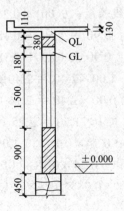

图 4-4-1　某传达室

解：（1）实心砖墙工程量清单的编制：

根据"D.1 砖砌体（编号：01040103）"实心砖墙项目：

外墙中心线长度：$6.00 + 4.00 \times 3.14 + 3.60 + 6.00 + 3.60 + 8.00 = 39.76$（m）

内墙净长线长度：$6.00 - 0.24 + 8.00 - 0.24 = 13.52$（m）

外墙高度：$0.90 + 1.50 + 0.18 + 0.38 = 2.96$（m）

内墙高度：$0.90 + 1.50 + 0.18 + 0.38 + 0.11 + 0.13 = 3.20$（m）

M1 面积：$1.00 \times 2.40 = 2.40$（m^2）

M2 面积：$0.90 \times 2.40 = 2.16$（m^2）

C1 面积：$1.50 \times 1.50 = 2.25$（m^2）

M1GL 体积：$0.24 \times 0.18 \times (1.00 + 0.50) = 0.065$（m^3）

M2GL 体积：$0.24 \times 0.18 \times (0.90 + 0.50) = 0.060$（m^3）

C1GL 体积：$0.24 \times 0.18 \times (1.50 + 0.50) = 0.086$（m^3）

外墙工程量：$(39.76 \times 2.96 - 2.40 - 2.16 - 2.25 \times 6) \times 0.24 - 0.065 - 0.060 - 0.086 \times 6$
$\qquad = 23.27$（m^3）

内墙工程量：$(13.52 \times 3.20 - 2.16) \times 0.24 - 0.06 = 9.80$（m^3）

墙体工程量合计：$23.27 + 9.80 = 33.07$（m^3）

将上述结果及相关内容填入表 4-4-6。

表 4-4-6　分部分项工程量清单

工程名称：某工程　　　　　　　　　　　　　　　　　　　　　　　　　　第 1 页　共 1 页

序号	项目编码	项目名称	项目特征	计量单位	工程量
1	010401003001	实心砖墙	1. 墙体类型：双面混水墙 2. 砖品种、规格：240 mm×115 mm×53 mm 标准砖 3. 砂浆强度等级：M2.5 混合砂浆	m^3	33.07

（2）实心砖墙工程量清单计价表的编制。

该项目发生的工作内容为砖墙体砌筑。

外墙直墙中心线长度：$6.00 + 3.60 + 6.00 + 3.60 + 8.00 = 27.20$（m）

外墙弧形墙中心线长度：$4.00 \times 3.14 = 12.56$（m）

内墙净长线长度：$6.00 - 0.24 + 8.00 - 0.24 = 13.52$（m）

外墙高度：$0.90 + 1.50 + 0.18 + 0.38 = 2.96$（m）

内墙高度：$0.90 + 1.50 + 0.18 + 0.38 + 0.11 = 3.07$（m）

M1 面积：$1.00 \times 2.40 = 2.40$（m^2）

M2 面积：$0.90 \times 2.40 = 2.16$（m^2）

C1 面积：$1.50 \times 1.50 = 2.25$（m^2）

1GL 体积：$0.24 \times 0.18 \times (1.00 + 0.50) = 0.065$（m^3）

M2GL 体积：$0.24 \times 0.18 \times (0.90 + 0.50) = 0.060$（m^3）

C1GL 体积：$0.24 \times 0.18 \times (1.50 + 0.50) = 0.086$（m^3）

外墙直墙工程量：$(27.20 \times 2.96 - 2.40 - 2.16 - 2.25 \times 6) \times 0.24 - 0.065 - 0.060 - 0.086 \times 6 = 14.35 \ (\text{m}^3)$

内墙工程量：$(13.52 \times 3.07 - 2.16) \times 0.24 - 0.06 = 9.38 \ (\text{m}^3)$

半圆弧外墙工程量：$12.56 \times 2.96 \times 0.24 = 8.92 \ (\text{m}^3)$

墙体工程量合计：$14.35 + 9.38 + 8.92 = 32.65 \ (\text{m}^3)$

240 mm 混水砖墙（M2.5 混合砂浆）：套 4-15。

弧形砖墙另加工料：套 4-18。

人工、材料、机械单价选用市场信息价。工程量清单项目人工、材料、机械费用分析见表 4-4-7。

表 4-4-7　工程量清单项目人工、材料、机械费用分析

清单项目名称	工程内容	定额编号	计量单位	数量	费用组成			
					人工费	材料费	机械费	小计
实心砖墙 1. 墙体类型：双面混水墙 2. 砖品种、规格：240 mm×115 mm×53 mm 标准砖 3. 砂浆强度等级：M2.5 混合砂浆	240 mm 混水砖墙（M2.5 混合砂浆）	4-15	m³	32.65	1 406.04	3 602.47	45.91	5 054.42
	弧形砖墙另加工料	4-18	m³	8.92	37.46	15.38	233.16	52.84
合计					1 443.5	3 617.85	45.91	5 107.26

根据企业情况确定管理费费率为 5.1%，利润率为 3.2%。

定额总价：$5\,107.26 \times (1 + 5.1\% + 3.2\%) = 5\,531.16 \ (\text{元})$

综合单价：$5\,531.16 / 33.07 = 127.26 \ (\text{元} / \text{m}^3)$

将上述结果及相关内容填入表 4-4-8。

表 4-4-8　分部分项工程量清单计价表

工程名称：某工程 　　　　　　　　　　　　　　　　　　　　　　　　　　

序号	项目编码	项目名称	项目特征	计量单位	工程量	金额 / 元	
						综合单价	合价
1	010401003001	实心砖墙	1. 墙体类型：双面混水墙 2. 砖品种、规格：240 mm×115 mm×53 mm 标准砖 3. 砂浆强度等级：M2.5 混合砂浆	m³	33.07	127.26	5 531.16

任务五　分部分项工程费计算

工程量清单计价编制的主要内容包括工料机消耗量的确定、分部分项工程量清单费的确定、措施项目清单费的确定、其他项目清单费的确定、规费项目清单费的确定、税金项目清单费的确定。

一、工料机消耗量的确定

工料机消耗量是根据分部分项工程量和有关消耗量定额计算出来的。在套用定额分析计算工料机消耗量时，分为以下两种情况：

（1）直接套用定额。分析工料机用量，当分部分项工程量清单项目与定额项目的工程内容和项目特征完全一致时，就可以直接套用定额消耗量，计算出分部分项的工料机消耗量。

（2）分别套用不同的定额。分析工料机用量，当定额项目的工程内容与清单项目的工程内容不完全相同时，需要按清单项目的工程内容，分别套用不同的定额项目。

二、分部分项工程清单费的确定

分部分项工程量清单费是根据分部分项清单工程量分别乘以对应的综合单价计算出来的。

1. 综合单价的确定

综合单价包含人工费、材料费、机械费、管理费、利润、风险费等费用。

综合单价的计算公式为

分部分项工程量清单项目综合单价＝人工费＋材料费＋机械费＋管理费＋利润＋风险费

其中：

$$人工费＝\sum（定额工日 \times 人工单价）$$

$$材料费＝\sum（某种材料定额消耗量 \times 材料单价）$$

$$机械费＝\sum（某种机械台班定额消耗量 \times 台班单价）$$

$$管理费＝人工费（或直接费）\times 管理费费率$$

$$利润＝人工费（或直接费）\times 利润率$$

2. 分部分项工程量清单费的确定

分部分项工程量清单费按照下列公式计算：

$$分部分项工程量清单费＝\sum（清单工程量 \times 综合单价）$$

三、分部分项工程费用的计算

某工程实心砖墙工程量清单示例见表 4-5-1，计算分部分项的工程费用。

表 4-5-1　砌筑工程工程量清单

序号	项目编码	项目名称	项目特征	计量单位	工程量
1	010401003001	实心砖外墙	MU10 水泥实心砖，墙厚一砖，M5.0 混合砂浆砌筑	m³	120
2	010401003002	实心砖窗下外墙	MU10 水泥实心砖，墙厚 3/4 砖，M5.0 混合砂浆砌筑；外侧 1：2 水泥砂浆加浆勾缝	m³	8.1
3	010401003003	实心砖内隔墙	MU10 水泥实心砖，墙厚 3/4 砖，M5.0 混合砂浆砌筑（板厚 120 mm）	m³	60

因窗下墙单独采用加浆勾缝，砌体计价组合内容与内隔墙不同，故单独列项。

第 1 步：依据综合单价分析法编制出实心砖外墙、实心砖窗下外墙、实心砖内隔墙的综合单价分别是 261.67 元 /m³、291.77 元 /m³、266.95 元 /m³。

第 2 步：将实心砖外墙、实心砖窗下外墙、实心砖内隔墙的项目编码、项目名称、项目特征描述、计量单位、综合单价填入表内。

第 3 步：计算实心砖外墙、实心砖窗下外墙、实心砖内隔墙的合计。合计＝清单工程量 × 综合单价。

第 4 步：以分部工程为单位小计分部分项工程费用。

第 5 步：加总本页小计。

第 6 步：将各分部分项项目费小计加总为单位工程分部分项工程费合计。

分部分项工程量清单与计价见表 4-5-2。

表 4-5-2　分部分项工程量清单与计价表

序号	项目编码	项目名称	计量单位	工程数量	金额 / 元	
					综合单价	合价
1	010302001001	实心砖外墙：MU10 水泥实心砖，墙厚一砖，M5.0 混合砂浆砌筑	m³	120	261.67	31 400.4
2	010302001002	实心砖窗下外墙：MU10 水泥实心砖，墙厚 3/4 砖，M5.0 混合砂浆砌筑；外侧 1：2 水泥砂浆加浆勾缝	m³	8.1	291.70	2 362.77
3	010302001003	实心砖内隔墙：MU10 水泥实心砖，墙厚 3/4 砖，M5.0 混合砂浆砌筑（墙顶现浇楼板长度 24.6 m，板厚 120 mm）	m³	60	266.95	16 017
		分部小计				49 780.17
		本页小计				49 780.17
		合计				49 780.17

任务六 措施项目费计算

一、措施项目费确定

措施项目费应该由投标人根据拟建工程的施工方案或施工组织设计计算确定。其确定方法如下。

1. 依据消耗量定额计算

脚手架、大型机械设备进出场及安拆费、垂直运输机械费等可以根据已有的定额计算确定。

2. 按系数计算

临时设施费、安全文明施工增加费、夜间施工增加费等，可以按直接费为基础乘以适当的系数确定。

3. 按收费规定计算

室内空气污染测试费、环境保护费等可以按有关规定计取费用。

二、单价项目措施费计算

根据单价措施项目清单工程量乘以对应的综合单价就得出了单价措施项目费。单价措施项目费是根据招标工程量清单，通过"分部分项工程和单价措施项目清单与计价表"实现的。

某工程的综合脚手架、现浇矩形梁模板的清单示例见表 4-6-1，计算分部分项的工程费用。

表 4-6-1 单价措施项目工程量清单

序号	项目编码	项目名称	项目特征	计量单位	工程数量
1	011701001001	综合脚手架	1. 建筑结构形式：框架 2. 檐口高度：6 m	m^2	520
2	011702006001	现浇矩形梁	支撑高度 3 m	m^2	40

第 1 步：依据综合单价分析法编制出综合脚手架、现浇矩形梁的综合单价分别是 38 元 /m^2、55 元 /m^2。

第 2 步：将综合脚手架、现浇矩形梁的项目编码、项目名称、项目特征描述、计量单位、综合单价填入表内。

第 3 步：计算综合脚手架、现浇矩形梁的合计。合计＝清单工程量 × 综合单价。

第4步：以措施项目分部工程为单位小计单价措施项目费用。

第5步：加总本页小计。

第6步：将各单价措施项目费小计加总为单位工程单价措施项目费合计。

单价措施项目清单与计价见表4-6-2。

表4-6-2　单价措施项目清单与计价表

序号	项目编码	项目名称	计量单位	工程数量	金额/元	
					综合单价	合价
1	011701001001	综合脚手架	m^2	520	38	19 760
2	011702006001	现浇矩形梁	m^2	40	55	2 200
		分部小计				21 960
	本页小计					21 960
	合计					21 960

三、总价措施项目费计算

1. 总价措施项目的概念

总价措施费是指清单措施项目中，无工程量计算规则，以"项"为单位，采用规定的计算基数和费率计算总价的项目。例如，安全文明施工费、二次搬运费、冬雨期施工费等，即不能计算工程量，只能计算总价的措施项目。

2. 总价措施项目计算方法

总价措施项目是按规定的基数采用规定的费率通过"总价措施项目清单与计价表"来计算的。

例如，某工程的安全文明施工费、夜间施工增加费总价措施项目，按规定以定额人工费用分别乘以28%和4%。该工程的定额人工费用为30 000元，用表4-6-3计算总价措施项目费。

表4-6-3　总价措施项目清单与计价表

序号	项目编码	项目名称	计算基础	费率/%	金额/元	调整费率/%	调整后金额/元	备注
1	011707001001	安全文明施工	30 000	28	8 400			
2	011707002001	夜间施工	30 000	4	1 200			
3	011707005001	冬期施工	/	/	/			
	合计				9 600			

任务七 其他项目费规费税金计算

一、其他项目费用计算

招标人部分的其他项目清单费可按估算金额计算。投标人部分的总承包服务费应根据招标人提出要求按所发生的费用确定。计日工项目费用应根据"计日工表"确定。暂列金额在投标时计入投标报价中，在竣工结算时，应按承包人实际完成的工作内容结算，剩余部分归招标人所有。

（一）其他项目费的内容

其他项目编制包括暂列金额、暂估价、计日工、总承包费用的计算。

（二）其他项目费用计算

招标文件规定：某工程暂列金额为 300 000 元，材料暂估价为 200 000 元，专业工程暂估价为 300 000 元（总包服务费可按 4% 计取），计日工 60 个工日，工日综合单价按 60 元计。请补充完成其他项目清单与计价汇总，见表 4-7-1。

表 4-7-1 其他项目清单与计价汇总表

序号	项目名称	金额/元	结算金额/元	备注
1	暂列金额	300 000		
2	暂估价	300 000		
2.1	材料暂估价	200 000		材料暂估价计入清单综合单价，此处不汇总
2.2	专业工程暂估价	300 000		
3	计日工	3 600		60×60 = 3 600
4	总承包服务费	12 000		300 000×4%
	合计	615 600（不含材料暂估价）		

（1）暂列金额明细表（表 4-7-2）。

表 4-7-2 暂列金额明细

序号	项目名称	计量单位	暂定金额/元	备注
1	配电器工程	项	150 000	设计未标明
2	设计变更	项	120 000	
3	材料调差	项	30 000	
	合计		300 000	
注：此表由招标人填写。投标人应将上述暂列金额计入投标总价中。				

（2）专业工程暂估价及结算价表（表 4-7-3）。

表 4-7-3　专业工程暂估价及结算价

序号	项目名称	工程内容	暂定金额/元	备注
1	智能化工程	设备、管道、支架等的安装与调试	300 000	
2				
3				
合计			300 000	

二、规费项目清单费的计算

规费应该根据国家、省级政府和有关权力部门规定的项目、计算方法、计算基数、费率进行计算。

计算规费的两个条件：计算基础；费率。计算方法：规费＝计算基础 × 费率。

计算基数和费率一般由各省、市、自治区规定。《2020 版新疆维吾尔自治区建筑、安装、市政工程费用定额》是根据国家标准"计价规范"和住房和城乡建设部财政部《建筑安装工程费用项目组成》（建标〔2013〕44 号）文件精神及有关规定，并结合新疆区建设工程实际情况进行编制的。

（1）社会保险费。

1）养老保险费：是指企业按照规定标准为职工缴纳的基本养老保险费。

2）失业保险费：是指企业按照规定标准为职工缴纳的失业保险费。

3）医疗保险费：是指企业按照规定标准为职工缴纳的基本医疗保险费和生育保险费。〔根据《关于印发全面推进生育保险和职工基本医疗保险合并实施方案的通知》（新政办发〔2019〕85 号）要求，生育保险费并入医疗保险费中〕。

4）工伤保险费：是指企业按照规定标准为职工缴纳的工伤保险费。

（2）住房公积金：是指企业按规定标准为职工缴纳的住房公积金。

其他应列而未列入的规费，按相关规定计取。

《2020 版新疆维吾尔自治区建筑、安装、市政工程费用定额》规费计算规定见表 4-7-4。

表 4-7-4　规费

| 序号 | 项目名称 | 计算基数 | 社会保险费率/% | | | | | | | | 住房公积金/% | |
| | | | 养老保险费 | | 失业保险费 | | 医疗保险费 | | 工伤保险费 | | | |
			一般计税	简易计税	一般计税	简易计税	一般计税	简易计税	一般计税	简易计税	一般计税	简易计税
1	建筑与装饰工程	人工费＋机械费	4.31	4.14	0.38	0.36	1.37	1.32	0.19	0.18	0.94	0.90

例如，某工程按一般计税方法，分部分项工程的人工费用为 40 000 元，机械费为 10 000 元，措施项目的人工费用为 30 000 元，机械费为 10 000 元，计算该工程的规费，见表 4-7-5。

表 4-7-5　某工程规费

序号	规费名称	计算基础 / 元	费率 /%	备注
1	养老保险费	90 000	4.31	3879
2	失业保险费	90 000	0.38	342
3	医疗保险费	90 000	1.37	1233
4	工伤保险费	90 000	0.19	171
5	住房公积金	90 000	0.94	846
合计				6471

三、税金项目清单费的确定

税金是按照国家税法或地方政府及税务部门依据职权对税种进行调整规定的项目、计算方法、计算基数、税率进行计算（表 4-7-6）。

我国税法规定：税金＝税前造价 × 增值税税率

表 4-7-6　税金

序号	项目名称	适用计税方法	计税基数	税率
1	增值税销项税	一般计税方法	税前工程造价	9%
2	增值税征收率	简易计税方法		3%

注：采用一般计税方法计税时，税前工程造价中的各费用项目均不含增值税进项税额；采用简易计税方法计税时，税前工程造价中的各费用项目均应包含增值税进项税额。

例如，某工程分部分项工程费用合计为 200 万元，单价措施项目费用为 10 万元，总价措施项目费用为 30 万元，其他项目费为 15 万元，定额人工费和机械费合计为 60 万元，若规费按分部分项费用、措施项目费用、其他项目费用之和的 5% 计，增值税税率为 9%，计算税金并补充完成单位工程投标报价汇总表（表 4-7-7）。

税前＝（分部分项工程费＋措施项目费＋其他费＋规费＋税金）×9%

＝（2 000 000 ＋ 400 000 ＋ 150 000 ＋ 127 500）×9% ＝ 240 975（元）

表 4-7-7　单位工程投标报价汇总表

工程名称：　　　　　　　　　　　　　　　　　　　　　　　　　　第　页共　页

序号	汇总内容	金额 / 元	其中：暂估价 / 元
1	分部分项工程	2 000 000	
2	措施项目	400 000	
	其中：安全文明施工费（人工费＋机械费合计的 2.8%）	16 800	
3	其他项目	150 000	
	其中：暂列金额	100 000	
	其中：专业工程暂估价	30 000	
	其中：计日工	10 000	

序号	汇总内容	金额／元	其中：暂估价／元
	其中：总承包服务费	10 000	
4	规费	127 500	
5	税金：（1＋2＋3＋4）×规定费率	240 975	
	投标报价合计＝1＋2＋3＋4＋5	2 918 475	

注：本表适用于单位工程招标控制价或投标报价的汇总。

思考与练习

1. 什么是招标工程量清单？清单的六大组成要素是什么？

2. 招标工程量清单包括哪些内容？

3. 最高投标限价的编制依据包括哪些内容？

4. 投标报价的编制依据是什么？

5. 什么是清单综合单价？综合单价的组成内容有哪些？

6. 什么是清单的项目特征？为什么要描述项目特征？

7. 已知某政府办公楼项目，税前造价为 2 000 万元，其中包含增值税可抵扣进项税额 150 万元，若采用一般计税方法，试计算该项目建筑安装工程造价。

8. 某工程采用两票制支付方式采购某种材料，已知材料原价和运杂费的含税价格分别为 500 元／t、30 元／t，材料运输损耗率、采购及保管费费率分别为 0.5%、3.5%。材料采购和运输的增值税税率分别为 13%、9%。则该材料的不含税单价为多少？

9. 一台设备原值为 5 万元，使用期内大修 3 次，每维修期运转 400 台班，设备残值率为 5%。该设备台班折旧费为多少？

项目五 合同价款约定与工程结算

知识目标

了解合同价款的约定的基础知识，了解施工阶段合同价款的调整，了解竣工结算和竣工决算的联系与区别，了解工程变更、工程量偏差、工程索赔的含义；掌握合同价款的调整方法，掌握工程预付款、进度款的支付计算，掌握工程结算争议的解决方式，掌握工程结算的编制程序。

能力目标

能够结合工程实际进行合同价款的调整，能够进行工程竣工结算和最终清算的编制，能够对工程结算争议合理解决，能够进行工程结算的编制，能够进行工程结算的审核，会编写工程竣工结算书。

素养目标

通过学习本项目，培养学生刻苦钻研、团队协作、精益求精的职业素养。

任务一 合同价款的约定

一、一般规定

实行招标的工程施工合同价格应在中标通知书发出之日起 30 天内，由发承包双方依据招标文件和中标人的投标文件在书面合同中约定。

合同约定不得违背招投标文件中关于工期、造价、质量等方面的实质性内容。招标文件与中标人投标文件不一致的地方，以投标文件为准。

工程完工后，发承包双方必须在合同约定时间内按照约定格式与规定内容办理工程竣工结算，工程竣工结算由承包人或受其委托具有相应资质的工程造价咨询人编制，由发包人或受其委托具有相应资质的工程造价咨询人核对。工程竣工结算是指对建设工程的发承包合同价款进行约定和依据合同约定进行工程预付款、工程进度款、工程竣工价款结算的活动。

不实行招标的工程合同价款，在发承包双方认可的工程价款基础上，由发承包双方在合同中约定。

实行工程量清单计价的工程，应当采用单价合同。合同工期较短、建设规模较小，技术难度较低，且施工图设计已审查完备的建设工程可以采用总价合同；紧急抢险、救灾及施工技术特别复杂的建设工程可以采用成本加酬金合同。以下为三种不同合同形式的适用对象：

（1）实行工程量清单计价的工程应采用单价合同方式。即合同约定的工程价款中包含的工程量清单项目综合单价在约定条件内是固定的，不予调整，工程量允许调整。工程量清单项目综合单价在约定的条件外，允许调整。调整方式、方法应在合同中约定。

（2）建设规模较小技术难度较低、施工工期较短，并且施工图设计审查已经完备的工程，可以采用总价合同。采用总价合同，除工程变更外，其工程量不予调整。

（3）成本加酬金合同是承包人不承担任何价格变化风险的合同。这种合同形式适用于时间特别紧迫，来不及进行详细的计划和商谈，如紧急抢险、救灾及施工技术特别复杂的建筑工程。

二、约定内容

（1）发承包双方应在合同条款中对下列事项进行约定：

1）安全文明施工措施的支付计划，使用要求等；

2）预付工程款的数额、支付时间及抵扣方式；

3）工程计量与支付工程进度款的方式、数额及时间；

4）工程价款的调整因素、方法、程序、支付及时间；

5）施工索赔与现场签证的程序、金额确认与支付时间；

6）承担计价风险的内容、范围及超出约定内容、范围的调整办法；

7）工程竣工价款结算编制与核对、支付及时间；

8）工程质量保证（保修）金的数额、预扣方式及时间；

9）违约责任以及发生工程价款争议的解决方法及时间；

10）与履行合同、支付价款有关的其他事项等。

（2）发承包双方未按照合同履行约定或在合同履行中有不明确的约定事项。合同中没有按照要求约定或约定不明的，若发承包双方在合同履行中发生争议由方协商确定，当协商不能达成一致时，应按规定执行。

《中华人民共和国民法典》第五百一十条规定，合同生效后，当事人就质量、价款或者报酬、履行地点等内容没有约定或者约定不明确的，可以协议补充；不能达成补充协议的，按照合同相关条款或者交易习惯确定。第五百一十一条规定，当事人就有关合同内容约定不明确，依据前条规定仍不能确定的，适用下列规定：

（1）质量要求不明确的，按照强制性国家标准履行；没有强制性国家标准的，按照推荐性国家标准履行；没有推荐性国家标准的，按照行业标准履行；没有国家标准、行业标准的，按照通常标准或者符合合同目的的特定标准履行。

（2）价款或者报酬不明确的，按照订立合同时履行地的市场价格履行；依法应当执行政府定价或者政府指导价的，依照规定履行。

（3）履行地点不明确，给付货币的，在接受货币一方所在地履行；交付不动产的，在不动产所在地履行；其他标的，在履行义务一方所在地履行。

（4）履行期限不明确的，债务人可以随时履行，债权人也可以随时请求履行，但是应当给对方必要的准备时间。

（5）履行方式不明确的，按照有利于实现合同目的的方式履行。

（6）履行费用的负担不明确的，由履行义务一方负担；因债权人原因增加的履行费用，由债权人负担。

任务二　工程计量

一、工程计量的有关规定

（一）相关基础知识

工程计量这一术语是一组合词，由工程概念和计量概念两者组合而得。工程造价的确定应该以该工程所要完成的工程实体数量为依据，对工程实体的数量做出正确的计算，并以一定的计量单位表述，这就需要进行工程计量，即工程量的计算，以此作为确定工程造价的基础。工程量是以物理计量单位或自然计量单位进行标识、确认的过程。

（二）计量的依据、原则

1. 主要计量依据

（1）工程量清单及说明；

（2）合同图纸；

（3）工程变更令及修订的工程量清单；

（4）合同条款；

（5）技术规范；

（6）有关计量的补充协议；

（7）《索赔时间/金额审批表》；

（8）质量合格证书。

2. 计量的原则

（1）必须严格按照主要计量依据计量。

（2）按设计图给定的净值及实际完成并经监理工程师确认的数量计量。隐蔽工程在覆盖前计量应得到确认，否则应视为承包人应做的附属工作不予计量。

（3）所有计量项目（变更工程除外）应该是工程量清单中的所列项目。

（4）承包人必须完成了计量项目的各项工序，并经中间交工验收质量合格的"产品"，才予以计量，工程未经质量验收不合格的项目，不能计量工作。

（5）计量的主要文件及附件的签认手续不完备，资料不齐全的，不予计量。

二、工程计量的方法

（一）一般规定

（1）工程量应以承包人完成合同工程且应予计量的工程数量确定。工程量应按照相关工程现行国家工程量计算标准或发承包双方约定的工程量计算规则计算。

（2）工程计量可选择按月或按工程形象进度分段计量，具体计量周期在合同中约定。

（3）因承包人原因造成的超出合同工程范围施工或返工的工程量，发包人不予计量。

（二）工程计量

1. 单价合同的计量

（1）工程计量时，若发现招标工程量清单中出现缺项、工程量偏差，或因工程变更引起工程量的增减，应按承包人在履行合同过程中实际完成的工程量计算。

（2）承包人应当按照合同约定的计量周期和时间，向发包人提交当期已完工程量报告。发包人应在收到报告后 7 天内核实，并将核实计量结果通知承包人。发包人未在约定时间内进行核实的，则承包人提交的计量报告中所列的工程量视为承包人实际完成的工程量。

（3）发包人认为需要进行现场计量核实时，应在计量前 24 小时通知承包人，承包人应为计量提供便利条件并派人参加。双方均同意核实结果时，则双方应在上述记录上签字确认。承包人收到通知后不派人参加计量，视为认可发包人的计量核实结果。发包人不按照约定时间通知承包人，致使承包人未能派人参加计量，计量核实结果无效。

（4）如承包人认为发包人的计量结果有误，应在收到计量结果通知后的 7 天内向发包人提出书面意见，并附上其认为正确的计量结果和详细的计算资料。发包人收到书面意见后，应对承包人的计量结果进行复核后通知承包人。承包人对复核计量结果仍有异议的，按照合同约定的争议解决办法处理。

（5）承包人完成已标价工程量清单中每个项目的工程量后，发包人应要求承包人派人共同对每个项目的历次计量报表进行汇总，以核实最终结算工程量。发承包双方应在汇总表上签字确认。

2. 总价合同的计量

总价合同工程的工程量应按以下规定计算：

（1）总价合同项目的计量和支付应以总价为基础，发承包双方应在合同中约定工程计量的形象目标或时间节点。承包人实际完成的工程量，是进行工程目标管理和控制进度支付的依据。

（2）承包人应在合同约定的每个计量周期内，对已完成的工程进行计量，并向发包人提交达到工程形象目标完成的工程量和有关计量资料的报告。

（3）发包人应在收到报告后7天内对承包人提交的上述资料进行复核，以确定实际完成的工程量和工程形象目标。对其有异议的，应通知承包人进行共同复核。

（4）除按照发包人工程变更规定引起的工程量增减外，总价合同各项目的工程量是承包人用于结算的最终工程量。

任务三　施工阶段合同价款的调整和结算

一、一般规定

（1）以下事项（但不限于）发生，发承包双方应当按照合同约定调整合同价款：

1）法律法规变化；

2）工程变更；

3）项目特征描述不符；

4）工程量清单缺项；

5）工程量偏差；

6）物价变化；

7）暂估价；

8）计日工；

9）现场签证；

10）不可抗力；

11）提前竣工（赶工补偿）；

12）误期赔偿；

13）施工索赔；

14）暂列金额；

15）发承包双方约定的其他调整事项。

（2）出现合同价款调增事项（不含工程量偏差、计日工、现场签证、施工索赔）后的14天内，承包人应向发包人提交合同价款调增报告并附上相关资料，若承包人在14天内未提交合同价款调增报告的，视为承包人对该事项不存在调整价款。

（3）发包人应在收到承包人合同价款调增报告及相关资料之日起14天内对其核实，予以确认的应书面通知承包人。如有疑问，应向承包人提出协商意见。发包人在收到合同价款调增报告之日起14天内未确认也未提出协商意见的，视为承包人提交的合同价款调增报告已被发包人认可。发包人提出协商意见的，承包人应在收到协商意见后的14天内对其核实，予以确认的应书面通知发包人。如承包人在收到发包人的协商意见后14天内既不确认也未提出不同意见的，视为发包人提出的意见已被承包人认可。

（4）如发包人与承包人对不同意见不能达成一致的，只要不实质影响发承包双方履约的，双方应实施该结果，直到其按照合同争议的解决被改变为止。

（5）出现合同价款调减事项（不含工程量偏差、施工索赔）后的14天内，发包人应向承包人提交合同价款调减报告并附相关资料，若发包人在14天内未提交合同价款调减报告的，视为发包人对该事项不存在调整价款。

（6）经发承包双方确认调整的合同价款，作为追加（减）合同价款，与工程进度款或结算款同期支付。

二、合同价款的调整

（一）法律法规变化

（1）招标工程以投标截止日前28天，非招标工程以合同签订前28天为基准日，其后国家的法律、法规、规章和政策发生变化引起工程造价增减变化的，发承包双方应当按照省级或行业建设主管部门或其授权的工程造价管理机构据此发布的规定调整合同价款。

（2）因承包人原因导致工期延误，且第（1）条规定的调整时间在合同工程原定竣工时间之后，不予调整合同价款。

（二）工程变更

（1）工程变更引起已标价工程量清单项目或其工程数量发生变化，应按照下列规定调整：

1）已标价工程量清单中有适用于变更工程项目的，采用该项目的单价；但当工程变更导致该清单项目的工程数量发生变化，且工程量偏差超过15%，此时，该项目单价的调整应按照以下调整：

①当工程量增加15%以上时，其增加部分的工程量的综合单价应予调低；

②当工程量减少15%以上时，减少后剩余部分的工程量的综合单价应予调高。此时，按下列公式调整结算分部分项工程费：

$$当 Q_1 > 1.15Q_0 时 \quad S = 1.15Q_0 \times P_0 + (Q_1 - 1.15Q_0) \times P_1$$
$$当 Q_1 < 0.85Q_0 时 \quad S = Q_1 \times P_1$$

式中　S——调整后的某一分部分项工程费结算价；

Q_1——最终完成的工程量；

Q_0——招标工程量清单中列出的工程量；

P_1——按照最终完成工程量重新调整后的综合单价；

P_0——承包人在工程量清单中填报的综合单价。

2）已标价工程量清单中没有适用、但有类似于变更工程项目的，可在合理范围内参照类似项目的单价。

3）已标价工程量清单中没有适用也没有类似于变更工程项目的，由承包人根据变更工程资料、计量规则和计价办法、工程造价管理机构发布的信息价格和承包人报价浮动率提出变更工程项目的单价，报发包人确认后调整。承包人报价浮动率可按下列公式计算：

招标工程：

$$承包人报价浮动率 L = （1 - 中标价 / 招标控制价）\times 100\%$$

非招标工程：承包人报价浮动率 $L = （1 - 报价值 / 施工图预算）\times 100\%$

4）已标价工程量清单中没有适用也没有类似于变更工程项目，且工程造价管理机构发布的信息价格缺价的，由承包人根据变更工程资料、计量规则、计价办法和通过市场调查等取得有合法依据的市场价格提出变更工程项目的单价，报发包人确认后调整。

（2）工程变更引起施工方案改变，并使措施项目发生变化的，承包人提出调整措施项目费的，应事先将拟实施的方案提交发包人确认，并详细说明与原方案措施项目相比的变化情况。拟实施的方案经发承包双方确认后执行。该情况下，应按照下列规定调整措施项目费：

1）安全文明施工费，按照实际发生变化的措施项目调整。

2）采用单价计算的措施项目费，按照实际发生变化的措施项目按工程变更第1）条的规定确定单价。

3）按总价（或系数）计算的措施项目费，按照实际发生变化的措施项目调整，但应考虑承包人报价浮动因素，即调整金额按照实际调整金额乘以承包人报价浮动率计算。

$$承包人报价浮动率 L = （1 - 中标价 / 招标控制价）\times 100\%$$

非招标工程：承包人报价浮动率 $L = （1 - 报价值 / 施工图预算）\times 100\%$

如果承包人未事先将拟实施的方案提交给发包人确认，则视为工程变更不引起措施项目费的调整或承包人放弃调整措施项目费的权利。

（3）如果工程变更项目出现承包人在工程量清单中填报的综合单价与发包人招标控制价或施工图预算相应清单项目的综合单价偏差超过15%，则工程变更项目的综合单价可由发承包双方按照下列规定调整：

当 $P_0 < P_1 \times （1 - L）\times （1 - 15\%）$ 时，该类项目的综合单价按照 $P_1 \times （1 - L）\times （1 - 15\%）$ 调整。

当 $P_0 > P_1 \times （1 + 15\%）$ 时，该类项目的综合单价按照 $P_1 \times （1 + 15\%）$ 调整。
式中，P_0 为承包人在工程量清单中填报的综合单价；P_1 为发包人招标控制价或施工预算相应清单项目的综合单价；L 为承包人报价浮动率。

承包人报价浮动率：

$$招标工程 L = （1 - 中标价 / 招标控制价）\times 100\%；$$

非招标工程承包人报价浮动率 $L = （1 - 报价值 / 施工图预算）\times 100\%$

（4）如果发包人提出的工程变更，因为非承包人原因删减了合同中的某项原定工作或工程，致使承包人发生的费用或（和）得到的收益不能被包括在其他已支付或应支付的项目中，也未被包含在任何替代的工作或工程中，则承包人有权提出并得到合理的利润补偿。

（三）项目特征描述不符

（1）承包人在招标工程量清单中对项目特征的描述，应被认为是准确的和全面的，并且与实际施工要求相符合。承包人应按照发包人提供的工程量清单，根据其项目特征描述的内容及有关要求实施合同工程，直到其被改变为止。

（2）合同履行期间，出现实际施工设计图纸（含设计变更）与招标工程量清单任一项目的特征描述不符，且该变化引起该项目的工程造价增减变化的，应按照实际施工的项目特征重新确定相应工程量清单项目的综合单价，计算调整的合同价款。

（四）工程量清单缺项

（1）合同履行期间，出现招标工程量清单项目缺项的，发承包双方应调整合同价款。

（2）招标工程量清单中出现缺项，造成新增工程量清单项目的，应按照已标价工程量清单中没有适用、但有类似于变更工程项目的，可在合理范围内参照类似项目的单价，调整分部分项工程费。

（3）由于招标工程量清单中分部分项工程出现缺项，引起措施项目发生变化的，应按照承包人提出调整措施项目费的，应事先将拟实施的方案提交发包人确认，并详细说明与原方案措施项目相比的变化情况。拟实施的方案经发承包双方确认后执行，在承包人提交的实施方案被发包人批准后，计算调整的措施费用。如果承包人未事先将拟实施的方案提交给发包人确认，则视为工程变更不引起措施项目费的调整或承包人放弃调整措施项目费的权利。

（五）工程量偏差

（1）合同履行期间，出现工程量偏差，且符合第（2）、（3）条规定的，发承包双方应调整合同价款。

（2）对于任一招标工程量清单项目，如果因本条规定的工程量偏差原因导致工程量偏差超过15%，调整的原则为：当工程量增加15%以上时，其增加部分的工程量的综合单价应予调低；当工程量减少15%以上时，减少后剩余部分的工程量的综合单价应予调高。此时，按下列公式调整结算分部分项工程费：

$$当 Q_1 > 1.15Q_0 \text{ 时 } S = 1.15Q_0 \times P_0 + (Q_1 - 1.15Q_0) \times P_1$$
$$当 Q_1 < 0.85Q_0 \text{ 时 } S = Q_1 \times P_1$$

式中　S——调整后的某一分部分项工程费结算价；

　　　Q_1——最终完成的工程量；

　　　Q_0——招标工程量清单中列出的工程量；

　　　P_1——按照最终完成工程量重新调整后的综合单价；

　　　P_0——承包人在工程量清单中填报的综合单价。

（3）如果工程量出现上述第（2）条的变化，且该变化引起相关措施项目相应发生变化，如按系数或单一总价方式计价的，工程量增加的措施项目费调增，工程量减少的措施项目费适当调减。

（六）物价变化

（1）合同履行期间，出现工程造价管理机构发布的人工、材料、工程设备和施工机械台班单价或价格与合同工程基准日期相应单价或价格比较出现涨落，且符合第（2）、（3）条规定的，发承包双方应调整合同价款。

（2）按照上述第（1）条规定人工单价发生涨落的，应按照合同工程发生的人工数量和合同履行期与基准日期人工单价对比的价差的乘积计算或按照人工费调整系数计算调整的人工费。

（3）承包人采购材料和工程设备的，应在合同中约定可调材料、工程设备价格变化的范围或幅度，如没有约定，则按照上述第（1）条规定的材料、工程设备单价变化超过5%，施工机械台班单价变化超过10%，则超过部分的价格应予调整。该情况下，应按照价格系数调整法或价格差额调整法计算调整的材料设备费和施工机械费。

（4）发生合同工程工期延误的，应按照下列规定确定合同履行期用于调整的价格或单价：因发包人原因导致工期延误的，则计划进度日期后续工程的价格或单价，采用计划进度日期与实际进度日期两者的较高者；因承包人原因导致工期延误的，则计划进度日期后续工程的价格或单价，采用计划进度日期与实际进度日期两者的较低者。

（5）承包人在采购材料和工程设备前，应向发包人提交一份能阐明采购材料和工程设备数量和新单价的书面报告。发包人应在收到承包人书面报告后的3个工作日内核实，并确认用于合同工程后，对承包人采购材料和工程设备的数量和新单价予以确定；发包人对此未确定也未提出修改意见的，视为承包人提交的书面报告已被发包人认可，作为调整合同价款的依据。承包人未经发包人确定即自行采购材料和工程设备，再向发包人提出调整合同价款的，如发包人不同意，则合同价款不予调整。

（6）发包人供应材料和工程设备的，按照上述第（3）、（4）、（5）条规定均不适用，由发包人按照实际变化调整，列入合同工程的工程造价内。

（七）暂估价

（1）发包人在招标工程量清单中给定暂估价的材料、工程设备属于依法必须招标的，由发承包双方以招标的方式选择供应商。中标价格与招标工程量清单中所列的暂估价的差额以及相应的规费、税金等费用，应列入合同价格。

（2）发包人在招标工程量清单中给定暂估价的材料和工程设备不属于依法必须招标的，由承包人按照合同约定采购。经发包人确认的材料和工程设备价格与招标工程量清单中所列的暂估价的差额及相应的规费、税金等费用，应列入合同价格。

（3）发包人在工程量清单中给定暂估价的专业工程不属于依法必须招标的，应按相应规定确定专业工程价款。经确认的专业工程价款与招标工程量清单中所列的暂估价的差额以及相应的规费、税金等费用，应列入合同价格。

（4）发包人在招标工程量清单中给定暂估价的专业工程，依法必须招标的，应当由发承包双方依法组织招标选择专业分包人，并接受有管辖权的建设工程招标投标管理机构的监督。除合同另有约定外，承包人不参与投标的专业工程分包招标，应由承包人作为招标人，但招标文件评标工作、评标结果应报送发包人批准。与组织招标工作有关的费用应当被认为已经包括在承包人的签约合同价（投标总报价）中。承包人参加投标的专业工程分包招标，应由发包人作为招标人，与组织招标工作有关的费用由发包人承担。同等条件下，应优先选择承包人中标。

（5）专业工程分包中标价格与招标工程量清单中所列的暂估价的差额以及相应的规费、税金等费用，应列入合同价格。

（八）计日工

（1）发包人通知承包人以计日工方式实施的零星工作，承包人应予执行。

（2）采用计日工计价的任何一项变更工作，承包人应在该项变更的实施过程中，每天提交以下报表和有关凭证送发包人复核：

1）工作名称、内容和数量；

2）投入该工作所有人员的姓名、工种、级别和耗用工时；

3）投入该工作的材料名称、类别和数量；

4）投入该工作的施工设备型号、台数和耗用台时；

5）发包人要求提交的其他资料和凭证。

（3）任一计日工项目持续进行时，承包人应在该项工作实施结束后的 24 小时内，向发包人提交有计日工记录汇总的现场签证报告一式三份。发包人在收到承包人提交现场签证报告后的 2 天内予以确认并将其中一份返还给承包人，作为计日工计价和支付的依据。发包人逾期未确认也未提出修改意见的，视为承包人提交的现场签证报告已被发包人认可。

（4）任一计日工项目实施结束，发包人应按照确认的计日工现场签证报告核实该类项目的工程数量，并根据核实的工程数量和承包人已标价工程量清单中的计日工单价计算，提出应付价款；已标价工程量清单中没有该类计日工单价的，由发承包双方按规定商定计日工单价计算。

（5）每个支付期末，承包人应按照"计价规范"第 10.3 节的规定向发包人提交本期间所有计日工记录的签证汇总表，以说明本期间自己认为有权得到的计日工价款，列入进度款支付。

（九）现场签证

（1）承包人应发包人要求完成合同以外的零星项目、非承包人责任事件等工作的，发包人应及时以书面形式向承包人发出指令，提供所需的相关资料；承包人在收到指令后，应及时向发包人提出现场签证要求。

（2）承包人应在收到发包人指令后的 7 天内，向发包人提交现场签证报告，报告中应写明所需的人工、材料和施工机械台班的消耗量等内容。发包人应在收到现场签证报告后的 48 小时内对报告内容进行核实，予以确认或提出修改意见。发包人在收到承包人现场签证报告后的 48 小时内未确认也未提出修改意见的，视为承包人提交的现场签证报告已被发包人认可。

（3）现场签证的工作如已有相应的计日工单价，则现场签证中应列明完成该类项目所需的人工、材料、工程设备和施工机械台班的数量。

如现场签证的工作没有相应的计日工单价，应在现场签证报告中列明完成该签证工作所需的人工、材料设备和施工机械台班的数量及其单价。

（4）合同工程发生现场签证事项，未经发包人签证确认，承包人便擅自施工的，除非征得发包人书面同意，否则发生的费用由承包人承担。

（5）现场签证工作完成后的 7 天内，承包人应按照现场签证内容计算价款，报送发包人确认后，作为追加合同价款，与工程进度款同期支付。

（十）不可抗力

因不可抗力事件导致的费用，发承包双方应按以下原则分别承担并调整工程价款。

（1）工程本身的损害、因工程损害导致第三方人员伤亡和财产损失及运至施工场地用于施工的材料和待安装的设备的损害，由发包人承担。

（2）发包人、承包人人员伤亡由其所在单位负责，并承担相应费用。

（3）承包人的施工机械设备损坏及停工损失，由承包人承担。

（4）停工期间，承包人应发包人要求留在施工场地的必要的管理人员及保卫人员的费用由发包人承担。

（5）工程所需清理、修复费用，由发包人承担。

（十一）提前竣工（赶工补偿）

（1）发包人要求合同工程提前竣工，应征得承包人同意后与承包人商定采取加快工程进度的措施，并修订合同工程进度计划。

（2）合同工程提前竣工，发包人应承担承包人由此增加的费用，并按照合同约定向承包人支付提前竣工（赶工补偿）费。

（3）发承包双方应在合同中约定提前竣工每日历天应补偿额度。除合同另有约定外，提前竣工补偿的最高限额为合同价款的5%。此项费用列入竣工结算文件中，与结算款一并支付。

（十二）误期赔偿

（1）如果承包人未按照合同约定施工，导致实际进度迟于计划进度的，发包人应要求承包人加快进度，实现合同工期。合同工程发生误期，承包人应赔偿发包人由此造成的损失，并按照合同约定向发包人支付误期赔偿费。即使承包人支付误期赔偿费，也不能免除承包人按照合同约定应承担的任何责任和应履行的任何义务。

（2）发承包双方应在合同中约定误期赔偿费，明确每日历天应赔额度。除合同另有约定外，误期赔偿费的最高限额为合同价款的5%。误期赔偿费列入竣工结算文件中，在结算款中扣除。

（3）如果在工程竣工之前，合同工程内的某单位工程已通过了竣工验收，且该单位工程接收证书中表明的竣工日期并未延误，而是合同工程的其他部分产生了工期延误，则误期赔偿费应按照已颁发工程接收证书的单位工程造价占合同价款的比例幅度予以扣减。

（十三）施工索赔

施工索赔是指项目在经济合同的实施过程中，合同一方因对方不履行、未能正确履行或不能完全履行合同规定的义务而受到损失，向对方提出索赔损失的要求。工程承包中不可避免地出现索赔，索赔是工程承包中经常发生的现象。索赔是经济补偿行为，而非惩罚行为。

（1）施工索赔程序：

1）发出索赔意向通知；

2）资料准备；

3）索赔报告的编写；

4）递交索赔报告；

5）索赔报告的审查；

6）索赔的处理与解决。

（2）索赔相关规定：

1）合同一方向另一方提出索赔时，应有正当的索赔理由和有效证据，并应符合合同的相关约定。

2）根据合同约定，承包人认为非承包人原因发生的事件造成了承包人的损失，应按以下程序向发包人提出索赔：承包人应在索赔事件发生后 28 天内，向发包人提交索赔意向通知书，说明发生索赔事件的事由。承包人逾期未发出索赔意向通知书的，丧失索赔的权利；承包人应在发出索赔意向通知书后 28 天内，向发包人正式提交索赔通知书。索赔通知书应详细说明索赔理由和要求，并附必要的记录和证明材料；索赔事件具有连续影响的，承包人应继续提交延续索赔通知，说明连续影响的实际情况和记录；在索赔事件影响结束后的 28 天内，承包人应向发包人提交最终索赔通知书，说明最终索赔要求，并附必要的记录和证明材料。

（3）承包人索赔应按下列程序处理：

1）发包人收到承包人的索赔通知书后，应及时查验承包人的记录和证明材料；

2）发包人应在收到索赔通知书或有关索赔的进一步证明材料后的 28 天内，将索赔处理结果答复承包人，如果发包人逾期未作出答复，视为承包人索赔要求已经发包人认可。

（4）承包人接受索赔处理结果的，索赔款项在当期进度款中进行支付；承包人不接受索赔处理结果的，按合同约定的争议解决方式办理。

（5）承包人要求赔偿时，可以选择以下一项或几项方式获得赔偿：

1）延长工期；

2）要求发包人支付实际发生的额外费用；

3）要求发包人支付合理的预期利润；

4）要求发包人按合同的约定支付违约金。

（6）若承包人的费用索赔与工期索赔要求相关联时，发包人在作出费用索赔的批准决定时，应结合工程延期，综合作出费用赔偿和工程延期的决定。

（7）发承包双方在按合同约定办理了竣工结算后，应被认为承包人已无权再提出竣工结算前所发生的任何索赔。承包人在提交的最终结清申请中，只限于提出竣工结算后的索赔，提出索赔的期限自发承包双方最终结清时终止。

（8）根据合同约定，发包人认为由于承包人的原因造成发包人的损失，应参照承包人索赔的程序进行索赔。

（9）发包人要求赔偿时，可以选择以下一项或几项方式获得赔偿：

1）延长质量缺陷修复期限；

2）要求承包人支付实际发生的额外费用；

3）要求承包人按合同的约定支付违约金。

（10）承包人应付给发包人的索赔金额可从拟支付给承包人的合同价款中扣除，或由承包人以其他方式支付给发包人。

（十四）暂列金额

（1）已签约合同价中的暂列金额由发包人掌握使用。

（2）暂列金额虽然列入合同价款，但并不属于承包人所有，也并不必然发生。只有按照合同约定实际发生后，才能成为承包人的应得金额，纳入工程合同结算价款中，发包人按照前述相关规定与要求进行支付后，暂列金额余额仍归发包人所有。

三、预付款

（一）相关基础知识

预付款又称材料备料款或材料预付款。我国目前工程承发包中，大部分工程实行包工包料，需要有一定数量的备料周转金，由建设单位在开工前拨给施工企业一定数额的预付备料款，构成施工企业为该承包工程储备和准备主要材料、结构件所需的流动资金。

1. 预付备料款的限额

预付备料款的限额可由主要材料（包括外购构件）占工程造价的比重、材料储备期、施工工期主要因素决定。

（1）百分比法。一般情况下，建筑工程的预付备料款不得超过当年建筑工作量（包括水、电、暖）的 30%；安装工程的备料款不应超过年安装工程量的 10%；材料所占比重较多的安装工程按年计划产值的 15% 左右拨付。

（2）公式计算法。对于施工企业常年应备的备料款限额，可以按照下面的公式计算：

$$备料款限额 = 年度承包工程总值 \times 主要材料所占比重 \times$$
$$材料储备天数 / 年度施工日历天数$$

2. 工程备料款的抵扣

由于备料款是按承包工程所需储备的材料计算的，随着工程不断地进行，材料储备随之不断减少，当其减少到一定的程度时，预收备料款应当陆续扣还，并在工程全部竣工前扣完确定预收备料款开始扣还的起扣点，应以未完工程所需主材及结构构件的价值正好同备料款相等为原则。

（1）累计工作量起扣点：用累计方法完成建筑安装工作量的数额表示。

（2）工作量百分比起扣点：用累计完成建筑安装工作量与承包工程价款总额的百分比表示。

按累计工作量确定起扣点时，应以未完工程所需主材及结构构件的价值刚好和备料款相等为原则。工程备料款的起扣点可按下面公式计算：

$$T = P - \frac{M}{N}$$

式中　T——起扣点，即预付备料款开始扣回时的累计完成工作量金额（元）；

　　　P——承包工程价款总额；

　　　M——预付备料款限额；

　　　N——主要材料所占比重。

（二）规范相关内容

（1）预付款用于承包人为合同工程施工购置材料、工程设备，购置或租赁施工设备、修建临时设施及组织施工队伍进场等所需的款项。预付款的支付比例不宜高于合同价款的30%。承包人对预付款必须专用于合同工程。

（2）承包人应在签订合同或向发包人提供与预付款等额的预付款保函（如有）后向发包人提交预付款支付申请。发包人应在收到支付申请的7天内进行核实后向承包人发出预付款支付证书，并在签发支付证书后的7天内向承包人支付预付款。

（3）发包人没有按时支付预付款的，承包人可催告发包人支付；发包人在付款期满后的7天内仍未支付的，承包人可在付款期满后的第8天起暂停施工。发包人应承担由此增加的费用和（或）延误的工期，并向承包人支付合理利润。

（4）预付款应从每支付期应支付给承包人的工程进度款中扣回，直到扣回的金额达到合同约定的预付款金额为止。

（5）承包人的预付款保函（如有）的担保金额根据预付款扣回的数额相应递减，但在预付款全部扣回之前一直保持有效。发包人应在预付款扣完后的14天内将预付款保函退还给承包人。

四、进度款（期中支付）

（一）相关基础知识

进度款是指在施工过程中，按照每月形象进度或者控制界面等完成的工程量计算各项费用，向建设单位（业主）办理工程进度款的支付（即中间结算）。

工程进度款的支付步骤：工程量的统计→提交已完工程量报告→发包人核实工程量并确认签字→建设单位认可并审批→支付进度款。

（二）规范相关内容

（1）进度款支付周期，应与合同约定的工程计量周期一致。

（2）承包人应在每个计量周期到期后的7天内向发包人提交已完工程进度款支付申请一式四份，详细说明此周期自己认为有权得到的款额，包括分包人已完工程的价款。支付申请的内容如下：

1）累计已完成工程的工程价款；

2）累计已实际支付的工程价款；

3）本期间完成的工程价款；

4）本期间已完成的计日工价款；

5）应支付的调整工程价款；

6）本期间应扣回的预付款；

7）本期间应支付的安全文明施工费；

8）本期间应支付的总承包服务费；

9）本期间应扣留的质量保证金；

10）本期间应支付的、应扣除的索赔金额；

11）本期间应支付或扣留（扣回）的其他款项；

12）本期间实际应支付的工程价款。

（3）发包人应在收到承包人进度款支付申请后的14天内根据计量结果和合同约定对申请内容予以核实。确认后向承包人出具进度款支付证书。

（4）发包人应在签发进度款支付证书后的14天内，按照支付证书列明的金额向承包人支付进度款。

（5）若发包人逾期未签发进度款支付证书，则视为承包人提交的进度款支付申请已被发包人认可，承包人可向发包人发出催告付款的通知。发包人应在收到通知后的14天内，按照承包人支付申请阐明的金额向承包人支付进度款。

（6）发包人未签发进度款支付证书规定支付进度款的，承包人可催告发包人支付，并有权获得延迟支付的利息；发包人在付款期满后的7天内仍未支付的，承包人可在付款期满后的第8天起暂停施工。发包人应承担由此增加的费用和（或）延误的工期，向承包人支付合理利润，并承担违约责任。

（7）发现已签发的任何支付证书有错、漏或重复的数额，发包人有权予以修正，承包人也有权提出修正申请。经发承包双方复核同意修正的，应在本次到期的进度款中支付或扣除。

任务四　工程量清单模式下工程价款的结算

一、相关基础知识

（一）工程价款的结算和决算的概念

工程结算是指在工程施工阶段，根据合同约定、工程进度、工程变更与索赔等情况，通过编制工程结算书对已完成工程的施工价格进行计算的过程，计算的价格称为工程结算价。结算价是该结算工程部分的实际价格，是支付工程款项的凭据。

竣工决算是指整个建设工程全部完工并验收合格以后，通过编制竣工决算书计算整个项目从立项到竣工验收、交付使用全过程中实际支付的全部建设费用，核定新增资产和考核投资效果的过程，计算出的价格称为竣工决算价。竣工决算价是整个建设工程最终的实际价格。

（二）工程结算与竣工决算的联系和区别

1. 工程结算与竣工决算的联系

工程结算是指施工企业按照承包合同和已完工程量向建设单位（业主）办理工程价清算的经济文件。建设项目竣工决算是指建设项目在竣工验收、交付使用阶段，由建设单位编制的反映建设项目从筹建开始到竣工投入使用为止的全过程中实际费用的经济文件。因此，工程结算是竣工决算的编制基础。

2. 工程结算与竣工决算的区别

（1）概念时间不同。

（2）内容不同。

（3）编审主体不同。

（4）编制依据不同。

（5）作用不同。

（6）目标不同。

二、竣工结算的编制及审查

（一）工程竣工结算书的编制依据

结算资料是编制工程竣工结算书的重要依据，是在施工过程中不断收集而形成的，必须为原始资料。编制竣工结算书的主要依据如下：

（1）招标文件；

（2）投标文件；

（3）施工合同（协议）书及补充施工合同（协议）书；

（4）图纸（设计图、竣工图等）；

（5）图纸交底及图纸会审纪要；

（6）双方确认追加（减）的工程价款；

（7）双方确认的工程量；

（8）设计变更资料；

（9）施工现场签证和施工记录；

（10）调价部分的材料进货原始发票及运杂费单据，或列明材料品名、规格、数量、单价、金额等内容的明细表，并有建设单位、施工单位双方签章；

（11）甲方提供材料的名称、规格、数量、单价汇总表，并经建设单位、施工单位双方核对签章；

（12）工程竣工报告和竣工验收单；

（13）工程停工、复工报告；

（14）会议纪要；

（15）工程所执行的定额文件、国家及地方的调整文件等。

（二）工程竣工结算书的编制步骤

工程竣工结算应按准备、编制和定稿三个工作阶段进行，并实行编制人、校对人和审核人分别署名盖章确认的内部审核制度。

1. 结算编制准备阶段

（1）收集与工程结算编制相关的原始资料。

（2）熟悉工程结算资料的内容，进行分类、归纳、整理。

（3）召集相关单位或部门的相关人员参加工程结算预备会议，对结算内容和结算资料进行核对与充实、完善。

（4）收集建设期内影响合同价格的法律和政策性文件。

2. 结算编制阶段

（1）根据竣工图、施工图及施工组织设计进行现场踏勘，对需要调整的工程项目进行观察、对照及必要的现场实测和计算，做好书面或影像记录。

（2）按施工合同约定的工程量计算规则计算需调整的分部分项、施工措施及其他项目工程量。

（3）按招标文件，施工发、承包合同规定的计价原则和计价办法对分部分项、施工措施及其他项目进行计价。

（4）对于工程量清单或定额缺项以及采用新材料、新设备、新工艺的，应根据施工过程中的合理消耗和市场价格，编制综合单价或单位估价分析表。

（5）工程索赔应按合同约定的索赔处理原则、程序和计算方法提出索赔费用，经发包人确认后作为结算依据。

（6）汇总计算工程费用，包括编制分部分项费、措施项目费、其他项目费、规费和税金等表格，初步确定工程结算价格。

（7）编写编制说明。

（8）计算主要技术经济指标。

（9）提交结算编制的初步成果文件待校对、审核。

3. 结算编制定稿阶段

（1）由结算编制的部门负责人对初步成果文件进行检查、校对。

（2）由结算编制人单位的主管负责人审核批准。

（3）向建设单位提交经编制人、校对人、审核人和本单位盖章确认的正式结算编制文件。

（三）工程竣工结算书的内容

工程竣工结算书包含的主要内容如下：

（1）封面。

（2）编制说明。

（3）工程结算表。

（4）附件：

1）业主认厂、认质、认价单；

2）工程变更签证单；

3）索赔确认单；

4）竣工图纸；

5）其他相关的支撑证据资料。

（四）工程竣工结算变更的发生原因

工程竣工结算的内容和编制方法与施工图预算基本相同，只是结合施工中设计变更、施工范围增减、材料价差、索赔等实际变动情况，在原施工图预算基础上做部增减调整。发生变更的主要原因有以下几个方面：

（1）设计单位提出的设计变更；

（2）施工企业提出的设计变更；

（3）建设单位提出的设计变更；

（4）监理单位或建设单位工程师提出的设计变更；

（5）施工中遇到某种特殊情况引起的设计变更。

（五）工程竣工结算的审查方法

由于工程规模、特点及要求的繁简程度不同，施工企业的情况也不同，审计单位在进行工程竣工结算审查时，会根据实际情况选择适当的审核方法，确保审核的正确与高效。一般来说，审查的方法有以下几种：

（1）全面审查法；

（2）重点审查法；

（3）分解对比审查法；

（4）标准预算审查法；

（5）筛选法；

（6）分组计算法；

（7）结算手册审查法。

（六）工程竣工结算的审查内容

根据结算审查经验，审计单位在对工程竣工结算进行审查时，通常会对以下几项进行重点关注：

（1）工程量；

（2）定额子目选（套）用；

（3）材料价格和价差调整；

（4）取费及执行文件；

（5）现场签证。

（七）按实结算的工程竣工结算的编制注意事项

（1）签好按实结算合同中关于结算的条款。

（2）做好主材和设备的认质、认厂、认价工作。

（3）做好工程变更签证的编制、审核、收集、管理工作。

（4）抓好竣工图绘制及现场收方工作。

（5）做好竣工结算的编制、资料收集、汇总、移交工作。竣工结算包括计算工程量、计价、套用定额等一系列过程，最终的成果是竣工结算书，这是一个造价工作者必备的能力。

三、竣工结算与支付

（一）结算款支付

（1）承包人应根据办理的竣工结算文件，向发包人提交竣工结算款支付申请。该申请应包括下列内容：

　　1）竣工结算总额；

　　2）已支付的合同价款；

　　3）应扣留的质量保证金；

　　4）应支付的竣工付款金额。

　　（2）发包人应在收到承包人提交竣工结算款支付申请后7天内予以核实，向承包人签发竣工结算支付证书。

　　（3）发包人签发竣工结算支付证书后的14天内，按照竣工结算支付证书列明的金额向承包人支付结算款。

　　（4）发包人未按照人签发竣工结算支付证书，未按照竣工结算支付证书列明的金额向承包人支付竣工结算款的，承包人可催告发包人支付，并有权获得延迟支付的利息。竣工结算支付证书签发后56天内仍未支付的，除法律另有规定外，承包人可与发包人协商将该工程折价，也可直接向人民法院申请将该工程依法拍卖。承包人就该工程折价或拍卖的价款优先受偿。

（二）合同解除的价款结算与支付

　　（1）发承包双方协商一致解除合同的，按照达成的协议办理结算和支付工程款。

　　（2）由于不可抗力解除合同的，发包人应向承包人支付合同解除之日前已完成工程但尚未支付的工程款，并退回质量保证金。另外，发包人还应支付下列款项：

　　1）已实施或部分实施的措施项目应付款项。

　　2）承包人为合同工程合理订购且已交付的材料和工程设备货款。发包人一经支付此项货款，该材料和工程设备即成为发包人的财产。

　　3）承包人为完成合同工程而预期开支的任何合理款项，且该项款项未包括在本款其他各项支付之内。

　　4）由于不可抗力规定的任何工作应支付的款项。

　　5）承包人撤离现场所需的合理款项，包括雇员遣送费和临时工程拆除、施工设备运离现场的款项。发承包双方办理结算工程款时，应扣除合同解除之日前发包人向承包人收回的任何款项。当发包人应扣除的款项超过了应支付的款项，则承包人应在合同解除后的56天内将其差额退还给发包人。

　　（3）因承包人违约解除合同的，发包人应暂停向承包人支付任何款项。发包人应在合同解除后28天内核实合同解除时承包人已完成的全部工程款，以及已运至现场的材料和工程设备货款，并扣除误期赔偿费（如有）和发包人已支付给承包人的各项款项，同时将结果通知承包人。发承包双方应在28天内予以确认或提出意见，并办理结算工程款。如果发包人应扣除的款项超过了应支付的款项，则承包人应在合同解除后的56天内将其差额退还给发包人。

　　（4）因发包人违约解除合同的，发包人除应按照"计价规范"第12.0.2条规定向承包人支付各项款项外，还应支付给承包人由于解除合同而引起的损失或损害的款项。该笔款项由承包人提出，发包人核实后与承包人协商确定后的7天内向承包人签发支付证书。协商不能达成一致的，按照合同约定的争议解决方式处理。

四、合同价款争议的解决

1. 监理或造价工程师暂定

（1）若发包人和承包人之间就工程质量、进度、价款支付与扣除、工期延期、索赔、价款调整等发生任何法律上、经济上或技术上的争议，首先应根据已签约合同的规定，提交合同约定职责范围内的总监理工程师或造价工程师解决，并抄送另一方。总监理工程师或造价工程师在收到此提交件后14天之内应将暂定结果通知发包人和承包人。发承包双方对暂定结果认可的，应以书面形式予以确认，暂定结果成为最终决定。

（2）发承包双方在收到总监理工程师或造价工程师的暂定结果通知之后的14天内，未对暂定结果予以确认也未提出不同意见的，视为发承包双方已认可该暂定结果。

（3）发承包双方或一方不同意暂定结果的，应以书面形式向总监理工程师或造价工程师提出，说明自己认为正确的结果，同时抄送另一方，此时该暂定结果成为争议。在暂定结果不实质影响发承包双方当事人履约的前提下，发承包双方应实施该结果，直到其被改变为止。

2. 管理机构的解释或认定

（1）计价争议发生后，发承包双方可就下列事项以书面形式提请下列机构对争议作出解释或认定：

1）有关工程安全标准等方面的争议应提请建设工程安全监督机构作出；

2）有关工程质量标准等方面的争议应提请建设工程质量监督机构作出；

3）有关工程计价依据等方面的争议应提请建设工程造价管理机构作出。上述机构应对上述事项就发承包双方书面提请的争议问题作出书面解释或认定。

（2）发承包双方或一方在收到管理机构书面解释或认定后仍可按照合同约定的争议解决方式提请仲裁或诉讼。除上述管理机构的上级管理部门作出了不同的解释或认定，或在仲裁裁决或法院判决中不予采信的外，建设工程安全监督机构、建设工程质量监督机构、建设工程造价管理机构作出的书面解释或认定是最终结果，对发承包双方均有约束力。

3. 友好协商

（1）计价争议发生后，发承包双方任何时候都可以进行协商。协商达成一致的，双方应签订书面协议，书面协议对发承包双方均有约束力。

（2）如果协商不能达成一致协议，发包人或承包人都可以按合同约定的其他方式解决争议。

4. 调解

（1）发承包双方应在合同中约定争议调解人，负责双方在合同履行过程中发生争议的调解。对任何调解人的任命，可以经过双方相互协议终止，但发包人或承包人都不能单独采取行动。除非双方另有协议，在最终结清支付证书生效后，调解人的任期即终止。

（2）如果发承包双方发生了争议，任一方可以将该争议以书面形式提交调解人，并将副本送另一方，委托调解人做出调解决定。发承包双方应按照调解人可能提出的要求，立即给调解人提供所需要的资料、现场进入权及相应设施。调解人应被视为不是在进行仲裁人的工作。

（3）调解人应在收到调解委托后28天内，或由调解人建议并经发承包双方认可的其他期限内，提出调解决定，发承包双方接受调解意见的，经双方签字后作为合同的补充文件，对发承包双方具有约束力，双方都应立即遵照执行。

（4）如果任一方对调解人的调解决定有异议，应在收到调解决定后28天内，向另一方发出异议通知，并说明争议的事项和理由。但除非并直到调解决定在友好协商或仲裁裁决中作出修改，或合同已经解除，承包人应继续按照合同实施工程。

（5）如果调解人已就争议事项向发承包双方提交了调解决定，而任一方在收到调解人决定后28天内，均未发出表示异议的通知，则调解决定对发承包双方均具有约束力。

5. 仲裁、诉讼

（1）如果发承包双方的友好协商或调解均未达成一致意见，其中的一方已就此争议事项根据合同约定的仲裁协议申请仲裁，应同时通知另一方。

（2）仲裁可在竣工之前或之后进行，但发包人、承包人、调解人各自的义务不得因在工程实施期间进行仲裁而有所改变。如果仲裁是在仲裁机构要求停止施工的情况下进行，则对合同工程应采取保护措施，由此增加的费用由败诉方承担。

（3）在监理或造价工程师暂定、管理机构的解释或认定、友好协商、调解相关内容规定的期限之内，决定已经有约束力的情况下，如果发承包中一方未能遵守暂定或友好协议或调解决定，则另一方可在不损害他可能具有的任何其他权利的情况下，将未能遵守暂定或不执行友好协议或调解达成书面协议的事项提交仲裁。

（4）发包人、承包人在履行合同时发生争议，双方不愿和解、调解或者和解、调解不成，又没有达成仲裁协议的，可依法向人民法院提起诉讼。

6. 造价鉴定

（1）在合同纠纷案件处理中，需作工程造价鉴定的，应委托具有相应资质的工程造价咨询人进行。

（2）工程造价鉴定应根据合同约定作出，如合同条款约定出现矛盾或约定不明确，应根据"计价规范"的规定，结合工程的实际情况作出专业判断，形成鉴定结论。

五、质量保证（修）金

（1）承包人未按照法律法规有关规定和合同约定履行质量保修义务的，发包人有权从质量保证金中扣留用于质量保修的各项支出。

（2）发包人应按照合同约定的质量保修金比例从每支付期应支付给承包人的进度款或结算款中扣留，直到扣留的金额达到质量保证金的金额为止。

（3）在保修责任期终止后的14天内，发包人应将剩余的质量保证金返还给承包人。剩余质量保证金的返还，并不能免除承包人按照合同约定应承担的质量保修责任和应履行的质量保修义务。

六、最终结清

（1）发承包双方应在合同中约定最终结清款的支付时限。承包人应按照合同约定的期限向发包人提交最终结清支付申请。发包人对最终结清支付申请有异议的，有权要求承包人进行修正和提供补充资料。承包人修正后，应再次向发包人提交修正后的最终结清支付申请。

（2）发包人应在收到最终结清支付申请后的 14 天内予以核实，向承包人签发最终结清证书。

（3）发包人应在签发最终结清支付证书后的 14 天内，按照最终结清支付证书列明的金额向承包人支付最终结清款。

（4）若发包人未在约定的时间内核实，又未提出具体意见的，视为承包人提交的最终结清支付申请已被发包人认可。

（5）发包人未按期最终结清支付的，承包人可催告发包人支付，并有权获得延迟支付的利息。

（6）承包人对发包人支付的最终结清款有异议的，按照合同约定的争议解决方式处理。

思考与练习

1．工程价款的结算方式有哪几种？
2．工程计量的方法有哪些？
3．备料款的扣回方式有什么？
4．工程结算和决算单的区别是什么？
5．工程竣工结算书的编制步骤是什么？
6．工程竣工结算发生争议处理的方法有哪些？
7．某项工程项目，业主与承包人签订了工程施工承包合同。合同中估算工程量为 5 000 万元，单价为 220 元，合同工期为 6 个月。有关付款条款如下：

（1）开工前业主应向承包商支付估算合同总价 20% 的工程预付款；

（2）业主自第一个月起，从承包商的工程款中，按 3% 的比例扣留保修金；

（3）当累计实际完成工程量超过（或低于）估算工程量的 10% 时，可进行调价，调价系数为 1.1（或 0.9）；

（4）每月签发付款最低金额为 15 万元；

（5）工程预付款从承包人获得累计工程款超过估算合同价的 30% 以后的下一个月起，至第 5 个月均匀扣除。

承包人每月实际完成并经签证确认的工程量见下表。

承包人每月实际完成工程量

月份	1	2	3	4	5	6
完成的产值	600	1 000	1 200	1 200	1 000	900

问题：

（1）竣工结算的前提是什么？
（2）工程价款的结算的方式有哪几种？
（3）工程预付款为多少？
（4）工程保修金为多少？
（5）每月应扣工程预付款为多少？
（6）每月工程量价款为多少？
（7）应签证的工程款为多少？

项目六　最高投标限价编制实例

××滨河公园书吧工程招标文件摘要

一、工程概况

本工程为 2 层，建筑面积为 642.6 m²，跨度为 14 m，建筑总高度为 10.85 m。框架结构，钢筋混凝土独立基础。框架填充墙结构，抗震设防烈度为 8 度，施工工期为 150 天，交通运输方便。

扫码下载 ××
滨河公园图纸

二、质量要求

工程质量应符合《建筑工程施工质量验收统一标准》（GB 50300—2013）的质量要求，工程质量为合格。

三、招标文件中有关编制最高投标限价的说明

（1）本工程施工现场邻近某市外环路旁，交通便利；

（2）施工现场"四通一平"准备工作已完成，符合开工条件；

（3）施工现场场地地下水位较低，施工时不考虑地下水排降的因素；

（4）本工程招标范围：建筑工程；

（5）计价方式：工程量清单计价；

（6）土方工程采用全部外运、回填时运回，土方运距 5 km；

（7）本工程施工现场开阔，不发生二次搬运；

（8）考虑本工程施工中可能发生设计变更或清单工程量有误，以及生产要素价格上涨引起的工程造价上涨，暂列金额为 350 000 元；

（9）建设单位提供备料款，全部材料乙方采购；

（10）建设单位分包工程，确定总承包服务费。总承包服务费为专业工程暂估价的 7%；

（11）招标人在招标工程量清单中提出的计日工项目见表 6-1-1。

表 6-1-1　计日工项目

项目名称	单位	暂定数量	综合单价 / 元
人工：			
土建综合工日	工日	160	152
材料：			
钢筋 HPB300 φ10	t	1	3 924
水泥 42.5	t	2	398
砌筑砂	m³	20	305
砾石（5～40 mm）	m³	30	58
页岩煤矸石多孔砖（矩形）	千块	3	449
机械：			
自升式塔式起重机	台班	5	550
灰浆搅拌机（400 L）	台班	2	120

_____××滨河公园书吧_____ **工程**

招标控制价

招　标　人：　　　　　　××××　　　　　　
　　　　　　　　　　　　（单位盖章）

造价咨询人：　　　　　　××××　　　　　　
　　　　　　　　　　　　（单位盖章）

2023 年 3 月 2 日

封—2

ＸＸ 滨河公园书吧 　　　　工程

招标控制价

招标控制价　（小写）：　　　　　　2 330 171.41

　　　　　　　　（大写）：　　贰佰叁拾叁万壹佰柒拾壹元肆角壹分

招　标　人：　　ＸＸＸＸ　　　　　　造价咨询人：　　ＸＸＸＸ

　　　　　　　（单位盖章）　　　　　　　　　　（单位资质专用章）

法定代表人　　　　　　　　　　　　法定代表人
或其授权人：　　ＸＸＸＸ　　　　　或其授权人：　　ＸＸＸＸ

　　　　　　　（签字或盖章）　　　　　　　　　　（签字或盖章）

编　制　人：　　ＸＸＸＸ　　　　　复　核　人：　　ＸＸＸＸ

　　　　　（造价人员签字盖专用章）　　　　　（造价工程师签字盖专用章）

编制时间：2023 年 3 月 2 日　　　　复核时间：2023 年 3 月 2 日

扉—2

总编制说明

工程名称：滨河公园书吧建筑工程

一、工程概况

本工程建筑层数为 2 层，建筑面积为 642.6 m²，跨度为 14 m，建筑总高度为 10.85 m。框架结构，钢筋混凝土独立基础＋条形基础。框架填充墙结构，抗震设防烈度为 8 度，施工工期 150 天，交通运输方便，室外地坪标高为－0.6 m。本最高投标限价包括建筑工程。

二、工程主要做法

本工程基础类型为独立基础，地面为铺地砖面层，外廊为花岗石楼面，墙面、天棚均刮腻子、刷内墙乳胶漆。卫生间地面、墙面贴墙砖，外立面为干挂竖丝岩棉面一体板（木纹饰面），其余做法详见设计图纸。

三、编制依据

1. 甲方提供的施工图纸及招标文件、招标答疑；
2. 《建设工程工程量清单计价规范》（GB 50500—2013）、《房屋建筑与装饰工程量计算规范》（GB 50854—2013）；
3. 现行的施工规范、工程验收规范、工程做法等标准图集；
4. 新疆维吾尔自治区房屋建筑与装饰工程消耗量定额及乌鲁木齐地区单位估价汇总表（2020）；
5. 新疆维吾尔自治区建筑、安装、市政工程费用定额（2020）；
6. 关于发布乌鲁木齐地区 2022 年第三、四季度建设工程定额内市场人工单价信息的通知；
7. 乌鲁木齐地区 2023 年 2 月建设工程综合价格信息；
8. 自治区贯彻实施《房屋建筑与装饰工程工程量计算规范》（GB 50854—2013）和《市政工程工程量计算规范》（GB 50857—2013）补充规定。

四、材料市场价格说明

无综合信息价的材料价格均按乌鲁木齐地区市场相应中档材料价格计取。

1. 保温材料：干挂竖丝岩棉面一体板（木纹饰面）按 780 元 /m² 计入综合单价。
2. 断桥铝合金门窗按市场价 909 元 /m²；成品套装木门按包干价 650 元 /m²（不含税金）计入。
3. 坡屋面波形沥青瓦按市场价 12 元 / 块计入。

五、计价内容说明

1. 未考虑基坑排水降水费用。
2. 未考虑装饰装修、钢筋费用。

六、取费及有关价格说明

1. 该工程按 2020 年《新疆维吾尔自治区建筑、安装、市政工程费用定额》，一般计税法计算综合单价中的管理费、利润，不考虑风险；
2. 本工程最高投标限价中综合单价中的企业管理费（14%）、利润（11%）按上限计算；
3. 人工及材料价差执行乌鲁木齐地区 2023 年 2 月份建设工程综合价格信息，人工费单价调整如下：一类人工 114 元 / 工日；二类人工（房屋建筑与装饰工程）148 元 / 工日；二类人工（安装工程）调增至 152 元 / 工日；三类人工 172 元 / 工日，其价差部分只计税金。

考虑本工程施工中可能发生设计变更或清单工程量有误，以及生产要素价格上涨引起的工程造价上涨，暂列金额为 35 000 元。

七、计算结果

根据招标文件对项目承包范围的约定，本工程最高投标限价总价为 2 330 171.41（贰佰叁拾叁万壹佰柒拾壹元肆角壹分）(含暂列金额、专业工程暂估价、总承包服务费及图纸内设计由专业厂家二次设计及由甲方自理部分的费用)。

单位工程招标控制价汇总表

工程名称：滨河公园书吧建筑工程　　　　　　　　标段：　　　　　　　　

序号	汇总内容	金额/元	其中：暂估价/元
1	分部分项工程费	1 509 924.96	
2	措施项目费	213 718.25	
2.1	单价措施项目费	198 709.31	
2.2	总价措施项目费	15 008.94	
2.21	其中：安全文明施工费	13 320.03	
3	其他项目费	391 217	—
3.1	暂列金额	350 000	—
3.2	暂估价		
3.3	计日工	41 217	—
3.4	总承包服务费		—
4	规费	22 911.73	—
5	税前工程造价	2 137 771.94	
6	税金	192 399.47	—
招标控制价合计＝1＋2＋3＋4＋6		2 330 171.41	
注：本表适用于单位工程招标控制价或投标报价的汇总，如无单位工程划分，单项工程也使用本表汇总。			

表—04

分部分项工程和单价措施项目清单与计价表

工程名称：滨河公园书吧建筑工程　　　　　　　标段：　　　　　　　　

序号	项目编码	项目名称	项目特征描述	计量单位	工程量	综合单价	合价	其中 暂估价
			分部分项					
1	010101001001	平整场地	1. 土壤类别：二类土 2. 弃土运距：0	m²	328.39	3.83	1 257.73	
2	010101004001	挖基坑土方	1. 土壤类别：二类土 2. 挖土深度：1.65 m 3. 弃土运距：5 km	m³	300.41	31.95	9 598.10	
3	010103001001	回填土	1. 密实度要求：满足设计和规范要求 2. 填方运距：5 km	m³	177.30	0.88	156.02	
4	010501001001	垫层	1. 混凝土种类：商品混凝土 2. 混凝土强度等级：C20	m³	24.07	388.08	9 341.09	
5	010501003001	独立基础	1. 混凝土种类：商品混凝土 2. 混凝土强度等级：C30	m³	54.99	407.06	22 384.23	
6	010501002001	带形基础	1. 混凝土种类：商品混凝土 2. 混凝土强度等级：C30	m³	4.29	418.19	1 794.04	
7	010501002002	带形基础	1. 混凝土种类：商品混凝土 2. 混凝土强度等级：C20	m³	4.24	388.08	1 645.50	
8	010502001001	现浇混凝土柱	1. 混凝土种类：商品混凝土 2. 混凝土强度等级：C30	m³	56.97	494.32	28 161.41	
9	010502003001	现浇混凝土圆形柱	1. 混凝土种类：商品混凝土 2. 混凝土强度等级：C30	m³	0.88	504.77	444.2	
10	010503002001	现浇混凝土矩形梁	1. 混凝土种类：商品混凝土 2. 混凝土强度等级：C30	m³	40.17	413.41	16 606.68	
11	010503006001	现浇混凝土斜梁	1. 混凝土种类：商品混凝土 2. 混凝土强度等级：C30	m³	23.90	418.84	10 010.28	
12	010505003001	现浇混凝土平板	1. 混凝土种类：商品混凝土 2. 混凝土强度等级：C30	m³	4.84	476.58	2 306.65	
13	010505001001	现浇混凝土有梁板	1. 混凝土种类：商品混凝土 2. 混凝土强度等级：C30	m³	35.53	414.79	14 737.49	
14	010505007001	现浇混凝土挑檐	1. 混凝土种类：商品混凝土 2. 混凝土强度等级：C30	m³	15.98	581.44	9 291.41	
15	010505010001	现浇混凝土斜板、屋面板	1. 混凝土种类：商品混凝土 2. 混凝土强度等级：C30	m³	8.97	435.44	3 905.9	
16	010504004001	现浇混凝土挡土墙	1. 混凝土种类：商品混凝土 2. 混凝土强度等级：C30	m³	6.53	448.91	2 931.38	
17	010501002003	带形基础	1. 混凝土种类：商品混凝土 2. 混凝土强度等级：C20	m³	3.28	378.8	1 242.46	
18	010503005001	现浇混凝土过梁	1. 混凝土种类：商品混凝土 2. 混凝土强度等级：C20	m³	2.39	512.12	1 223.97	
			本页小计				137 038.50	

分部分项工程和单价措施项目清单与计价表

工程名称：滨河公园书吧建筑工程　　　　　　　标段：

序号	项目编码	项目名称	项目特征描述	计量单位	工程量	综合单价	合价	其中暂估价
19	010503004001	现浇混凝土圈梁	1. 混凝土种类：商品混凝土 2. 混凝土强度等级：C20	m³	3.08	483.48	1 489.12	
20	010502002001	现浇混凝土构造柱	1. 混凝土种类：商品混凝土 2. 混凝土强度等级：C20	m³	11.45	546.73	6 260.06	
21	010506001001	现浇混凝土楼梯	1. 混凝土种类：商品混凝土 2. 混凝土强度等级：C30	m²	26.55	141.22	3 749.39	
22	010507004001	现浇混凝土台阶	1. 踏步高宽：150 mm，300 mm 2. 混凝土种类：商品混凝土 3. 混凝土强度等级：C25 4. 垫层材料种类、厚度：300 厚戈壁土	m²	8.88	68.18	605.44	
23	010507001001	坡道	1. 垫层材料种类、厚度：300 厚戈壁土 2. 面层厚度：100/150 3. 混凝土种类：商品混凝土 4. 混凝土强度等级：C25	m²	8.64	415.24	3 587.67	
24	010402001001	砌块墙	1. 砌块品种、规格、强度等级：A5.0 蒸压加气混凝土砌块 2. 墙体类型：非承重 3. 砂浆强度等级：M5.0 混合砂浆	m³	108.5	439.71	47 708.54	
25	010401001001	砖基础	1. 砖品种、规格、强度等级：普通砖 240×115×53 2. 基础类型：条形基础 3. 砂浆强度等级：M5.0 水泥砂浆	m³	17.44	596.71	10 406.62	
26	010804007001	特种门（隔声）	1. 门代号及洞口尺寸：GSM1525，1 500×2 500 2. 门框、扇材质：钢制	m²	3.75	1 356.16	5 085.6	
27	010801002001	木质门带套	门代号及洞口尺寸：M0821，800×2 100	樘	2	1 793.69	3 587.38	
28	010801002002	木质门带套	门代号及洞口尺寸：M1021，1 000×2 100	樘	4	1 793.69	7 174.76	
29	010802001001	金属门	1. 门代号及洞口尺寸：M1527，1 500×2 700 2. 门框、扇材质：断桥铝合金	m²	16.2	1 845.02	29 889.32	
30	010802001002	金属门	1. 门代号及洞口尺寸：M6039，6 000×3 900 2. 门框、扇材质：断桥铝合金	m²	23.4	1 845.02	43 173.47	
31	010807001001	金属窗	1. 窗代号及洞口尺寸：C1212，1 200×1 200 2. 框、扇材质：铝合金 3. 玻璃品种、厚度：普通三层玻璃	m²	7.2	1 188.32	8 555.9	
32	010807001002	金属窗	1. 窗代号及洞口尺寸：C1212，1 200×2 400 2. 框、扇材质：铝合金 3. 玻璃品种、厚度：普通三层玻璃	m²	17.28	1 188.32	20 534.17	
本页小计							191 807.44	

分部分项工程和单价措施项目清单与计价表

工程名称：滨河公园书吧建筑工程　　　　　　标段：　　　　　　　　第3页　共4页

序号	项目编码	项目名称	项目特征描述	计量单位	工程量	综合单价	合价	其中暂估价
33	010807001003	金属窗	1. 窗代号及洞口尺寸：C1512，1 500×2 400 2. 框、扇材质：铝合金 3. 玻璃品种、厚度：普通三层玻璃	m²	14.4	1 188.32	17 111.81	
34	010807001004	金属窗	1. 窗代号及洞口尺寸：C1527，1 500×2 700 2. 框、扇材质：铝合金 3. 玻璃品种、厚度：普通三层玻璃	m²	40.5	1 188.32	48 126.96	
35	010807001005	金属窗	1. 窗代号及洞口尺寸：C1530，1 500×3 000 2. 框、扇材质：铝合金 3. 玻璃品种、厚度：普通三层玻璃	m²	13.5	1 188.32	16 042.32	
36	010807001006	金属窗	1. 窗代号及洞口尺寸：PYC1530，1 500×3 000 2. 框、扇材质：铝合金 3. 玻璃品种、厚度：普通三层玻璃	m²	27	1 188.32	32 084.64	
37	010901001001	瓦屋面	1. 瓦品种、规格：波形沥青瓦，混凝土钉固定 2. 找平层材料种类、厚度：30厚C20细石混凝土	m²	470.22	95.93	45 108.2	
38	010902001001	屋面卷材防水	1. 卷材品种、规格厚度：4厚SBS 2. 防水层数：1层 3. 防水层做法：热熔法	m²	470.22	41.59	19 556.45	
39	011101006001	平面砂浆找平层	找平层厚度、砂浆配合比：15厚1：2.5水泥砂浆	m²	470.22	19.63	9 230.42	
40	010904002001	楼地面涂膜防水	1. 防水膜品种：聚氨酯涂膜 2. 涂膜厚度、遍数：1.5mm厚，2遍 3. 反边高度：300 mm	m²	246.49	28.12	6 931.30	
41	011001001001	保温隔热屋面	保温隔热材料品种、规格、厚度：保温层100厚，分两层50厚模塑聚苯板（EPS）	m²	470.22	57.01	26 807.24	
42	011001005001	保温隔热楼地面	1. 保温隔热部位：楼面 2. 保温隔热材料品种、规格、厚度：30厚聚苯乙烯板 3. 找平层材料种类、厚度：20厚1：2.5水泥砂浆	m²	204.58	45.3	9 267.47	
43	011001003001	保温隔热墙面	1. 保温隔热部位：外墙面 2. 保温隔热方式：外保温 3. 保温隔热材料品种、规格及厚度：80厚干挂竖丝岩保温一体板（木纹饰面）	m²	478.34	996.66	47 6742.34	
44	011001003002	保温隔热墙面	1. 保温隔热部位：门窗侧壁、架空楼板下部、挑檐下部 2. 保温隔热方式：外保温 3. 保温隔热材料品种、规格及厚度：30厚干挂竖丝岩保温一体板（木纹饰面）	m²	342.11	996.66	340 967.35	
			本页小计				1 047 976.51	

分部分项工程和单价措施项目清单与计价表

工程名称：滨河公园书吧建筑工程　　　　　　　　标段：

序号	项目编码	项目名称	项目特征描述	计量单位	工程量	金额/元		
						综合单价	合价	其中 暂估价
45	011003003001	防腐涂料	1. 涂刷部位：基础 2. 涂料品种、刷涂遍数：1.沥青冷底子油两遍、沥青胶泥涂层厚度≥300μm	m²	1 330.36	100.05	133 102.52	
			分部小计				1 509 924.96	
			措施项目					
1	011701001001	综合脚手架	1. 建筑结构形式：框架结构 2. 檐口高度：9 m	m²	642.44	20.29	13 035.11	
2	01B001	垫层模板		m²	35.33	49.53	1 749.89	
3	011702001001	基础模板	基础类型：独立基础	m²	105.29	64.4	6 780.68	
4	011702001002	基础模板	基础类型：条形基础	m²	34.18	62.8	2 146.50	
5	011702011001	直形墙模板		m²	65.28	63.22	4 127	
6	011702002001	矩形柱模板		m²	416.72	70.6	29 420.43	
7	011702003001	构造柱模板		m²	102.68	53.27	5 469.76	
8	011702006001	矩形梁模板		m²	287.56	60.92	17 518.16	
9	011702006002	矩形梁（斜梁）模板		m²	145.16	60.92	8 843.15	
10	011702016001	平板模板		m²	197.67	63.92	12 635.07	
11	011702014001	有梁板模板		m²	305.87	67.14	20 536.11	
12	011702014002	有梁板（斜板）模板		m²	418.86	67.14	28 122.26	
13	011702009001	过梁模板		m²	35.63	89.42	3 186.03	
14	011702008001	圈梁模板		m²	25.7	67.49	1 734.49	
15	011702024001	楼梯模板		m²	26.55	175.42	4 657.4	
16	011702027001	台阶模板		m²	8.88	64.91	576.4	
17	011702022001	挑檐模板		m²	180.38	91.98	16 591.35	
18	011703001001	垂直运输	1. 建筑物建筑类型及结构形式：框架结构 2. 建筑物檐口高度、层数：9 m，2层	m²	642.44	25.24	16 215.19	
19	011705001001	大型机械设备进出场及安拆	1. 机械设备名称：挖掘机 2. 机械设备规格型号：斗容量 1 m³	台次	1	5 364.32	5 364.32	
			分部小计				198 709.31	
			本页小计				331 811.83	
		合计					1 708 634.27	

总价措施项目清单与计价表

工程名称：滨河公园书吧建筑工程　　　　　　标段：　　　　　　　　　　　第1页　共1页

序号	项目编码	项目名称	计算基础	费率/%	金额/元	调整费率/%	调整后金额/元	备注
1	011707001001	安全文明施工·			13 320.03			
2	011707001002	其中：环境保护费、文明施工费、安全施工费	分部分项人工费＋分部分项机械费＋单价措施项目人工费＋单价措施项目机械费	2.8	8 922.51			
3	011707001003	其中：临时设施费	分部分项人工费＋分部分项机械费＋单价措施项目人工费＋单价措施项目机械费	1.38	4 397.52			
4	011707001004	其中：智慧工地基础配置费						
5	011707002001	夜间施工增加费		0				
6	011707004001	二次搬运费	分部分项人工费＋分部分项机械费＋单价措施项目人工费＋单价措施项目机械费	0				
7	011707005001	冬雨季施工增加费		0				
8	011707007001	已完工程及设备保护费	分部分项人工费＋分部分项机械费＋单价措施项目人工费＋单价措施项目机械费	0.07	223.06			
9	×011707008001	工程定位复测、点交清理费	分部分项人工费＋分部分项机械费＋单价措施项目人工费＋单价措施项目机械费	0.08	254.93			
10	×011707010001	检验试验费			350.53			
11	×011707010002	其中：自检试验费		0				
12	×011707010003	其中：检验试验配合费	分部分项人工费＋分部分项机械费＋单价措施项目人工费＋单价措施项目机械费	0.11	350.53			
13	×011707011001	特殊地区增加费		0				
14	01B991	竣工档案编制费	分部分项人工费＋分部分项机械费＋单价措施项目人工费＋单价措施项目机械费	0.27	860.39			
		合计			15 008.94			

编制人（造价人员）：　　　　　　　　　　　　　　　　复核人（造价工程师）：

注：1. "计算基础"中安全文明施工费可为"定额基价""定额人工费"或"定额人工费＋定额机械费"，其他项目可为"定额人工费"或"定额人工费＋定额机械费"。

2. 按施工方案计算的措施费，若无"计算基础"和"费率"的数值，也可只填"金额"数值，但应在备注栏说明施工方案出处或计算方法。

综合单价分析表

项目编码	010101001001	项目名称	平整场地	计量单位	m²	工程量	328.39

| 清单综合单价组成明细 ||||||||||||||

定额编号	定额项目名称	定额单位	数量	单价				合价			
				人工费	材料费	机械费	管理费和利润	风险费	人工费	材料费	机械费	管理费和利润	风险费
1-121	人工平整场地	100 m²	0.01	305.98	0	0	76.5	0	3.06	0	0	0.77	0
人工单价		小计						3.06	0	0	0.77	0
一类人工114元/工日		未计价材料费						0				

| 清单项目综合单价 |||||||| 3.83 |||||

材料费明细	主要材料名称、规格、型号		单位	数量	单价/元	合价/元	暂估单价/元	暂估合价/元

注：1. 如不使用省级或行业建设主管部门发布的计价依据，可不填定额编码、名称等；
　　2. 招标文件提供了暂估单价的材料，按暂估的单价填入表内"暂估单价"栏及"暂估合价"栏。

工程名称：滨河公园书吧建筑工程　　　　　　　　标段：　　　　　　　　　　　　第 2 页　共 6 页

项目编码	010501003001	项目名称	独立基础	计量单位	m³	工程量	54.99

清单综合单价组成明细											
定额编号	定额项目名称	定额单位	数量	单价				合价			
				人工费	材料费	机械费	管理费和利润	风险费	人工费	材料费	机械费	管理费和利润	风险费
5-5换	C20 现浇混凝土独立基础混凝土换为（预拌混凝土 C30）	10 m³	0.1	414.55	3 552.54	0	103.64	0	41.46	355.25	0	10.36	0
人工单价			小计						41.46	355.25	0	10.36	0
二类人工 148 元/工日			未计价材料费						0				
		清单项目综合单价							407.06				

材料费明细	主要材料名称、规格、型号	单位	数量	单价/元	合价/元	暂估单价/元	暂估合价/元
	预拌混凝土 C30	m³	1.01	350	353.5		
	其他材料费	—			1.75	—	0
	材料费小计	—			355.25	—	0

注：1. 如不使用省级或行业建设主管部门发布的计价依据，可不填定额编码、名称等；
　　2. 招标文件提供了暂估单价的材料，按暂估的单价填入表内"暂估单价"栏及"暂估合价"栏。

综合单价分析表

工程名称：滨河公园书吧建筑工程　　　　　　　标段：

| 项目编码 | 010502001001 | 项目名称 | 现浇混凝土柱 | 计量单位 | m³ | 工程量 | 56.97 |

清单综合单价组成明细

定额编号	定额项目名称	定额单位	数量	单价					合价				
				人工费	材料费	机械费	管理费和利润	风险费	人工费	材料费	机械费	管理费和利润	风险费
5-14换	C20现浇混凝土矩形柱换为（预拌混凝土C30）	10 m³	0.1	1 067.23	3 609.21	0	266.81	0	106.72	360.92	0	26.68	0
人工单价		小计							106.72	360.92	0	26.68	0
二类人工 148元/工日		未计价材料费							0				
清单项目综合单价									494.32				

材料费明细	主要材料名称、规格、型号	单位	数量	单价/元	合价/元	暂估单价/元	暂估合价/元
	预拌混凝土C30	m³	0.979 7	350	342.9		
	其他材料费			—	18.03	—	0
	材料费小计			—	360.92	—	0

注：1. 如不使用省级或行业建设主管部门发布的计价依据，可不填定额编码、名称等；
　　2. 招标文件提供了暂估单价的材料，按暂估的单价填入表内"暂估单价"栏及"暂估合价"栏。

综合单价分析表

项目编码	010505001001	项目名称	现浇混凝土有梁板	计量单位	m³	工程量	35.35

清单综合单价组成明细												
定额编号	定额项目名称	定额单位	数量	单价					合价				
				人工费	材料费	机械费	管理费和利润	风险费	人工费	材料费	机械费	管理费和利润	风险费
5-40 换	C20 现浇混凝土有梁板换为（预拌混凝土 C30）	10 m³	0.1	448.74	3 584.65	1.83	112.64	0	44.87	358.47	0.18	11.26	0
人工单价		小计							44.87	358.47	0.18	11.26	0
二类人工148 元 / 工日		未计价材料费							0				
清单项目综合单价									414.79				

材料费明细	主要材料名称、规格、型号	单位	数量	单价/元	合价/元	暂估单价/元	暂估合价/元
	预拌混凝土 C30	m³	1.01	350	353.5		
	其他材料费			—	4.96	—	0
	材料费小计			—	358.46	—	0

注：1. 如不使用省级或行业建设主管部门发布的计价依据，可不填定额编码、名称等；
　　2. 招标文件提供了暂估单价的材料，按暂估的单价填入表内"暂估单价"栏及"暂估合价"栏。

综合单价分析表

工程名称：滨河公园书吧建筑工程　　　　　　　标段：

项目编码	010402001001	项目名称	砌块墙	计量单位	m³	工程量	108.5

清单综合单价组成明细

定额编号	定额项目名称	定额单位	数量	单价					合价				
				人工费	材料费	机械费	管理费和利润	风险费	人工费	材料费	机械费	管理费和利润	风险费
4-73换	M10 干混砌筑砂浆蒸压加气混凝土砌块墙（直形）墙厚≤200 mm 砂浆换为（混合砂浆M5.0-H-4）	10 m³	0.1	1 573.24	2 411.95	14.88	397.03	0	157.32	241.2	1.49	39.7	0
人工单价			小计						157.32	241.2	1.49	39.7	0
二类人工148元/工日			未计价材料费						0				
清单项目综合单价									439.71				

材料费明细	主要材料名称、规格、型号	单位	数量	单价/元	合价/元	暂估单价/元	暂估合价/元
	其他材料费	元	0.867 6	1	0.87		
	蒸压粉煤灰加气混凝土砌块 600×190×240	m³	0.977	231	225.69		
	其他材料费	—			14.64		0
	材料费小计		—		241.19	—	0

注：1. 如不使用省级或行业建设主管部门发布的计价依据，可不填定额编码、名称等；
　　2. 招标文件提供了暂估单价的材料，按暂估的单价填入表内"暂估单价"栏及"暂估合价"栏。

综合单价分析表

项目编码	010901001001	项目名称		瓦屋面	计量单位	m²	工程量	470.22

清单综合单价组成明细

定额编号	定额项目名称	定额单位	数量	单价					合价				
				人工费	材料费	机械费	管理费和利润	风险费	人工费	材料费	机械费	管理费和利润	风险费
9-11	沥青瓦屋面铺设叠合沥青瓦	100 m²	0.01	707.14	8 708.58	0	176.79	0	7.07	87.09	0	1.77	0
人工单价		小计							7.07	87.09	0	1.77	0
二类人工148 元/工日		未计价材料费							0				

清单项目综合单价	95.93

材料费明细	主要材料名称、规格、型号	单位	数量	单价/元	合价/元	暂估单价/元	暂估合价/元
	冷底子油	kg	0.84	4.787	4.02		
	沥青瓦 1 000×333	块	6.9	12	82.8		
	其他材料费	—			0.26	—	0
	材料费小计	—			87.09	—	0

注：1. 如不使用省级或行业建设主管部门发布的计价依据，可不填定额编号、名称等；
　　2. 招标文件提供了暂估单价的材料，按暂估的单价填入表内"暂估单价"栏及"暂估合价"栏。

其他项目清单与计价汇总表

工程名称：滨河公园书吧建筑工程　　　　　　　标段：　　　　　　　　第 1 页　共 1 页

序号	项目名称	金额／元	结算金额／元	备注
1	暂列金额	350 000		明细详见暂列金额明细表
2	暂估价			
2.1	材料暂估价	—		
2.2	专业工程暂估价			
2.3	施工技术专项措施项目暂估价			
3	计日工	41 217		明细详见计日工表
4	总承包服务费			
	合计	391 217		—

注：材料（工程设备）暂估单价进入清单项目综合单价，此处不汇总。

暂列金额明细表

工程名称：滨河公园书吧建筑工程 　　　　　　　标段： 　　　　　　　　　第1页　共1页

序号	项目名称	计量单位	暂定金额／元	备注
1	工程量偏差变更和设计	元	150 000	
2	政策性调整和材料价格波动	元	200 000	
	合计		350 000	—

注：此表由招标人填写，如不能详列，也可只列暂列金额总额，投标人应将上述暂列金额计入投标总价中。

计日工表

工程名称：滨河公园书吧建筑工程　　　　　　标段：　　　　　　

编号	项目名称	单位	暂定数量	实际数量	综合单价/元	合价 暂定	合价 实际
1	人工						
	二类人工	工日	160		152	24 320	
	人工小计					24 320	
2	材料						
	钢筋 HPB300 φ10	t	1		3 924	3 924	
	水泥 42.5	t	2		398	796	
	砌筑砂	m³	20		305	6 100	
	砾石（5～40 mm）	m³	30		58	1 740	
	页岩煤矸石多孔砖（矩形）	千块	3		449	1 347	
	材料小计					13 907	
3	机械						
	自升式塔式起重机	台班	5		550	2 750	
	灰浆搅拌机（400 L）	台班	2		120	240	
	机械小计					2 990	
	4. 企业管理费和利润						
	总计					41 217	

注：此表项目名称、暂定数量由招标人填写，编制招标控制价时，单价由招标人按有关计价规定确定；投标时，单价由投标人自主报价，按暂定数量计算合价计入投标总价中。结算时，按发承包双方确认的实际数量计算合价。

规费、税金项目计价表

工程名称：滨河公园书吧建筑工程　　　　　　　　　　标段：　　　　　　　　　　第1页　共1页

序号	项目名称	计算基础	计算基数	计算费率/%	金额/元
1	规费	社会保险费＋住房公积金	22 911.73		22 911.73
1.1	社会保险费	养老保险费＋失业保险费＋医疗保险费＋工伤保险费	19 916.32		19 916.32
1.11	养老保险费	分部分项人工费＋分部分项机械费＋单价措施项目人工费＋单价措施项目机械费	318 661.12	4.31	13 734.29
1.12	失业保险费	分部分项人工费＋分部分项机械费＋单价措施项目人工费＋单价措施项目机械费	318 661.12	0.38	1 210.91
1.13	医疗保险费	分部分项人工费＋分部分项机械费＋单价措施项目人工费＋单价措施项目机械费	318 661.12	1.37	4 365.66
1.14	工伤保险费	分部分项人工费＋分部分项机械费＋单价措施项目人工费＋单价措施项目机械费	318 661.12	0.19	605.46
1.2	住房公积金	分部分项人工费＋分部分项机械费＋单价措施项目人工费＋单价措施项目机械费	318 661.12	0.94	2 995.41
2	税金	税前工程造价	2 137 771.94	9	192 399.47
	合计				215 311.2

编制人（造价人员）：　　　　　　　　　　　　　　　　复核人（造价工程师）：

单位工程人材机汇总表

序号	材料名称	单位	数量	预算价	市场价	市场价合计
一	人工类别					
1	一类人工	工日	76.77	114	114	8 751.78
2	二类人工	工日	1 916.38	148	148	283 624.24
3	三类人工	工日	37.16	172	172	6 391.52
4	人工费调整	元	0.05	1	1	0.05
	小计					298 767.59
二	材料类别					
1	钢筋（综合）	kg	30.57	3.78	3.85	117.69
2	钢丝绳 ϕ8	m	0.96	2.25	2.25	2.16
3	塑料薄膜	m²	1 278.77	0.55	0.55	703.32
4	草袋	m²	6.38	3.3	3.3	21.05
5	沉头木螺钉 L32	个	75.6	0.22	0.22	16.63
6	对拉螺栓	kg	138.73	6.76	6.76	937.81
7	不锈钢合页	个	12	9.69	9.69	116.28
8	水砂纸	张	3	0.62	0.62	1.86
9	低碳钢焊条 J422（综合）	kg	0.96	4.58	4.58	4.40
10	圆钉	kg	85.07	4.28	4.28	364.10
11	钢钉	kg	26.68	4.28	4.28	114.19
12	镀锌钢丝（综合）	kg	5	4.28	4.28	21.40
13	镀锌钢丝 ϕ4.0	kg	58.07	4.28	4.28	248.54
14	镀锌钢丝 ϕ0.7	kg	2.67	4.28	4.28	11.43
15	铁件（综合）	kg	7.56	4.04	4.04	30.54
16	复合硅酸盐水泥 P.O 42.5	kg	3 823.36	0.54	0.4	1 529.34
17	中（细）砂	m³	14.21	117	87	1 236.27
18	石灰膏	m³	1.08	249.18	249.18	269.11
19	烧结煤矸石标准砖 240×115×53	千块	9.18	431.4	650	5 967.00
20	蒸压粉煤灰加气混凝土砌块 600×190×240	m³	106	245	231	24 486.00
21	沥青瓦 1 000×333	块	3 244.52	8.67	12	38 934.24
22	原木	m³	0.01	1 221.24	1 221.24	12.21
23	木材（成材）	m³	0.23	1 285.9	1 285.9	295.76
24	板方材	m³	10.29	1 111.56	1 111.56	11 437.95
25	垫木 60×60×60	块	8.94	0.45	0.45	4.02
26	防滑木条	m³	0.01	1 196.29	1 196.29	11.96
27	木支撑	m³	3.16	1107	1107	3 498.12
28	固定件	套	7 932.96	1.05	1.05	8 329.61
29	单扇套装平开实木门	樘	12	850.94	850.94	10 211.28
30	隔热断桥铝合金平开门（含中空玻璃）	m²	77.63	610.17	909	70 565.67
31	铝合金平开窗	m²	233.27	363.03	593	138 329.11
32	隔音门	m²	7.5	377.52	650	4875.00
33	红丹防锈漆	kg	21.76	9.24	9.24	201.06
34	乳化沥青	kg	5 427.49	3.38	3.38	18 344.92
35	SBS 改性沥青防水卷材	m²	533.11	23.66	28.52	15 204.30
36	SBS 弹性沥青防水胶	kg	135.99	5.33	5.33	724.83

单位工程人材机汇总表

工程名称：滨河公园书吧建筑工程　　　　　专业名称：土建

序号	材料名称	单位	数量	预算价	市场价	市场价合计
37	汽油（综合）	kg	163.41	6.12	9.04	1 477.23
38	油漆溶剂油	kg	2.06	5.32	5.32	10.96
39	冷底子油	kg	1 265.89	4.79	4.79	6 063.61
40	液化石油气	kg	126.92	4.59	4.59	582.56
41	聚氨酯甲乙料	kg	511.4	12.46	12.46	6 372.04
42	二甲苯	kg	19.86	6.34	6.34	125.91
43	隔离剂	kg	230.98	2.33	2.33	538.18
44	界面剂	kg	32.73	12.6	3.55	116.19
45	改性沥青嵌缝油膏	kg	28.11	3.71	3.71	104.29
46	耐候型硅胶	kg	87.26	36.3	36.3	3 167.54
47	塑料粘胶带 20 mm×50 m	卷	85.78	2.73	2.73	234.18
48	聚苯乙烯板	m³	6.26	326.08	291	1 821.66
49	聚苯乙烯泡沫挤塑板（×PS）50 mm	m³	47.96	475	500	23 980.00
50	聚苯乙烯塑料保温装饰一体板 δ50 mm	m²	943.14	220	780	735 649.20
51	硬塑料管 φ20	m	649.66	2.86	2.86	1 858.03
52	电	kW·h	111	0.52	0.41	45.51
53	水	m³	103.75	6.97	7.02	728.33
54	回程费	元	38.58	1	1	38.58
55	其他材料费	元	9 655.54	1	1	9 655.54
56	其他材料费	%	5 802.51	1	1	5 802.51
57	挡脚板	m³	0.03	792.28	792.28	23.77
58	复合模板	m²	583.65	43.55	43.55	25 417.96
59	钢支撑及配件	kg	1 265.92	4.22	4.22	5 342.18
60	木脚手板	m³	0.68	1120	1120	761.60
61	脚手架钢管	kg	222.45	4.28	4.28	952.09
62	脚手架钢管底座	个	1.06	5.33	5.33	5.65
63	扣件	个	89.5	5.14	5.14	460.03
64	枕木	m³	0.08	1 398.57	1 398.57	111.89
65	水泥砂浆 M5.0	m³	4.18	154.79	154.79	647.02
66	水泥砂浆 1∶2	m³	0.18	312.76	312.76	56.30
67	聚合物粘结砂浆	kg	7 932.96	0.63	1.11	8 805.59
68	聚合物粘结砂浆（聚苯乙烯板专用）	kg	941.07	0.71	1.11	1 044.59
69	耐酸沥青胶泥 隔离层用1∶0.3∶0.05	m³	10.72	4 822.92	4 822.92	51 701.70
70	预拌混凝土 C20	m³	48.8	330	311	15 176.80
71	预拌混凝土 C25	m³	9.82	345	330	3 240.60
72	预拌混凝土 C30	m³	254.86	364	350	89 201.00
73	预拌水下混凝土 C30	m³	4.89	414	400	1 956.00
74	干混地面砂浆 DS M20	m³	7.19	545	545	3 918.55
75	预拌水泥砂浆	m³	2.1	520	520	1 092.00
	小计					1 365 466.54
三	机械类别					
1	柴油（机械用）	kg	346.88	5.96	5.96	2 067.40
2	电（机械用）	kW·h	1 436.16	0.52	0.41	588.83
3	裁板机板宽 1 300 mm	台班	7.05	36.23	36.23	255.42

单位工程人材机汇总表

序号	材料名称	单位	数量	预算价	市场价	市场价合计
4	机械综合工日	工日	90.34	148	152	13 731.68
5	安拆费及场外运费	元	784.39	1	1	784.39
6	回程费	元	472.22	1	1	472.22
7	检修费	元	214.07	1	1	214.07
8	机械费调整	元	−0.05	1	1	−0.05
9	维护费	元	844.82	1	1	844.82
10	折旧费	元	936.75	1	1	936.75
	小计					19 895.53
	合计					1 684 129.66

单位工程人材机价差表

序号	材料名称	单位	数量	预算价	市场价	价差	价差合计
1	钢筋（综合）	kg	30.57	3.78	3.85	0.07	2.14
2	复合硅酸盐水泥 P.O 42.5	kg	3 823.36	0.54	0.4	−0.14	−535.27
3	中（细）砂	m³	14.21	117	87	−30	−426.30
4	烧结煤矸石标准砖 240×115×53	千块	9.18	431.4	650	218.6	2 006.75
5	蒸压粉煤灰加气混凝土砌块 600×190×240	m³	106	245	231	−14	−1484.00
6	沥青瓦 1 000×333	块	3 244.52	8.67	12	3.33	10 804.25
7	隔热断桥铝合金平开门（含中空玻璃）	m²	77.63	610.17	909	298.83	23 198.17
8	铝合金平开窗	m²	233.27	363.03	593	229.97	53 645.10
9	隔音门	m²	7.5	377.52	650	272.48	2 043.60
10	SBS 改性沥青防水卷材	m²	533.11	23.66	28.52	4.86	2 590.91
11	汽油（综合）	kg	163.41	6.12	9.04	2.92	477.16
12	界面剂	kg	32.73	12.6	3.55	−9.05	−296.21
13	聚苯乙烯板	m³	6.26	326.08	291	−35.08	−219.60
14	聚苯乙烯泡沫挤塑板（×PS）50 mm	m³	47.96	475	500	25	1 199.00
15	聚苯乙烯塑料保温装饰一体板δ50 mm	m²	943.14	220	780	560	528 158.40
16	电	kW·h	111	0.52	0.41	−0.11	−12.21
17	水	m³	103.75	6.97	7.02	0.05	5.19
18	聚合物粘结砂浆	kg	7 932.96	0.63	1.11	0.48	3 807.82
19	聚合物粘结砂浆（聚苯乙烯板专用）	kg	941.07	0.71	1.11	0.4	376.43
20	预拌混凝土 C20	m³	48.8	330	311	−19	−927.20
21	预拌混凝土 C25	m³	9.82	345	330	−15	−147.30
22	预拌混凝土 C30	m³	254.86	364	350	−14	−3 568.04
23	预拌水下混凝土 C30	m³	4.89	414	400	−14	−68.46
24	电（机械用）	kW·h	1 436.16	0.52	0.41	−0.11	−157.98
25	机械综合工日	工日	90.34	148	152	4	361.36
	合计						620 833.72

工程量计算书

序号	项目编码	项目名称及特征	计量单位	工程量	计算式
1	010101001001	平整场地 1. 土壤类别：二类土 2. 弃土运距：0	m²	328.39	$S_{墙廊外围面积}$ = 27.8×13.8 + 2.3×（8.4 + 0.3）= 403.65 $S_{外墙外围面积}$ =（6.9 + 8.4 + 6.9 + 0.2×2）×（5.4 + 5.4 + 0.2×2）= 253.12 $S_{墙廊建筑面积}$ =（403.65−253.12）/2 = 75.27 $S_{平整场地工程量}$ = 253.12 + 75.27 = 328.39
	1-122	机械平整场地	100 m²	3.28	$S_{平整场地工程量}$ = 253.12 + 75.27 = 328.39
2	010101004001	挖基坑土方 1. 土壤类别：二类土 2. 挖土深度：1.65 m 3. 弃土运距：5 km	m³	300.41	H = 2.25−0.6 = 1.65 m V_{D01} =（2.1 + 0.1×2）×（2.1 + 0.1×2）×1.65×6 = 52.37 V_{D02} =（2.6 + 0.1×2）×（2.6 + 0.1×2）×1.65×6 = 77.62 V_{D03} =（2.3 + 0.1×2）×（2.3 + 0.1×2）×1.65×4 = 41.25 V_{D04} =（2.9 + 0.1×2）×（2.9 + 0.1×2）×1.65×4 = 63.43 V_{GZ} =（0.9 + 0.1×2）×（0.6 + 0.1）×（1.95 − 0.6）×2 = 2.08 $V_{挡土墙条基土方}$ = 1.2×13.9×1.65 = 27.52 $V_{隔墙条基土方}$ = 0.4×54.75×1.65 = 36.14 合计 63.66 总计：52.37 + 77.62 + 41.25 + 63.43 + 2.08 + 63.66 = 300.41
	1-50	挖掘机挖装槽坑土方	10 m³	95.02	大开挖长 = 27.6 + 0.95×2 = 29.5 大开挖宽 = 14.7 + 1.2 + 1.1 = 17 $V_{大开挖}$ =（29.5 + 2×0.15 + 0.75×1.65）×（17 + 2×0.15 + 0.75×1.65）×1.65 + 1/3×0.75²×1.65³ = 950.18
	1-63	自卸汽车运土方	10 m³	95.02	
	1-64×4	每增运 1 km	10 m³	95.02	

序号	项目编码	项目名称及特征	计量单位	工程量	计算式
					$V_{回填} = V_{挖(清单)} - V_{埋}$ 扣柱： $V_{KZ1} = 0.4 \times 0.4 \times (1.4 - 0.6) \times 2 = 0.26$ $V_{KZ2} = 0.4 \times 0.4 \times (1.4 - 0.6) \times 2 = 0.26$ $V_{KZ3} = 0.4 \times 0.4 \times (1.4 - 0.6) \times 2 = 0.26$ $V_{KZ4} = 0.6 \times 0.6 \times (1.4 - 0.6) = 0.29$ $V_{KZ5} = 0.6 \times 0.6 \times (1.4 - 0.6) = 0.29$ $V_{KZ6} = 0.6 \times 0.6 \times (1.4 - 0.6) = 0.29$ $V_{KZ7} = 0.4 \times 0.4 \times (1.4 - 0.6) \times 2 = 0.26$ $V_{KZ8} = 0.6 \times 0.6 \times (1.4 - 0.6) \times 2 = 0.58$ $V_{KZ9} = 0.6 \times 0.6 \times (1.4 - 0.6) \times 2 = 0.58$ $V_{KZ10} = 0.6 \times 0.6 \times (1.4 - 0.6) \times 2 = 0.58$ $V_{KZ11} = 0.6 \times 0.6 \times (1.4 - 0.6) = 0.29$ $V_{KZ12} = 0.6 \times 0.6 \times (1.4 - 0.6) = 0.29$ $V_{KZ13} = 0.6 \times 0.6 \times (1.4 - 0.6) = 0.29$ $V_{GZ} = 3.14 \times 0.15^2 \times (1.5 - 0.6) \times 2 = 0.13$ 合计：4.65
3	010103001001	回填土 1. 密实度要求：满足设计和规范要求 2. 填方运距：5 km	m³	177.3	扣垫层：24.07 扣独立基础：54.99 扣条基：4.29 + 4.38 + 3.28 = 11.95 扣挡土墙 = $[(5.1 + 2.1) \times 2 + 5.4 - 0.6 \times 2] \times 0.2 \times 1.2 - 0.5 \times 0.4 \times 0.2 \times 2 - 0.55 \times 0.4 \times 0.2 \times 2 = 4.3$ 扣梯柱 = $0.2 \times 0.45 \times (2 - 0.6) \times 4 = 0.5$ 扣砖基础 = 17.44 扣圈梁 = 3.08 扣构造柱 = $[(0.24 \times 0.24 + 0.24 \times 0.03 \times 2) \times 8 + (0.24 \times 0.24 + 0.24 \times 0.03 \times 3) \times 2] \times 1.4 = 1.03$ $V_{回填} = 299.31 - 4.65 - 24.07 - 54.99 - 11.95 - 4.3 - 0.5 - 17.44 - 3.08 - 1.04 = 177.3$

序号	项目编码	项目名称及特征	计量单位	工程量	计算式
3	1-128	机械夯填土（槽坑）	10 m³	82.82	$V_{回填} = V_{挖（定额）} − V_{埋} = 950.18 − 4.65 − 24.07 − 54.99 − 11.95 − 4.3 − 0.5 − 17.44 − 3.08 − 1.04 = 828.16$
	1-59	装载机装车	10 m³	82.82	$V_{回填} = V_{挖（定额）} − V_{埋} = 950.18 − 4.65 − 24.07 − 54.99 − 11.95 − 4.3 − 0.5 − 17.44 − 3.08 − 1.04 = 828.16$
	1-63	自卸汽车运土方	10 m³	82.82	$V_{回填} = V_{挖（定额）} − V_{埋} = 950.18 − 4.65 − 24.07 − 54.99 − 11.95 − 4.3 − 0.5 − 17.44 − 3.08 − 1.04 = 828.16$
	1-64×4	每增运 1 km	10 m³	82.82	$V_{回填} = V_{挖（定额）} − V_{埋} = 950.18 − 4.65 − 24.07 − 54.99 − 11.95 − 4.3 − 0.5 − 17.44 − 3.08 − 1.04 = 828.16$
4	01050100 1001	垫层 1. 混凝土种类：商品混凝土 2. 混凝土强度等级：C20	m³	24.07	$V_{D01} = (2.1 + 0.1×2) × (2.1 + 0.1×2) ×0.15×6 = 4.76$ $V_{D02} = (2.6 + 0.1×2) × (2.6 + 0.1×2) ×0.15×6 = 7.06$ $V_{D03} = (2.3 + 0.1×2) × (2.3 + 0.1×2) ×0.15×4 = 3.75$ $V_{D04} = (2.9 + 0.1×2) × (2.9 + 0.1×2) ×0.15×4 = 5.77$ $V_{GZ} = (0.9 + 0.1×2) × (0.6 + 0.1) ×0.15×2 = 0.23$ 合计 21.57 挡土墙垫层长 $= [(5.1 + 2.1) ×2 + 5.4] − 2.8 − 3.1 = 13.9$ (m) $V_{挡土墙垫层} = 13.9×1.2×0.15 = 2.5$ 总计：$21.57 + 2.5 = 24.07$
	5-1 换	C20混凝土垫层	10 m³	2.41	24.07
5	01050100 3001	独立基础 1. 混凝土种类：商品混凝土 2. 混凝土强度等级：C30	m³	54.99	$V_{D01} = (2.1×2.1×0.3 + 1.3×1.3×0.4) ×6 = 11.99$ $V_{D02} = (2.6×2.6×0.3 + 1.6×1.6×0.4) ×6 = 18.31$ $V_{D03} = (2.3×2.3×0.3 + 1.4×1.4×0.4) ×4 = 9.48$ $V_{D04} = (2.9×2.9×0.3 + 1.7×1.7×0.4) ×4 = 14.72$ $V_{GZ} = 0.9×0.9×0.3×2 = 0.49$ 合计：54.99
	5-5 换	C30混凝土独立基础	10 m³	5.5	54.99

序号	项目编码	项目名称及特征	计量单位	工程量	计算式
6	010501002001	带形基础 1. 混凝土种类：商品混凝土 2. 混凝土强度等级：C30	m^3	4.29	$V = [(5.1+2.1)\times2 + 5.4 − 2.9 − 2.6]\times0.3\times1 = 4.29$
	5-3 换	C30 混凝土条形基础	$10\ m^3$	0.43	4.29
7	010501002002	带形基础 1. 混凝土种类：商品混凝土 2. 混凝土强度等级：C20	m^3	4.24	$L_{净长} = [(27.6\text{-}5.4) + (5.4\times2)]\times2 + (5.4 + 2.1 − 0.2 − 0.5) + (3.3 + 4.2 + 5.4 − 2.9 − 0.2) + (5.4 − 1.65 − 1.5) − (1.35 + 1.15)\times2 − 2.6\times2 − (1.5 + 1.3)\times 2 − 2.9\times2 − 2.6 − (5.1 + 2.1 + 0.5) = 52.95\ (m)$ $V = 0.2\times0.4\times52.95 = 4.24$
	5-3	C20 混凝土条形基础	$10\ m^3$	0.42	$V = 0.2\times0.4\times52.95 = 4.24$
8	010502001001	现浇混凝土柱 1. 混凝土种类：商品混凝土 2. 混凝土强度等级：C30	m^3	56.97	$V_{KZ1} = 0.4\times0.4\times(9+1.4)\times2 = 3.33$ $V_{KZ2} = 0.4\times0.4\times(9+1.4)\times2 = 3.33$ $V_{KZ3} = 0.4\times0.4\times(9+1.4)\times2 = 3.33$ $V_{KZ4} = 0.6\times0.6\times(4.7+1.4) + 0.5\times0.5\times(9.725 − 4.7) = 3.45$ $V_{KZ5} = 0.6\times0.6\times(4.7+1.4) + 0.5\times0.5\times(11.1 − 4.7) = 3.8$ $V_{KZ6} = 0.6\times0.6\times(4.7+1.4) + 0.5\times0.5\times(9 − 4.7) = 3.27$ $V_{KZ7} = 0.4\times0.4\times(9+1.4)\times2 = 3.33$ $V_{KZ8} = [0.6\times0.6\times(4.7+1.4) + 0.5\times0.5\times(9.725 − 4.7)]\times2 = 6.9$ $V_{KZ9} = [0.6\times0.6\times(4.7+1.4) + 0.5\times0.5\times(11.1 − 4.7)]\times2 = 7.6$ $V_{KZ10} = [0.6\times0.6\times(4.7+1.4) + 0.5\times0.5\times(9 − 4.7)]\times2 = 6.54$ $V_{KZ11} = 0.6\times0.6\times(4.7+1.4) + 0.5\times0.5\times(9.725 − 4.7) = 3.45$ $V_{KZ12} = 0.6\times0.6\times(4.7+1.4) + 0.5\times0.5\times(11.1 − 4.7) = 3.8$ $V_{KZ13} = 0.6\times0.6\times(4.7+1.4) + 0.5\times0.5\times(9 − 4.7) = 3.27$ $V_{TZ} = 0.2\times0.45\times(2 + 2.37)\times4 = 1.57$ 合计: 56.97
	5-14 换	C30 现浇混凝土矩形柱	$10\ m^3$	5.7	合计: 56.97

续表

序号	项目编码	项目名称及特征	计量单位	工程量	计算式
9	010502003001	现浇混凝土圆形柱 1. 混凝土种类：商品混凝土 2. 混凝土强度等级：C30	m³	0.88	$V_{GZ} = 3.14 \times 0.15^2 \times (4.7+1.5) \times 2 = 0.88$
	5-17换	C30现浇混凝土圆形柱	10 m³	0.09	$V_{GZ} = 3.14 \times 0.15^2 \times (4.7+1.5) \times 2 = 0.88$
10	010503002001	现浇混凝土矩形梁 1. 混凝土种类：商品混凝土 2. 混凝土强度等级：C30	m³	40.17	一层：$V_{KL1} = 0.3 \times 0.5 \times (1.8+5.4-0.4+5.4-0.6) \times 2 = 3.48$ $V_{KL2} = 0.3 \times 0.5 \times (1.8+5.4-0.6+5.4-1) \times 2 = 3.3$ $V_{KL3} = [0.3 \times 0.6 \times (3.9-0.4) + 0.3 \times 0.5 \times (5.4-0.6+5.4-1)] \times 2 = 4.02$ $V_{KL4} = 0.3 \times 0.7 \times (8.4-0.5) = 1.66$ $V_{KL5} = 0.3 \times 0.5 \times (2.7-0.4) \times 2 + 0.3 \times 0.7 \times (6.9-0.8) \times 2 + 0.3 \times 0.7 \times (8.4-0.6) = 4.89$ $V_{KL6} = 0.3 \times 0.7 \times (27.6-2.4-0.6) = 5.17$ $V_{KL7} = 0.3 \times 0.7 \times (27.6-2.4-0.6) = 5.17$ 二层：$V_{WKL1} = 0.3 \times 0.5 \times (1.8+5.4-0.4+5.4-0.6) \times 2 = 3.48$ $V_{WKL6} = 0.3 \times 0.7 \times (8.4-0.5) = 1.66$ $V_{WKL9} = 0.3 \times 0.5 \times (2.7-0.4) \times 2 + 0.3 \times 0.7 \times (22.2-0.5\times2-0.4\times2) = 4.97$ $V_{L3} = 1.78$ $V_{楼梯BL} = [0.2 \times 0.35 \times (1.69-0.5-0.225) + 0.2 \times 0.35 \times (1.69-0.35-0.225) + 0.2 \times 0.35 \times (2.7-0.5-0.1)] \times 2 = 0.59$ 合计：37.8 + 1.78 + 0.59 = 40.17
	5-22换	C30现浇混凝土矩形梁	10 m³	4	合计：37.8 + 1.78 + 0.59 = 40.17

序号	项目编码	项目名称及特征	计量单位	工程量	计算式
11	010503006001	现浇混凝土斜梁 1. 混凝土种类：商品混凝土 2. 混凝土强度等级：C30	m³	23.90	$V_{WKL7} = 0.3\times0.5\times\sqrt{2.3\times2.3} + 0.725\times0.725 \times2 + 0.3\times0.7\times(22.2-0.5\times2-0.4\times2) = 5.01$ $V_{WKL2} = 0.3\times0.5\times\sqrt{1.8\times1.8} + 0.725\times0.725 + 0.3\times0.5\times\sqrt{4.6\times4.6+2.1\times2.1} = 1.85$ $V_{WKL3} = 0.3\times0.6\times\sqrt{3.5\times3.5} + 0.725\times0.725 + 0.3\times0.5\times\sqrt{4.6\times4.6+2.1\times2.1}\times2 = 2.96$ $V_{WKL4} = 0.3\times0.5\times\sqrt{0.4\times0.4+0.8\times0.8} + 0.3\times0.5\times\sqrt{1.8\times1.8} + 0.725\times0.725 + 0.3\times0.5\times\sqrt{4.6\times4.6+2.1\times2.1} = 1.85$ $V_{WKL5} = 1.88$, $V_{WKL8} = 5.59$, $V_{L1} = 3.3$, $V_{L2} = 1.46$ 合计：$19.14 + 3.3 + 1.46 = 23.90$
	5—22换 (R×1.05)	C30现浇混凝土斜梁	10 m³	2.39	合计：23.90，斜梁坡度为21°，根据定额说明，人工乘以系数1.05
12	010505003001	现浇混凝土平板 1. 混凝土种类：商品混凝土 2. 混凝土强度等级：C30	m³	4.84	一层：$V_{①-②, D-E} = (2.7-0.3)\times(5.4-0.4)\times0.1 = 1.2$ $V_{⑦-⑧, D-E} = (2.7-0.3)\times(5.4-0.4)\times0.1 = 1.2$ $V_{①-②, C-D} = (2.7-0.3)\times(5.4-0.3)\times0.1 = 1.22$ $V_{⑦-⑧, C-D} = (2.7-0.3)\times(5.4-0.3)\times0.1 = 1.22$ 合计：4.84
	5—42换	C30现浇混凝土平板	10 m³	0.48	4.84

序号	项目编码	项目名称及特征	计量单位	工程量	计算式
13	010505001001	现浇混凝土有梁板 1. 混凝土种类：商品混凝土 2. 混凝土强度等级：C30	m³	35.53	一层板：$V_{③-④,D-E} = (4.2-0.4)×(5.4-0.4)×0.13 = 2.47$ $V_{⑤-⑥,D-E} = (4.2-0.4)×(5.4-0.4)×0.13 = 2.47$ $V_{④-⑤,D-E} = (4.2-0.05-0.1)×(5.4-0.4)×0.12×2 = 4.86$ $V_{②-④,C-D} = (2.7-0.3)×(5.4-0.3)×0.1+(4.2-0.4)×(5.4-0.3)×0.12 = 3.55$ $V_{④-⑤,C-D} = (4.2-0.05-0.1)×(5.4-0.3)×0.12×2 = 4.96$ $V_{⑤-⑦,C-D} = (2.7-0.3)×(5.4-0.3)×0.1+(4.2-0.4)×(5.4-0.3)×0.12 = 3.55$ $V_{①-②,B-C} = (2.7-0.3)×(1.8-0.25)×0.1 = 0.37$ $V_{⑦-⑧,B-C} = (2.7-0.3)×(1.8-0.25)×0.1 = 0.37$ $V_{②-④,B-C} = (2.7-0.3)×(1.8-0.25)×0.1+(4.2-0.4)×(1.8-0.25)×0.1 = 0.96$ $V_{⑤-⑦,B-C} = (2.7-0.3)×(1.8-0.25)×0.1+(4.2-0.4)×(1.8-0.25)×0.1 = 0.96$ $V_{④-⑤,A-C} = (4.2-0.05-0.1)×(3.9-0.3)×0.12×2 = 3.5$ 一层次梁：$V_{L1} = [0.25×0.5×(7.2-0.3-0.15-0.1)+0.25×0.55×(5.4-0.4)]×2 = 3.04$ $V_{L2} = 0.2×0.5×(14.7-0.3×2-0.2×2) = 1.37$ $V_{L3} = 0.25×0.7×(2.7+2.7+4.2-0.3-0.2-0.25)×2 = 3.1$ $V_{有梁板} = V_{板}+V_{次梁} = 28.02+7.51 = 35.53$
	5—40换	C30现浇混凝土有梁板	10 m³	3.55	$V_{有梁板} = V_{板}+V_{次梁} = 28.02+7.51 = 35.53$

281

续表

序号	项目编码	项目名称及特征	计量单位	工程量	计算式
14	010505007001	现浇混凝土挑檐	m³	15.98	挑檐中心线长度 = [(27.6 + 0.2 + 0.6×2) + (12.6 + 0.2 + 0.6×2)] ×2 - (8.4 + 0.5) = 77.1 m V①挑檐板 = 77.1×1.2×1.15 (系数) ×0.12 = 12.77 挑檐上翻中心线长度 = [(27.6 + 0.2 + 1.2×2) + (12.6 + 0.2 + 1.2×2)] ×2 - (8.4 + 0.5) = 81.9 m V①翻檐 = 0.1×0.1×81.9 = 0.82 V①挑檐 = 13.59 V②挑檐板 = 8.9×1.5×1.15 (系数) ×0.15 = 2.3 V②翻檐 = 0.1×0.1×8.9 = 0.09 V挑檐 = 13.59 + 2.39 = 15.98
15	5-50	C30现浇混凝土挑檐板	10 m³	1.6	V挑檐 = 13.59 + 2.39 = 15.98
	010505010001	现浇混凝土斜板、屋面板	m³	8.97	V屋面板 = 8.97
	5-46换	C30现浇混凝土斜板、屋面板	10 m³	0.9	V屋面板 = 8.97
16	010504004001	现浇混凝土挡土墙	m³	6.53	V挡土墙 = [(5.1 + 2.1) ×2 + 5.4-0.6×2] ×0.2×1.8-0.5×0.4×0.2×2-0.55×0.4×0.2×2 = 6.53
	5-36换	C30现浇混凝土挡土墙	10 m³	0.65	
17	010501002003	带形基础 1. 混凝土种类：商品混凝土 2. 混凝土强度等级：C20	m³	3.28	V = [1.1×0.3 + 0.5×(1.8-0.03)] ×1.35×2 = 3.28
	5-3	C20混凝土条形基础（楼梯基础）	10 m³	0.33	3.28

序号	项目编码	项目名称及特征	计量单位	工程量	计算式
18	010503005001	现浇混凝土过梁 1. 混凝土种类：商品混凝土 2. 混凝土强度等级：C20	m^3	2.39	一层：V_{C1212} = 0.2×0.1×(1.2+0.5)×3 = 0.1 $V_{PYC1530}$ = 0.2×0.15×[(1.5+0.5)×2+(1.5+0.35)×4] = 0.34 V_{C1530} = 0.2×0.15×(1.5+0.5)×3 = 0.18 V_{M1527} = 0.2×0.15×(1.5+0.5) = 0.06 V_{M6039} = 0.2×0.25×(6+0.5) = 0.33 V_{M1021} = 0.1×0.1×(1+0.25)×2+0.1×0.1×(1+0.5)+0.2×0.1×(1+0.25) = 0.07 V_{M0821} = 0.1×0.1×(0.8+0.25+0.2)+0.1×0.1×(0.8+0.25) = 0.02 $V_{GSM1525}$ = 0.2×0.15×(1.5+0.5) = 0.06 V_{DK1021} = 0.2×0.1×(1+0.5) = 0.03 二层：V_{C1224} = 0.2×0.15×(1.2+0.5)×4+0.2×0.1×(1.2+0.45)×2 = 0.2 V_{C1524} = 0.2×0.15×(1.5+0.5)×2+0.2×0.15×(1.5+0.25+0.05)×2 = 0.23 V_{C1527} = 0.2×0.15×(1.5+0.5)×6+0.2×0.15×(1.5+0.25+0.2)×4 = 0.59 V_{M1527} = 0.2×0.15×(1.5+0.5)×3 = 0.18 合计：2.39
	5-26	C20现浇混凝土过梁	10 m^3	0.24	2.39
19	010503004001	现浇混凝土圈梁 1. 混凝土种类：商品混凝土 2. 混凝土强度等级：C20	m^3	3.08	基础圈梁净长线=[(22.2+10.8)×2-0.6×5-0.5×8-5.1-2.1-0.1-0.45×7-0.45×2]+[(5.4+2.1-0.2)+3.3+4.2+5.4-0.7-0.5×2-0.45×2-0.24×3]=71.4 m $V_{圈梁}$ = 0.24×0.18×71.4 = 3.08
	5-25	C20现浇混凝土圈梁	10 m^3	0.31	$V_{圈梁}$ = 0.24×0.18×71.4 = 3.08

序号	项目编码	项目名称及特征	计量单位	工程量	计算式
20	010502002001	现浇混凝土构造柱 1. 混凝土种类：商品混凝土 2. 混凝土强度等级：C20	m³	11.45	基础构造柱： $V = [（0.24×0.24 + 0.24×0.03×2）×8 + （0.24×0.24 + 0.24×0.03×3）×4.2×3 + （0.2×0.2 + 0.2×0.03×2）×2] ×2 = 1.47$ 一层构造柱： $V_{外墙构造柱} = （0.2×0.2 + 0.2×0.1 + 0.2×0.03×2 + 0.1×0.03）×4.2 + （0.2×0.2 + 0.2×0.03×2）×4.2×2 + （0.2×0.2 + 0.2×0.03×2）×4.2×3 + （0.2×0.2 + 0.2×0.03×2）×4×4 = 3.02$ $V_{内墙构造柱} = （0.2×0.2 + 0.2×0.03×2）×4.2×2 + （0.2×0.2 + 0.2×0.03×3）×4 + （4.7−0.13）×2 + （0.2×0.2 + 0.2×0.1 + 0.2×0.03×2 + 0.1×0.03）×4 + （0.2×0.2 + 0.2×0.03×2 + 0.1×0.03）×4.2×2 + （0.1×0.1 + 0.1×0.03×3）×（4.7−0.13）×2 = 2.14$ 一层构造柱总计：5.16 二层构造柱总计：4.82 $V_{构造柱总计} = 1.47 + 5.16 + 4.82 = 11.45$
	5-15	C20 现浇混凝土构造柱 1. 混凝土种类：商品混凝土 2. 混凝土强度等级：C30	10 m³	11.45	总计：11.45
21	010506001001	现浇混凝土楼梯 1. 混凝土种类：商品混凝土 2. 混凝土强度等级：C30	m²	26.55	$S_{水平投影面积} = （2.7−0.2）×（3.51 + 1.6−0.1 + 0.3）×2 = 26.55$
	5-55 换	C20 现浇混凝土楼梯 1. 混凝土种类：商品混凝土 2. 混凝土强度等级：C25	10 m²	2.66	$S_{水平投影面积} = （2.7−0.2）×（3.51 + 1.6−0.1 + 0.3）×2 = 26.55$
22	010507004001	现浇混凝土台阶 1. 踏步高宽：150 mm，300 mm 2. 混凝土种类：商品混凝土 3. 混凝土强度等级：C25 4. 垫层材料种类、厚度：300 厚戈壁土	m²	8.88	$S_{水平投影面积} = （0.9 + 0.3）×3 + （0.9 + 0.3）×2.2×2 = 8.88$
	5-59 换	C25 现浇混凝土台阶	10 m²	0.89	$S_{水平投影面积} = （0.9 + 0.3）×3 + （0.9 + 0.3）×2.2×2 = 8.88$
	11-125	戈壁土垫层	10 m³	0.27	$V = 8.88×0.3 = 2.66$

序号	项目编码	项目名称及特征	计量单位	工程量	计算式
23	010507001001	坡道 1. 垫层材料种类、厚度: 300厚灰壁土 2. 面层厚度: 100/150 3. 混凝土种类: 商品混凝土 4. 混凝土强度等级: C25	m²	8.64	$S_{水平投影面积}=7.2\times1.2=8.64$
	5-58	C25混凝土坡道	10 m²	0.86	$S_{水平投影面积}=7.2\times1.2=8.64$
	11-125	灰壁土垫层	10 m³	0.26	$V=8.64\times0.3=2.6$
24	010402001001	砌块墙 1. 砌块品种、规格、强度等级: A5.0蒸压加气混凝土砌块 2. 墙体类型: 非承重 3. 砂浆强度等级: M5.0混合砂浆	m³	108.5	一层: 墙厚 200 mm 外墙: $V_①=(10.8-0.6-0.5\times2)\times(0.6+4.2)\times0.2=8.83$ $V_②=(10.8-0.6-0.5\times2)\times(0.6+4.2)\times0.2=8.83$ $V_B=(22.2-0.6\times2-0.5\times2)\times(0.6+4)\times0.2=18.4$ $V_E=(22.2-0.6\times2-0.5\times2)\times(0.6+4.2)\times0.2-6.6\times0.5\times0.2=18.54$ 内墙: $V_{1/③}=(5.4-0.1)\times(0.6+4.7-0.55)\times0.2=5.04$ $V_{1/③}=(5.4-0.1-0.1)\times(0.6+4.7-0.13)\times0.2=5.38$ $V_⑤=(5.4-1)\times(0.6+4.2)\times0.2=4.22$ $V_⑥=(5.4-0.1)\times(0.6+4.7-0.55)\times0.2=5.04$ $V_C=(16.8-0.6\times2)\times(0.6+4)\times0.2-6.6\times0.5\times0.2=13.69$ 合计 87.97 一层: 墙厚 100 mm $V=(5.4-0.1-0.1)\times(4.7-0.13+0.02)\times0.1+(4.2-0.2-0.1)\times(4.7-0.13+0.02)\times0.1+(2.7-0.2)\times(2.37-0.4+0.3)\times0.1\times2=9.54$ 扣窗: $V=(1.2\times1.2\times5+1.5\times3\times9)\times0.2=5.31$ 扣门: $V=(6\times3.9+1\times2.1\times2+1.5\times2.5+1.5\times2.7)\times0.2+(1\times2.1\times3+0.8\times2.1\times2)\times0.1=8.05$ 扣构造柱: $V=5.16$; 扣过梁: $V=1.19$; 扣梯柱: $V=0.2\times0.45\times(2.37+0.6)\times4=1.07$; 扣楼梯BL: 0.59 $V_{一层墙}: 87.97+5.31-9.54-8.05-5.16-1.19-1.07-0.59=67.68$ $V_{二层墙}: 40.82$, 合计: 108.5
	4-73换	蒸压加气混凝土砌块墙厚<200 mm, 砂浆 M5.0混合砂浆	10 m³	10.85	

序号	项目编码	项目名称及特征	计量单位	工程量	计算式
25	010401001001	砖基础 1. 砖品种、规格、强度等级：普通砖240×115×53 2. 基础类型：条形基础 3. 砂浆强度等级：M5.0水泥砂浆	m³	17.44	$V = 71.4 \times (2 - 0.6 - 0.18) \times 0.24 - 1.56$（与独立基础相交部分）$- 1.47$（构造柱）$- 0.2 \times 0.45 \times (2 - 0.6 - 0.18) \times 4$（扣梯柱）$= 17.44$
26	4-1换	M5.0水泥砂浆实心砖基础	10 m³	1.74	
	010804007001	特种门（隔声） 1. 门代号及洞口尺寸：GSM1525，1 500×2 500 2. 门框、扇材质：钢制	m²	3.75	$S = 1.5 \times 2.5 \times 1 = 3.75$
	8-31	隔声门门安装	100 m²	0.04	
27	010801002001	木质门带套 门代号及洞口尺寸：M0821，800×2100	樘	2	$N = 2$
	8-3	套装木门安装	10樘	0.2	
28	010801002002	木质门带套 门代号及洞口尺寸：M1021，1 000×2100	樘	4	$N = 4$
	8-3	套装木门安装	10樘	0.4	

序号	项目编码	项目名称及特征	计量单位	工程量	计算式
29	010802001001	金属门 1. 门代号及洞口尺寸：M1527，1 500×2 700 2. 门框、扇材质：断桥铝合金	m²	16.2	$S = 1.5 \times 2.7 \times 4 = 16.2$
	8—8	隔热断桥铝合金门安装（平开）	100 m²	0.16	
30	010802001002	金属门 1. 门代号及洞口尺寸：M6039，6 000×3 900 2. 门框、扇材质：断桥铝合金	m²	23.4	$S = 6 \times 3.9 = 23.4$
	8—8	隔热断桥铝合金门安装（平开）	100 m²	0.23	
31	010807001001	金属窗 1. 窗代号及洞口尺寸：C1212，1 200×1 200 2. 框、扇材质：铝合金 3. 玻璃品种、厚度：普通三层玻璃	m²	7.2	$S = 1.2 \times 1.2 \times 5 = 7.2$
	8—49	隔热断桥铝合金普通窗安装（平开）	100 m²	0.07	

序号	项目编码	项目名称及特征	计量单位	工程量	计算式
32	010807001002	金属窗 1. 窗代号及洞口尺寸：C1212, 1 200×2 400 2. 框、扇材质：铝合金 3. 玻璃品种、厚度：普通三层玻璃	m²	17.28	$S = 1.2 \times 2.4 \times 6 = 17.28$
	8-49	隔热断桥铝合金普通窗安装（平开）	100 m²	0.17	
33	010807001003	金属窗 1. 窗代号及洞口尺寸：C1512, 1 500×2 400 2. 框、扇材质：铝合金 3. 玻璃品种、厚度：普通三层玻璃	m²	14.4	$S = 1.5 \times 2.4 \times 4 = 14.4$
	8-49	隔热断桥铝合金普通窗安装（平开）	100 m²	0.14	
34	010807001004	金属窗 1. 窗代号及洞口尺寸：C1527, 1 500×2 700 2. 框、扇材质：铝合金 3. 玻璃品种、厚度：普通三层玻璃	m²	40.5	$S = 1.5 \times 2.7 \times 10 = 40.5$
	8-49	隔热断桥铝合金普通窗安装（平开）	100 m²	0.41	

序号	项目编码	项目名称及特征	计量单位	工程量	计算式
35	010807001005	金属窗 1. 窗代号及洞口尺寸：C1530，1 500×3 000 2. 框、扇材质：铝合金 3. 玻璃品种、厚度：普通三层玻璃	m²	13.5	$S=1.5\times3\times3=13.5$
	8-49	隔热断桥铝合金普通窗安装（平开）	100 m²	0.14	
36	010807001006	金属窗 1. 窗代号及洞口尺寸：PYC1530，1 500×3 000 2. 框、扇材质：铝合金 3. 玻璃品种、厚度：普通三层玻璃	m²	27	$S=1.5\times3\times6=27$
	8-50	隔热断桥铝合金普通窗安装（内平开下悬）	100 m²	0.27	
37	010901001001	1. 瓦品种、规格：波形沥青瓦，混凝土钉固定 2. 找平层材料种类、厚度：30厚C20细石混凝土	m²	470.22	坡角$=21.3°$ 延迟系数（梯形）$=6.87/6.4=1.07$，延迟系数（三角形）$=1.34$，延迟系数（梯形）$=1.08$ $S_{水平投影面积}=[(22.2+29)\times7/2]\times2-10\times(6.946+0.6-2.1)\times0.5=331.17$ $S_{水平投影面积}=14\times0.5\times(2.8+0.6)\times2=47.6$ $S_{水平投影面积}=(2.1+6.946+0.6)\times5\times0.5\times2=48.23$ $S_{斜面积}=331.17\times1.07+47.6\times1.34+48.23\times1.08=470.22$
	9-11	铺设叠合沥青瓦	100 m²	4.7	$S_{斜面积}=331.17\times1.07+47.6\times1.34+48.23\times1.08=470.22$
	11-4	30厚细石混凝土找平层	100 m²	4.7	$S_{斜面积}=331.17\times1.07+47.6\times1.34+48.23\times1.08=470.22$

序号	项目编码	项目名称及特征	计量单位	工程量	计算式
38	010902001001	屋面卷材防水 1. 卷材品种、规格厚度:4厚SBS 2. 防水层层数:1层 3. 防水层做法:热熔法	m²	470.22	$S_{斜面积}=331.17×1.07+47.6×1.34+48.23×1.08=470.22$
	9-34	SBS改性沥青卷材热熔法一层,平面	100 m²	4.7	$S_{斜面积}=331.17×1.07+47.6×1.34+48.23×1.08=470.22$
	011101006001	平面砂浆找平层 找平层厚度:15厚1:2.5水泥砂浆 砂浆配合比	m²	470.22	$S_{斜面积}=331.17×1.07+47.6×1.34+48.23×1.08=470.22$
39	11-1	20厚平面砂浆找平层	100 m²	4.7	
	−11-3×5	每增减1 mm	100 m²	4.47	
40	010904002001	楼地面涂膜防水 1. 防水膜品种:聚氨酯涂膜 2. 涂膜厚度、遍数:聚氨酯涂膜1.5 mm厚,2遍 3. 反边高度:300 mm	m²	246.49	$S_{净面积}=S_{垫层净面积}=(2.1−0.1−0.05)×(1.3+1.6)+(2.1−0.1−0.05)×(5.4−0.1−1.3−1.6−0.1−0.1)+(2.1−0.1−0.1)×(1.3+0.7)+(2.7−0.1−0.1)×(1.6−0.1−0.05)=17.37$ $S_{上翻面积}=\{[(2.1−0.1−0.05)+(1.3+1.6)]×2+[(2.1−0.1−0.1)+(1.3+1.6)]×2+[(2.1−0.1−0.1)+(1.3+0.7)]×2+[(2.1−0.1−0.05)]\}×2−0.8×4−1×4\}×0.3=7.95$ $S_{三层书吧上翻净面积}=(27.6−0.1−0.1)+(1.6−0.1−0.05)×(10.8−0.1×2)×(10.8−0.1×2)−(5.4−0.1)×2.7×2=204.58$ $S_{三层书吧上翻面积}=\{[(27.6−5.4−0.1×2)+(10.8−0.1×2)]×2−2.7×2−1.5×3\}×0.3=16.59$ $S_{总}=17.37+7.95+204.58+16.59=246.49$
	9-96	聚氨酯防水涂膜2 mm厚	100 m²	2.46	
	−9-99×1	聚氨酯防水涂膜,每增减0.5 mm厚	100 m²	2.46	

序号	项目编码	项目名称及特征	计量单位	工程量	计算式
41	011001001001	保温隔热屋面 保温隔热材料品种、规格，厚度：保温层100厚，分两层50厚模塑聚苯板（EPS）	m²	470.22	$S_{斜面积}=470.22$
	10—29	干铺聚苯乙烯板50 mm厚	100 m²	4.7	
	10—30×5	每增减10 mm	100 m²	4.7	
42	011001005001	保温隔热楼地面 1.保温隔热部位：楼面 2.保温隔热材料品种、规格、厚度：30厚聚苯乙烯板 3.找平层材料种类、厚度：20厚1:2.5水泥砂浆	m²	204.58	$S_{三层书吧净面积}=(27.6-5.4-0.1\times2)\times(10.8-0.1\times2)-(5.4-0.1)\times2.7\times2=204.58$
	10—100换	干铺聚苯乙烯板，厚度50 mm（实际厚度30 mm）	100 m²	2.05	
	11—1	20厚平面砂浆找平层	100 m²	2.05	
43	011001003001	保温隔热墙面 1.保温隔热部位：外墙面 2.保温隔热方式：外保温 3.保温材料品种、规格及厚度：80厚干挂竖岩保温一体板（木纹饰面）	m²	478.34	$S_{一层总面积}=\{[(22.2+0.2)+(10.8+0.2)]\times2+8\times0.04\}\times(0.6+4.7-0.1)+(22.2+0.1\times2+0.04\times2)\times0.1=351.27$ 扣门窗洞口=1.5×3×9+1.2×12×5+6×3.9+1.5×2.7=139.95 扣外廊板=[(10.8+0.1×2+0.08)×2+(22.2+0.2+0.08)]×(0.1+0.055)=6.92 $S_{一层}=351.27-139.95-6.92=204.4$ $S_{二层}=273.94$ $S_{总}=204.4+273.94=478.34$
	10—95（换）	外墙保温一体板（材料换算）	100 m²	4.78	$S_{总}=204.4+273.94=478.34$

序号	项目编码	项目名称及特征	计量单位	工程量	计算式
44	011001003002	保温隔热墙面 1. 保温隔热部位：门窗侧壁、架空楼板下部，挑檐下部 2. 保温隔热方式：外保温 3. 保温隔热材料品种、规格及厚度：30厚干挂竖丝岩棉保温一体板（木纹饰面）	m^2	342.11	$S_{一层门窗侧壁面积} = 18.59$ $S_{一层架空楼板下部} = S_{一层墙面面积} = 403.65 - 253.12 = 150.53$ $S_{二层门窗侧壁面积} = 22.46$ $S_{二层架空楼板下部} = 150.53$ $S_{合计} = 18.59 + 150.53 + 22.46 + 150.53 = 342.11$
	10—95（换）	外墙保温一体板（材料换算）	$100\ m^2$	3.42	
45	011003003001	防腐涂料 1. 涂刷部位：基础 2. 涂料品种、刷涂遍数： 沥青冷底子油两遍、沥青胶泥涂层厚度≥300 μm	m^2	1 330.36	$S_{独立基础 1 表面面积} = [(2.3 + 2.3) \times 2 \times 0.15 + 2.1 \times 2.1 \times 0.3 + (1.3 + 1.3) \times 2 \times 0.4 + 2.3 \times 2.3 - 0.4 \times 0.4 + (0.4 \times 4) \times 0.8] \times 6 = 67.16$ $S_{其他} = 1\ 263.2$ $S_{总计} = 67.16 + 1\ 263.2 = 1\ 330.36$
	10—278	沥青胶泥厚度 2 mm	$100\ m^2$	13.30	$S_{总计} = 67.16 + 1\ 263.2 = 1\ 330.36$
46	011701001001	综合脚手架 1. 建筑结构形式：框架结构 2. 檐口高度：9 m	m^2	642.44	$S_{首层建筑面积} = 253.12 + 75.27 = 328.39$ $S_{二层墙外围面积} = 27.8 \times (12.8 + 0.08) + 2.1 \times (8.4 + 0.3) = 376.33$ $S_{外墙外围面积} = (6.9 + 8.4 + 6.9 + 0.1 \times 2 + 0.08 \times 2) \times (5.4 + 5.4 + 0.1 \times 2 + 0.08 \times 2) = 251.77$ $S_{二层檐廊建筑面积} = (376.33 - 251.77) / 2 = 62.28$ $S_{二层建筑面积} = 251.77 + 62.28 = 314.05$ $S_{建筑面积} = 328.39 + 314.05 = 642.44$
	16—9	多层建筑综合脚手架框架结构檐高 20 m 以内	$100\ m^2$	6.42	

序号	项目编码	项目名称及特征	计量单位	工程量	计算式
47	01B001	垫层模板	m^2	35.33	$S_{D01垫层} = (2.3 + 2.3) \times 2 \times 0.15 \times 6 = 8.28$ $S_{D02垫层} = (2.8 \times 4 \times 0.15 - 0.1 \times 0.2 \times 2) \times 4 + 2.8 \times 4 \times 0.15 - 1.2 \times 0.15 \times 2 + 2.8 \times 4 \times 0.15 - 0.1 \times 0.2 \times 3 = 9.5$ $S_{D03垫层} = (2.5 \times 4 \times 0.15 - 0.1 \times 0.2 \times 2) \times 2 + (2.5 \times 4 \times 0.15) \times 2 = 6.94$ $S_{D04垫层} = 3.1 \times 4 \times 0.15 \times 4 - 0.1 \times 0.2 \times 7 - 1.2 \times 0.15 \times 2 = 0.78$ $S_{GZ垫层} = (1.1 + 0.75 \times 2) \times 0.15 \times 2 = 0.78$ $S_{挡墙垫层} = (7.2 \times 2 + 5.4 - 2.8 - 3.1) \times 0.15 \times 2 - 1.75 \times 0.15 = 3.91$ $S_{垫层模板} = 35.33$
48	5—210	基础垫层复合模板	100 m²	0.35	$S_{垫层板} = 35.33$
	0117020001001	基础模板 基础类型：独立基础	m^2	105.29	$S_{D01} = [(2.1 \times 4) \times 0.3 + (1.3 \times 4) \times 0.4] \times 6 = 27.6$ $S_{D02} = [(2.6 \times 4 \times 0.3 + 1.6 \times 4 \times 0.4) - 0.1 \times 0.2 \times 2] \times 2 + [(2.6 \times 4 \times 0.3 - 0.1 \times 0.2 \times 2 - 1.1 \times 0.3 - 0.5 \times 0.4] \times 2 + [(2.6 \times 4 \times 0.3 + 1.6 \times 4 \times 0.4) - 0.1 \times 0.2 \times 3] = 32.04$ $S_{D03} = (2.3 \times 4 \times 0.3 + 1.4 \times 4 \times 0.4) \times 4 - 0.1 \times 0.2 \times 4 - 1.1 \times 0.15 \times 2 = 19.59$ $S_{D04} = (2.9 \times 4 \times 0.3 + 1.7 \times 4 \times 0.4) \times 4 - 0.1 \times 0.2 \times 7 - 1 \times 0.3 \times 2 - 0.4 \times 0.2 \times 2 = 23.9$ $S_{GZ} = 0.9 \times 4 \times 0.3 \times 2 = 2.16$ $S_{总} = 105.29$
49	5—229	独立基础组合钢模板 木支撑	100 m²	1.05	$S_{总} = 105.29$
	0117020001002	基础模板 基础类型：条形基础	m^2	34.18	$L_{净} = 54.75$ m $S_{模板} = 54.75 \times 0.2 \times 2 - 0.1 \times 0.1 \times 24 + [(5.1 + 2.1) \times 2 + 5.4 - 2.6 - 2.9] \times 0.3 \times 2 - 0.1 \times 0.1 \times 2 + (1.4 \times 0.3 \times 2 + 1.9 \times 0.3 \times 2) \times 2 = 34.18$
50	5—216	条形基础组合钢模板 钢支撑	100 m²	0.34	
	0117020011001	直形墙模板	m^2	65.28	$S_{模板} = [(5.1 + 2.1) \times 2 + 5.4 - 0.6 \times 2] \times 1.8 \times 2 - 1 \times 0.4 \times 2 - 1.1 \times 0.4 \times 2 = 65.28$
	5—295	直形墙组合钢模板 钢支撑	100 m²	0.65	

序号	项目编码	项目名称及特征	计量单位	工程量	计算式
51	01170202001	矩形柱模板	m²	416.72	一层：$S_{KZ1模板} = [0.4×4×(4.7+1.4) - 0.3×0.3×2 - 0.3×0.5(扣梁) - 0.1×0.1×3(扣一层板) - 0.4×3×0.1(扣檐廊板)] ×2 = 18.56$ $S_{KZ2模板} = [0.4×4×(4.7+1.4) - 0.3×0.3×2 - 0.3×0.7(扣梁) - 0.1×0.1×3(扣一层板) - 0.4×3×0.1(扣檐廊板)] ×2 = 18.44$ $S_{KZ3模板} = [0.4×4×(4.7+1.4) - 0.3×0.3 - 0.3×0.5(扣梁) - 0.1×0.1×2(扣一层板) - 0.4×2×0.1(扣檐廊板)] ×2 = 18.84$ $S_{KZ4模板} = 0.6×4×(4.7+1.4) - 0.3×0.5×3 - 0.3×0.1×4 - 0.6×2×0.1 - 0.24×0.18×2(圈梁) = 13.65$ $S_{KZ5模板} = 0.6×4×(4.7+1.4) - 0.3×0.5×2 - 0.3×0.7×2 - 0.6×0.1 - 0.24×0.18×2(圈梁) = 13.71$ $S_{其余柱模板} = 44.11 + 140.37 = 184.48$ $S_{一层模板} = 18.56 + 18.44 + 18.84 + 13.65 + 13.71 + 184.48 = 267.68$ $S_{二层模板} = 149.04$ $S_{总模板} = 267.68 + 149.04 = 416.72$
	5-263	矩形柱组合钢模板钢支撑	100 m²	4.17	
52	01170203001	构造柱模板	m²	102.68	"一字形" $S_{构造柱模板} = (0.2+0.12)×(4.7+0.6-0.5) = 1.54$ "T形" $S_{构造柱模板} = [(0.2+0.12)+0.12×2]×(4.9+0.6-0.7) = 2.69$ "L形" $S_{构造柱模板} = (0.2+0.2+0.12+0.12)×(4.7+0.6-0.7) = 2.94$ $S_{总模板} = 1.54×12 + 2.69×16 + 2.94×14 = 102.68$
	5-266	构造柱组合钢模板钢支撑	100 m²	1.03	
53	01170206001	矩形梁模板	m²	287.56	一层：$S_{KL1模板} = [(0.5+0.3+0.2+0.2)×(12.6-0.3-0.4×2-0.15)]×2 = 27.24$ $S_{KL2模板} = [(0.3+0.5+0.4)×(5.4-0.5-0.5)+(0.3+0.4+0.4)×(7.2-0.6-0.1-0.15)]×2 = 24.53$ $S_{KL3模板} = [(0.3+0.37+0.38)×(5.4-1)+(0.3+0.38×2)×(5.4-0.1-0.5)+(0.48+0.3+0.5)×(1.8-0.1-0.15)+(0.3+0.6+0.48)×(2.1+0.15-0.3)]-0.25×0.5]×2 = 28.52$ $S_{KL4模板} = (0.3+0.7+0.58)×(8.4-0.5)-0.2×0.38 = 12.41$ $S_{KL5模板} = (0.3+0.4×2)×(2.7-0.4)×2+[(0.3+0.6×2)×(2.7-0.5-0.1)+(0.3+0.6+0.58)×(4.2+0.1-0.3)-0.25×0.38-0.25×0.4]×2 = 34.05$ $S_{KL6模板} = (8.4-0.3×2)-0.2×0.38×2 = 7.45$ $S_{KL7模板} = 36.05, S_{WKL1模板} = 39.13, S_{BL模板} = 36.86, S_{WKL6模板} = 13.86$ 二层：$S_{KL6模板} = 36.05, S_{WKL1模板} = 27.46, S_{WKL9模板} = 13.86$ $S_{模板} = 287.56$
	5-279	矩形梁组合钢模板钢支撑	100 m²	2.88	

序号	项目编码	项目名称及特征	计量单位	工程量	计算式
54	0117020006002	矩形梁（斜梁）模板	m²	145.16	计算过程略 $S_{\text{WKL模板}}=145.16$
	5-279换人工×1.05	矩形梁组合钢模钢支撑	100 m²	1.45	
55	01170201 6001	平板模板	m²	197.67	一层：$S_{①-②,D-E}=(2.7-0.3)\times(5.4-0.4)-0.1\times0.1\times2=11.98$ $S_{⑦-⑧,D-E}=(2.7-0.3)\times(5.4-0.4)-0.1\times0.1\times2=11.98$ $S_{①-②,C-D}=(2.7-0.3)\times(5.4-0.3)-0.1\times0.1=12.23$ $S_{⑦-⑧,C-D}=(2.7-0.3)\times(5.4-0.3)-0.1\times0.1=12.23$ $S_{檐廊外围面积}=27.8\times13.8+2.3\times(8.4+0.3)=403.65$ $S_{外墙外围面积}=(6.9+8.4+6.9+0.2\times2)\times(5.4+5.4+0.2\times2)=253.12$ $S_{檐廊板}=403.65-253.12-8\times0.4\times0.4=149.25$ $S_{合计}=48.42+149.25=197.67$
	5-316	平板组合钢模板钢支撑	100 m²	1.98	
56	01170201 4001	有梁板模板	m²	305.87	一层有梁板： $S_{③-④,D-E}=(4.2-0.4)\times(5.4-0.4)-0.3\times0.05\times2+(0.55+0.25+0.42)\times(5.4-0.2-0.2)=25.07$ $S_{⑤-⑥,D-E}=(4.2-0.4)\times(5.4-0.4)-0.3\times0.05\times2+(0.55+0.25+0.42)\times(5.4-0.2-0.2)=25.07$ $S_{④-⑤,D-E}=[(4.2-0.05-0.1)\times(5.4-0.4)]\times2-0.25\times0.3\times4+(0.2+0.38\times2)\times(5.4-0.4)]-0.3\times0.3=45$ $S_{②-④,C-D}=(2.7-0.3)\times(5.4-0.3)+(4.2-0.4)\times(5.4-0.3)-0.3\times0.3-0.3\times0.05+(0.25+0.4+0.38)\times(5.4-0.1-0.2)-0.3\times0.25\times2+[(0.2+0.38\times2)\times(5.4-0.1-0.2)]=36.77\ \text{m}^2$ $S_{④-⑤,C-D}=(8.4-0.1-0.2)\times(5.4-0.3)-0.3\times0.25\times2+(0.2+0.38\times2)\times(5.4-0.1-0.2)]=46.06$ $S_{⑤-⑦,C-D}=36.77$ $S_{①-④,B-C}=[(2.7-0.3)\times(1.8-0.25)+(2.7-0.3)\times(1.8-0.25)+(4.2-0.4)\times(1.8-0.25)+(0.25+0.4\times2)\times(1.8-0.25)+(0.25+0.7+0.6)\times(9.6+0.1-0.25)-0.3\times0.4\times2-0.25\times0.4]\times2=58.53$ $S_{④-⑤,B-C}=(8.4-0.05\times2-0.2)\times(3.9-0.3)-0.1\times0.1\times2+(0.2+0.38\times2)\times(3.9-0.3)=32.6$ $S_{有梁板}=S_{板}+S_{次梁}=305.87$
	5-310	有梁板组合钢模板钢支撑	100 m²	3.06	

序号	项目编码	项目名称及特征	计量单位	工程量	计算式
57	011702014002	有梁板（斜板）模板	m²	418.86	二层：斜板、檐廊、斜次梁计算过程略 $S_{有梁板} = S_{斜板} + S_{斜次梁} = 58.46 + 360.4 = 418.86$
	5-319	斜板组合钢模板钢支撑	100 m²	4.19	
58	011702009001	过梁模板	m²	35.63	一层：$S_{C1212} = [0.2×1.2 + (1.2+0.5) ×0.15×2] ×3 = 2.25$ $S_{PYC1530} = [0.2×1.5 + (1.5+0.5) ×0.15×2] ×2 + [0.2×1.5 + (1.5+0.35) × 0.15] ×4 = 4.11$ $S_{C1530} = 0.2×1.5 + (1.5+0.5) ×0.15×2 = 2.7$ $S_{M1527} = 0.2×1.5 + (1.5+0.5) ×0.15×2 = 0.9$ $S_{M6039} = 0.2×6 + (6+0.5) ×0.25×2 = 4.45$ $S_{M1021} = [0.1×1 + (1+0.25) ×0.1×2] ×2 + 0.1×1 + (1+0.5) ×0.1×2 + 0.2×1 + (1+0.25) ×0.1×2 = 1.55$ $S_{M0821} = 0.1×0.8 + (0.8+0.25+0.2) ×0.1×2 + 0.1×0.8 + (0.8+0.25) × 0.1×2 = 0.62$ $S_{GSM1525} = 0.2×1.5 + (1.5+0.5) ×0.15×2 = 0.9$ $S_{DK1021} = 0.2×1.5 + (1+0.5) ×0.1×2 = 0.5$ 二层：$S = 17.65$ $S_{合计} = 35.63$
	5-287	过梁合钢模板钢支撑	100 m²	0.36	
59	011702008001	圈梁模板	m²	25.7	$S_{圈梁} = 71.4$（圈梁净长）$×0.18×2 = 25.7$
	5-283	圈梁合钢模板钢支撑	100 m²	0.26	
60	011702024001	楼梯模板	m²	26.55	$S_{水平投影面积} = (2.7-0.2) × (3.51+1.6-0.1+0.3) ×2 = 26.55$
	5-337	楼梯直形复合模板钢支撑	100 m²	0.27	
61	011702027001	台阶模板	m²	8.88	$S_{水平投影面积} = (0.9+0.3) ×3 + (0.9+0.3) ×2.2×2 = 8.88$
	5-343	台阶复合模板木支撑	100 m²	0.09	

序号	项目编码	项目名称及特征	计量单位	工程量	计算式
62	011702022001	挑檐模板	m²	180.38	挑檐模板计算略 $S_{模板面积} = 180.38$
63	5-335	挑檐复合模板钢支撑	100 m²	1.8	
	011703001001	垂直运输 1. 建筑物建筑类型及结构形式: 框架结构 2. 建筑物檐口高度、层数: 9 m, 2层	m²	642.44	$S_{建筑面积} = 328.39 + 314.05 = 642.44$
	16-93	卷扬机施工现浇框架	100 m²	6.42	
64	011705001001	大型机械设备进出场及安拆 1. 机械设备名称: 挖掘机 2. 机械设备规格型号: 斗容量 1 m³	台次	1	$N = 1$ 台次
	16-145	履带式挖掘机进出场费小于等于 1 m³	台次	1	

参考文献

［1］新疆工程造价从业人员职业教育系列教材编审委员会. 建筑工程定额预算及实训指导
　　［M］. 北京：中国建材工业出版社，2015.

［2］袁建新，袁媛. 建筑工程计量与计价［M］. 3 版. 重庆：重庆大学出版社，2022.

［3］中华人民共和国住房和城乡建设部，中华人民共和国国家质量监督检验检疫总局.
　　GB 50500—2013 建设工程工程量清单计价规范［S］. 北京：中国计划出版社，2013.

［4］自治区造价总站. 2020 版新疆维吾尔自治区房屋建筑与装饰工程消耗量定额
　　［S］. 北京：中国建材工业出版社，2021.